建筑施工技术与安全管理研究

陈 鹏 董 雪 刘 杰◎著

ℂ吉林科学技术出版社

图书在版编目（ＣＩＰ）数据

建筑施工技术与安全管理研究 / 陈鹏，董雪，刘杰
著. -- 长春：吉林科学技术出版社，2024. 6. -- ISBN
978-7-5744-1639-0

Ⅰ. TU714

中国国家版本馆CIP数据核字第20246Q40U2号

建筑施工技术与安全管理研究

著	陈 鹏 董 雪 刘 杰
出 版 人	宛 霞
责任编辑	刘 畅
封面设计	南昌德昭文化传媒有限公司
制 版	南昌德昭文化传媒有限公司
幅面尺寸	185mm×260mm
开 本	16
字 数	330 千字
印 张	15
印 数	1~1500 册
版 次	2024年6月第1版
印 次	2024年12月第1次印刷

出 版	吉林科学技术出版社
发 行	吉林科学技术出版社
地 址	长春市福祉大路5788号出版大厦A座
邮 编	130118

发行部电话/传真　0431–81629529 81629530 81629531
　　　　　　　　　 81629532 81629533 81629534
储运部电话　0431–86059116
编辑部电话　0431–81629510
印　　刷　三河市嵩川印刷有限公司

书 号	ISBN 978-7-5744-1639-0
定 价	72.00元

前　言

　　长期以来，建筑业一直是危险性高、事故多发的行业之一。尽管近年来我国建筑业安全生产呈现总体稳定持续好转的发展态势，但是由于现有安全管理人员和施工队伍素质偏低等原因，建筑施工安全形势依然严峻。作为土木工程、工程管理等土建类专业就业岗位之一的安全员，肩负着施工现场安全管理的重要职责，在建筑安全施工中发挥着至关重要的作用。培养合格的安全员，提高安全员的职业素质和职业技能，是推进建筑施工企业科学化、规范化、系统化安全管理的根本保障。安全是人类生产、生活和生存的基本需要，加强安全生产管理，提高安全科技水平，有效预防生产和生活中的各类事故，不断促进安全生产形势的好转，已成为各国政府和各个行业管理及从业人员的共识和要求。随着我国建筑业的迅速发展，建筑规模越来越大，复杂程度越来越高，而保证施工安全的难度也就越来越大，使得建筑业成为一个危险源多，事故率较高的行业。因此近年来，建筑工程安全生产受到越来越广泛的重视，建筑行业对安全专业人才的需求也愈来愈迫切。

　　本书是关于建筑施工方向的书籍，主要围绕建筑施工技术与安全管理进行研究，本书首先对土方工程施工技术以及桩基础施工与砌筑工程施工技术、钢筋混凝土施工技术、建筑给排水施工技术、建筑保温工程与防水工程进行了详细的阐述；另外对智能化建筑施工技术以及建筑工程项目管理、建筑工程的质量与安全管理作了全面的分析研究；本书突出结构性与实践性，可使读者系统地了解建筑施工技术与安全管理的相关内容。另外，本书通俗易懂、结构层次严谨，条理清晰分明，内容翔实丰富，努力使理论上有创新，建立有效、全面、科学的研究机制。

　　由于作者水平和经验有限，书中难免有欠妥和不当之处，恳请读者批评指正。

目　录

第一章 土方工程施工技术

第一节 土方工程基础知识

土方工程是建筑工程施工的首项工程，主要包括基坑开挖、土的运输和填筑等施工，有时还要进行排水、降水和土壁支护等准备与辅助工作。土方工程具有量大面广、劳动繁重和施工条件复杂等特点，受气候、水文、地质、地下障碍等因素影响较大，不确定因素较多，存在较大的危险性。因此，在施工前必须做好调查研究，选用合理的施工方案，采用先进的施工方法和机械施工，以保证工程的质量和安全。

一、土方工程施工特点

（一）土方工程的工程内容

土方工程施工通常包括平整场地、挖基槽、挖基坑、挖土方、回填土等。

①平整场地。平整场地是指工程破土开工前对施工现场厚度 300mm 以内地面的挖填和找平。

②挖基槽是指挖土宽度在 3m 以内且长度大于宽度 3 倍时设计室外地坪以下的地坪以下挖土。

③挖基坑是指挖土底面面积在 20 以内且长度小于或等于宽度 3 倍时设计室外地坪以下挖土。

④凡是不满足上述平整场地、挖基槽、挖基坑条件的土方开挖，均为挖土方。

⑤回填土可分为夯填和松填。基础回填土和室内回填土通常都采用夯填。

（二）土方工程的施工特点

①土方量大，劳动繁重，工期长。因此，为了减轻土方施工繁重的劳动、提高劳动生产率、缩短工期、降低工程成本，在组织土方工程施工时，应尽可能采用机械化施工。

②施工条件复杂。土方施工一般为露天作业，受地区、气候、水文地质条件的影响大，同时，受周围环境条件的制约也很多。因此，在组织土方施工前，必须根据施工现场的具体施工条件、工期和质量要求，拟订切实、可行的上方工程施工方案。

二、土的工程分类

土的种类繁多，分类方法各异。在土方工程施工中，土的工程分类按土的开挖难易程度可以分为八类，见表1-1。表中一类土至四类土为土，五类土至八类土为岩石。在选择施工挖土机械和套用建筑安装工程劳动定额时要依据土的工程类别进行选择。

表1-1 土的分类

土的分类	土的名称	坚实系数 f	密度 / $(t \cdot m^{-2})$	开挖方法及工具
一类土 （松软土）	砂土、粉土、冲积砂土层、疏松的种植土、淤泥（泥炭）	0.5 ~ 0.6	0.6 ~ 1.5	用锹、锄头挖掘，少许用脚蹬
二类土 （普通土）	粉质黏土；潮湿的黄土；夹有碎石、卵石的砂；粉土混卵（碎）石；种植土、填土	0.6 ~ 0.8	1.1 ~ 1.6	用锹、锄头挖掘，少许用镐翻松
三类土 （坚土）	软及中等密实黏土；重粉质黏土、砾石土；干黄土，含有碎石、卵石的黄土，粉质黏土；压实回填土	0.8 ~ 1.0	1.75 ~ 1.9	主要用镐，少许用锹、锄头挖掘，部分用撬棍
四类土 （砂砾坚土）	坚硬密实的黏性土或黄土；含碎石、卵石的中等密实的黏性土或黄土；粗卵石；天然级配砂石；软泥灰岩	1.0 ~ 1.5	1.9	先用镐、撬棍，后用锹挖掘，部分用楔子及大锤
五类土 （软石）	硬质黏土；中密的页岩、泥灰岩、自主土；胶结不紧的砾岩；软石灰及贝壳石灰石	1.5 ~ 4.0	1.1 ~ 2.7	用镐或撬棍、大锤挖掘，部分使用爆破方法
六类土 （次坚石）	泥岩、砂岩，砾岩；坚实的页岩、泥灰岩，密实的石灰岩；风化花岗石、片麻岩及正长岩	4.0 ~ 10.0	2.2 ~ 2.9	用爆破方法开挖，部分用风镐
七类土 （坚石）	大理石；辉绿岩；玢岩；粗、中粒花岗石；坚实的白云岩、砂岩、砾岩、片麻岩、石灰岩；微风化的安山岩；玄武岩	10.0 ~ 18.0	2.5 ~ 3.1	用爆破方法开挖

土的分类	土的名称	坚实系数 f	密度 $/(\text{t}\cdot\text{m}^{-2})$	开挖方法及工具
八类土 （特坚石）	安山岩；玄武岩；花岗片麻岩；坚实的细粒花岗石、闪长岩、石英岩、辉长岩、辉绿岩、玢岩、角闪岩	18.0～25.0 以上	2.7～3.3	用爆破方法开挖

注：坚实系数，相当于普氏岩石强度系数。

三、土的性质

土一般由土颗粒（固相）、水（液相）和空气（气相）三部分组成，这三部分之间的比例关系随着周围条件的变化而变化。三者之间比例不同，表示土的物理状态也不同，如干燥、稍湿或很湿，密实、稍密或松散。这些指标是土最基本的物理性质指标，对评价土的工程性质、进行土的工程分类具有重要的意义。

（一）土的天然密度和干密度

土在天然状态下单位体积的质量，称为土的天然密度。土的天然密度用 ρ 表示，计算公式为

$$\rho = m/V$$

式 1-1

式中，m —— 土的总质量（kg）；

V —— 土的总体积（m^3）。

单位体积中土的固定颗粒的质量称为土的干密度，土的干密度用 ρ_d 表示，计算公式为

$$\rho_d = m_s/V$$

式 1-2

式中，m_s —— 土中固体颗粒的质量（kg）；

V —— 土的总体积（m^3）。

土的干密度越大，表示土越密实。工程上常将土的干密度作为评定土体密实程度的标准，以控制填土工程的压实质量。土的干密度与土的天然密度之间的关系可表示为

$$\rho_d = \frac{\rho}{1-w}$$

式 1-3

（二）土的天然含水率

土的含水率是土中水的质量与固体颗粒质量之比的百分率，即

$$w = \frac{m_w}{m_s} \times 100\%$$

式 1-4

式中，w——土的含水率；

m_w——土中水的质量（kg）；

m_s——土中固体颗粒的质量（kg）。

（三）土的孔隙比和孔隙率

孔隙比和孔隙率反映了土的密实程度，孔隙比和孔隙率越小土越密实。孔隙比 e 是土中孔隙体积 V_v 与固体颗粒体积 V_s 的比值，可表示为

$$e = \frac{V_v}{V_s}$$

式 1-5

式中，V_v——土中孔隙体积（m³）；

V_s——土中固体颗粒体积（m³）。

孔隙率 n 是土中孔隙体积与总体积 V 的比值，用百分率表示，可表示为

$$n = \frac{V_v}{V} \times 100\%$$

式 1-6

式中，V——土的总体积（m³）。

对于同一类土，孔隙率 e 越大，孔隙体积就越大，从而使土的压缩性和透水性都增大，土的强度降低。故工程上也常用孔隙比来判断土的密实程度和工程性质。

（四）土的可松性

土具有可松性，即自然状态下的土经开挖后，其体积因松散而增大，以后虽经回填压实，在相当长的时间内仍不能恢复到原来的体积。土的可松性系数可表示为

$$K_s = \frac{V_{松散}}{V_{原状}}$$

式 1-7

$$K_s' = \frac{V_{压实}}{V_{松散}}$$

式 1-8

式中，K_s——土的最初可松性系数；

K_s'——土的最后可松性系数；

$V_{原状}$——土在天然状态下的体积（m³）；

$V_{松散}$——土挖出后在松散状态下的体积（m³）；

$V_{压实}$——土经回填压（夯）实后的体积（m³）。

土的可松性对确定场地设计标高、土方量的平衡调配、计算运土机具的数量和弃土

坑的容积，以及计算填方所需的挖方体积等均有很大影响。各类土的可松性系数参考数值见表1-2。

表1-2 各种土的可松性系数参考数值

土的类别	体积增加百分率 /%		可松性系数	
	最初	最终	K_s	K_s'
一类（种植土除外）	8 ~ 17	1 ~ 2.5	1.08 ~ 1.17	1.01 ~ 1.03
一类（种植土、泥炭）	20 ~ 30	3 ~ 4	1.20 ~ 1.30	1.03 ~ 1.04
二类	14 ~ 28	1.5 ~ 5	1.14 ~ 1.25	1.02 ~ 1.05
三类	24 ~ 30	4 ~ 7	1.24 ~ 1.30	1.04 ~ 1.07
四类（泥灰岩、蛋白石除外）	26 ~ 32	6 ~ 9	1.26 ~ 1.32	1.06 ~ 1.09
四类（泥灰岩、蛋白石）	33 ~ 37	11 ~ 15	1.33 ~ 1.37	1.11 ~ 1.15
五至七类	30 ~ 45	10 ~ 20	1.30 ~ 1.45	1.10 ~ 1.20
八类	45 ~ 50	20 ~ 30	1.45 ~ 1.50	1.20 ~ 1.30

注：最初体积增加百分率 $=(V_2-V_1)/V_1×100\%$；最终体积增加百分率 $=(V_3-V_1)/V_1×100\%$；V_1 开挖前土的自然体积；V_2 为开挖后土的松散体积；V_3 为运至填方处压实后土的体积。

（五）土的压缩性

土的压缩性是指土在压力作用下体积变小的性质。取土回填或移挖作填，松土经运输、填压以后，均会压缩。一般土的压缩率参考值见表1-3。

表1-3 土的压缩率参考值

土的类别	土的名称	土的压缩率 /%	每立方米松散土压实后的体积 /m³
一 ~ 二类土	种植土	20	0.80
	一般土	10	0.90
	砂土	5	0.95
三类土	天然湿度黄土	12 ~ 17	0.85
	一般土	5	0.95
	干燥坚实黄土	5 ~ 7	0.94

（六）土的渗透性

土的渗透性是指土体被水透过的性质，通常用渗透系数K表示。渗透系数K表示单位时间内水穿透土层的能力，以 m/d 表示。根据渗透系数不同，土可分为透水性土（如砂土）和不透水性土（如黏土）。土的渗透性影响施工降水与排水的速度。土的渗透系数参考值见表1-4。

表1-4 土的渗透系数参考值

土的名称	渗透系数 $K/$（m·d^{-1}）	土的名称	渗透系数 $K/$（m·d^{-1}）
黏土	< 0.005	含黏土的中砂	3 ~ 15
粉质黏土	0.005 ~ 0.1	粗砂	20 ~ 50
粉土	0.1 ~ 0.5	均质粗砂	60 ~ 75
黄土	0.25 ~ 0.5	圆砾石	50 ~ 100
粉砂	0.5 ~ 1	卵石	100 ~ 500

土的名称	渗透系数 $K/$（m·d^{-1}）	土的名称	渗透系数 $K/$（m·d^{-1}）
细砂	1 ~ 5	漂石（无砂质充填）	500 ~ 1000
中砂	5 ~ 20	含有裂缝的岩石	20 ~ 60
均质中砂	35 ~ 50	裂缝多的岩石	> 60

四、土方调配

（一）土方调配的原则

土方工程量计算完毕后，即可着手对土方进行平衡与调配。土方的平衡与调配是土方规划设计的一项重要内容，是对挖土的利用、堆弃和填土这三者之间的关系进行综合平衡处理，达到既使土方运输费用最低，又能方便施工的目的。土方调配的原则主要有以下几项：

①力求达到挖填方平衡和运输量最小。这样可以降低土方工程的成本。然而，仅限于场地范围的平衡，一般很难满足运输量最小的要求，因此，还需要根据场地和其周围地形条件综合考虑，必要时可在填方区周围就近借土，或在挖方区周围就近弃土，而不是只局限于场地以内的挖填方平衡，这样才能做到经济合理。

②近期施工与后期利用相结合。当工程分期分批施工时，先期工程的土方余额应结合后期工程的需要而考虑其利用数量与堆放位置，以便就近调配。堆放位置的选择应为后期工程创造良好的工作面和施工条件，力求避免重复挖运。如先期工程有土方欠额时，可由后期工程地点挖取。

③尽可能与大型地下建（构）筑物的施工相结合。当大型建（构）筑物位于填土区而其基坑开挖的土方量又较大时，为了避免土方的重复挖填和运输，该填土区暂时不予填土。待地下建（构）筑物施工之后再行填土，为此在填方保留区附近应有相应的挖方保留区，或将附近挖方工程的余土按需要合理堆放，以便就近调配。

④调配区大小的划分应满足主要土方施工机械工作面大小（如铲运机铲土长度）的要求，使土方机械和运输车辆的效率能得到充分发挥。

总之，进行土方调配，必须根据现场的具体情况、有关技术资料、工期要求、土方机械与施工方法，结合上述原则予以综合考虑，从而做出经济合理的调配方案。

（二）划分土方调配区

划分土方调配区应注意以下几点：

①调配区的划分应该与房屋和构筑物的平面位置相协调，并考虑它们的开工顺序、工程的分期施工顺序。

②调配区的大小应该满足土方施工用主导机械（铲运机、挖土机等）的技术要求，如调配区的范围应该大于或等于机械的铲土长度，调配区的面积最好和施工段的大小相适应。

③调配区的范围应该和土方的工程量计算用的方格网协调，通常由若干个方格组成

一个调配区。

④当土方运距较大或场区范围内土方不平衡时，可考虑就近借土或就近弃土，这时一个借土区或一个弃土区都可作为一个独立的调配区。

（三）计算土方的平均运距

调配区的大小及位置确定后，便可计算各挖填调配区之间的平均运距。当用铲运机或推土机平土时，挖方调配区和填方调配区土方重心之间的距离，通常就是该挖填调配区之间的平均运距。因此，确定平均运距需先求出各个调配区土方的重心，并把重心标在相应的调配区图上，然后用比例尺量出每对调配区之间的平均运距即可。当挖填方调配区之间的距离较远，采用汽车、自行式铲运机或其他运土工具沿工地道路或规定线路运输时，其运距可按实际计算。

第二节　基坑施工与水位降低

一、基坑（槽）的施工

（一）土方开挖

1. 土方开挖准备工作

土方工程施工前通常需完成场地清理、排除地面水、修筑临时设施、燃料和其他材料的准备、供电与供水管线的敷设、临时停机棚和修理间等的搭设、土方工程的测量放线和编制施工组织设计等准备工作。

①场地清理。场地清理包括清理地面及地下各种障碍。在施工前应拆除旧建筑；拆迁或改建通信、电力设备，上、下水道及地下建（构）筑物；迁移树木并去除耕植土及河塘淤泥等。此项工作由业主委托有资质的拆卸公司或建筑施工公司完成，发生的费用由业主承担。

②排除地面水。场地内低洼地区的积水必须排除，雨水也要排除，使场地保持干燥，以利于土方施工。地面水的排除一般采用排水沟、截水沟、挡水土坝等措施。

排水沟应尽量利用自然地形来设置，使水直接排至场外，或流向低洼处再用水泵抽走。主排水沟最好设置在施工区域的边缘或道路的两旁，其横断面和纵向坡度应根据最大流量确定。一般排水沟的横断面尺寸不小于 $0.5m \times 0.5m$，纵向坡度一般不小于 2%。在场地平整过程中，要注意保持排水沟畅通，必要时应设置涵洞。山区的场地平整施工，应在较高一面的山坡上开挖截水沟。在低洼地区施工时，除开挖排水沟外，必要时应修筑挡水土坝，以阻挡雨水的流入。

③修筑临时设施。修筑好临时道路及供水、供电等临时设施，做好材料、机具及土

方机械的进场工作。

④定位放线。基槽放线：根据房屋主轴线控制点，首先将外墙轴线的交点用木桩测设在地面上，并在桩顶钉上铁钉作为标志。房屋外墙轴线测定以后，以外墙轴线为依据，再按照建筑施工平面图中轴线间的尺寸，将内部开间所有轴线都一一测出；然后根据边坡系数及工作面大小计算开挖宽度；最后在中心轴线两侧用石灰在地面上撒出基槽开挖边线。同时，在房屋四周设置龙门板，以便基础施工时复核轴线位置。

柱基放线：在基坑开挖前，从设计图上查对基础的纵横轴线编号和基础施工详图，根据柱子的纵横轴线，用经纬仪在矩形控制网上测定基础中心线的端点，同时，在每个柱基中心线上测定基础定位桩，每个基础的中心线上设置4个定位木桩，其桩位离基础开挖线的距离为0.5～1.0m。若基础之间的距离不大，可每隔一个或多个基础打一个定位桩，但两个定位桩的间距以不超过20m为宜，以便拉线恢复中间柱基的中线。在桩顶上钉一个钉子，标明中心线的位置。然后按边坡系数和基础施工图上柱基的尺寸及工作面确定的挖土边线的尺寸，放出基坑上口挖土灰线，标出挖土范围。

大基坑开挖，根据房屋的控制点，按基础施工图上的尺寸和按边坡系数及工作面确定的挖土边线的尺寸，放出基坑四周的挖土边线。

2. 基坑（槽）开挖

土方开挖应遵循"开槽支撑，先撑后挖，分层开挖，严禁超挖"的原则。基坑（槽）开挖可分为人工开挖和机械开挖两种。对于大型基坑应优先考虑选用机械化施工，以加快施工进度。开挖基坑（槽）应按规定的尺寸合理确定开挖顺序和分层开挖深度，连续地进行施工，尽快完成。因土方开挖施工要求标高、断面准确，土体应有足够的强度和稳定性，所以在开挖过程中要随时注意检查。

基坑开挖程序一般是测量放线→分层开挖→排降水→修坡→整平→留足预留土层等。相邻基坑开挖时，应遵循先深后浅或同时进行的施工程序。挖土应自上而下水平分段分层进行，每层0.3m左右，边挖边检查坑底宽度及坡度，不够时应及时修整，每3m左右修一次坡，至设计标高，再统一进行一次修坡清底，检查坑底宽和标高，要求坑底凹凸不超过2cm。

3. 深基坑土方开挖

深基坑开挖一般遵循"分层开挖，先撑后挖"的原则。开挖方法主要有分层挖土、分段挖土、盆式挖土、中心岛式挖土等。施工中应根据基坑面积大小、开挖深度、支护结构形式、环境条件等因素选用开挖方法。

①分层挖土。分层挖土是将基坑按深度分为多层进行逐层开挖。分层厚度，软土地基应控制在2m以内；硬质土可控制在5m以内。开挖顺序可从基坑的某一边向另一边平行开挖或从基坑两端对称开挖，或从基坑中间向两边平行对称开挖，也可交替分层开挖，具体应根据工作面和土质情况决定。

运土可采取设坡道或不设坡道两种方式。设坡道土的坡度视土质、挖土深度和运输设备情况而定，一般为1∶10～1∶8，坡道两侧要采取挡土或加固措施；不设坡道一般设钢平台或栈桥作为运输土方通道。

②分段挖土。分段挖土是将基坑分成几段或几块分别开挖。分段与分块的大小、位置和开挖顺序，根据开挖场地、工作面条件、地下室平面与深浅及施工工期而定。分块开挖即开挖一块，施工一块混凝土垫层或基础，必要时可在已封底的坑底与围护结构之间加设斜撑，以增强支护的稳定性。

③盆式挖土。盆式挖土是先分层开挖基坑中间部分的土方，基坑周边一定范围内的土暂不开挖。开挖时，可视土质情况按 1：1 ～ 1：1.25 放坡，使之形成对四周围护结构的被动土反压力区，以增强围护结构的稳定性，待中间部分的混凝土垫层、基础或地下室结构施工完成之后，再用水平支撑或斜撑对四周围护结构进行支撑，并突击开挖周边支护结构内部分被动土区的土，每挖一层支一层水平横顶撑。直至坑底，最后浇筑该部分结构混凝土。本法对支护挡墙受力有利，时间效应小，但大量土方不能直接外运，需集中提升后装车外运。

④中心岛式挖土。中心岛式挖土是先开挖基坑周边土方，在中间留土墩作为支点搭设栈桥、挖土机可利用栈桥下到基坑挖土，运土的汽车也可利用栈桥进入基坑运土，可有效加快挖土和运土的速度。土墩留土高度、边坡的坡度、挖土分层与高差应经仔细研究确定。挖土也是采用分层开挖的方式，一般先全面挖去一层，然后中间部分留置土墩，周围部分分层开挖。挖土多用反铲挖土机，如基坑深度很大，则采用向上逐级传递方式进行土方装车外运。

深基坑在开挖过程中，随着土的挖除，下层土因逐渐卸载而有可能回弹，尤其在基坑挖至设计标高后，如搁置时间过久，回弹更为显著。如弹性隆起在基坑开挖和基础工程初期发展很快，将加大建筑物的后期沉降。因此，对深基坑开挖后的土体回弹，应有适当的估计，如在勘察阶段，土样的压缩试验中应补充卸荷弹性试验等；还可以采取结构措施，在基底设置桩基等，或事先对结构下部土质进行深层地基加固。施工中减少基坑弹性隆起的一个有效方法是把土体中有效应力的改变降低到最小，具体方法有加速建造主体结构，或逐步利用基础的重量来代替被挖去土体的重量。

（二）土方边坡

开挖土方时，边坡土体的下滑力产生剪应力，此前应力主要由土体的内摩阻力和内聚力平衡，一旦土体失去平衡，边坡就会塌方。为了防止塌方，保证施工安全，在基坑（槽）开挖超过一定限度时，土壁应放坡开挖，或者加以临时支撑或支护以保证土壁的稳定。

土方边坡的大小主要与土质、开挖深度、开挖方法、边坡留置时间的长短、边坡附近的各种荷载状况及排水情况有关。

一般情况下，黏性土的边坡可陡些，砂性土则应平缓些。当基坑周边有主要建筑物时，边坡应取 1：1.0 ～ 1：1.5。

根据规定，土质均匀且地下水水位低于基坑（槽）或管沟底面标高时，其挖方边坡可做成直立壁不加支撑。挖方深度应根据土质确定，但不宜超过下列规范中的规定值：

①密实、中密的砂土和碎石类土（充填物为砂土）1.0m；

②硬塑、可塑的轻粉质黏土及粉质黏土 1.25m；

③硬塑、可塑的黏土和碎石类土（充填物为黏性土）1.5m；

④坚硬的黏土 2.0m。

基坑（槽）或管沟挖好后，应及时进行地下结构和安装工程施工，在施工过程中，应经常检查坑壁的稳固状态。对地质条件良好、土质均匀且地下水水位低于基坑（槽）或管沟底标高时，挖方深度在 5m 以内不加支撑的边坡最大坡度应符合规定。

（三）浅基坑（槽）支护

1. 一般沟槽的支撑方法

①间断式水平支撑。两侧挡土板水平放置，用工具式或木横撑借木楔顶紧，挖一层土，支顶一层。

②继续式水平支撑。挡土板水平放置，中间留出间隔，并在两侧同时对称设立竖枋木，再用工具式或木横撑上下顶紧。

③连续式水平支撑。挡土板水平连续放置，不留间隙，然后两侧同时对称设立竖枋木，上下各顶一根撑木，墙头加木楔顶紧，适用于较松散的下土或天然湿度黏土类土，地下水很少，深度为 3 ~ 5m。

④连续或间断式垂直支撑。挡土板垂直放置，连续或留有适当间隙，每侧上下各水平顶一根枋木，然后再用横撑顶紧。

⑤水平垂直混合支撑。沟槽上部设连续或水平支撑，下部设连续或垂直支撑。适用于沟槽深度较大，下部有含水土层的情况。

2. 一般浅基础的支撑方法

①斜柱支撑。水平挡上板钉在柱桩内侧，柱桩外侧用斜撑支顶，斜撑底端支在木桩上，在挡土板内侧回填上。适用于开挖面积较大、深度不大的基坑或使用机械挖土。

②错拉支撑。水平挡土板支在柱桩的内侧，柱桩一端打入土中，另一端用拉杆与锚桩拉紧，在挡土板内侧回填上。适用于开挖面积较大、深度不大的基坑或使用机械挖土而不能安设横撑的情况。

③短桩横隔支撑。打入小短木桩，部分打入土中，部分露在地面，钉上水平挡土板，在背面填土。适用于开挖宽度大的基坑或当部分地段下部放坡不够时。

④临时挡土墙支撑。沿坡脚用砖、石叠砌或用草袋装土砂堆砌，使坡脚保持稳定。适用于开挖宽度大的基坑或当部分地段下部放坡不够时。

（四）基坑边坡保护

当基坑边坡高度较大，施工工期和暴露时间较长时，易于疏松或滑塌。为防止基坑边坡因气温变化，或失水过多而疏松或滑塌，或防止坡面受雨水冲刷而产生溜坡现象，应根据土质情况和实际条件采取边坡保护措施，以保护基坑边坡的稳定。常用基坑坡面保护方法如下。

1. 薄膜或砂浆覆盖法

对基础施工期较短的临时性基坑边坡,采取在边坡上铺塑料薄膜,在坡顶及坡脚用草袋或编织袋装土压住;或在边坡上抹水泥砂浆 2 ~ 2.5cm 厚保护。为防止薄膜脱落,在上部及底部均应搭盖不少于 80cm,同时,在土中插适当锚筋连接,在坡脚设排水沟。

2. 挂网或挂网抹面法

对基础施工工期短、土质较差的临时性基坑边坡,可在垂直坡面楔入直径为 10 ~ 12mm、长度为 40 ~ 60cm 的插筋,纵横间距为 1m,上铺 20 号钢丝网,上下用草袋或编织袋装土或砂压住,或在钢丝网上抹 2.5 ~ 3.5cm 厚的 M5 水泥砂浆。

3. 喷射混凝土或混凝土护面法

对邻近有建筑物的深基坑边坡,可在坡面垂直楔入直径为 10 ~ 12mm、长度为 40 ~ 50cm 的插筋,纵横间距为 1m,上铺 20 号钢丝网,在表面喷射 40 ~ 60mm 厚的 C20 细石混凝土直到坡顶和坡脚;也可不铺钢丝网,而坡面铺 $\phi 4 ~ \phi 6mm@250 ~ 300mm$ 钢筋网片,浇筑 50 ~ 60mm 厚的细石混凝土,表面抹光。

4. 土袋或砌石压坡法

对深度在 5m 以内的临时基坑边坡,在边坡下部用草袋或编织袋装土堆砌或砌石压住坡脚。在坡顶设挡水土堤或排水沟,防止冲刷坡面,在底部做排水沟,防止冲坏坡脚。

二、人工降低地下水水位

在开挖基坑(槽)、管沟或其他土方时,若地下水水位较高,挖土底面低于地下水水位,开挖至地下水水位以下时,土的含水层被切断,地下水将不断流入坑内。这时不仅施工条件恶化,而且容易发生边坡失稳、地基承载力下降等不利现象。因此,为了保证工程质量和施工安全,在土方开挖前或开挖过程中必须采取措施,做好降低地下水水位的工作,使地基土在开挖及基础施工过程中保持干燥状态。

在土方工程施工中,降低地下水水位常采用的方法有集水井降水法和井点降水法两种。集水井降水法一般用于降水深度较小且地层中无流砂的情况;如降水深度较大,或地层中有流砂,或在软土地区,应采用井点降水法。无论采用何种方法,降水工作都要持续到基础施工完毕并回填土后才能停止。

(一)集水井降水

集水井降水法又称明沟排水法,是在基坑或沟槽开挖时,在开挖基坑的一侧、两侧或中间设排水沟,并沿排水沟方向每间隔 20 ~ 40m 设一集水井(或在基坑的四角处设置),使地下水流入集水井内,再用水泵抽出坑外。

1. 集水井及排水沟的设置

为了防止基底土的细颗粒随水流失,使土结构受到破坏,排水沟及集水井应设置在基础范围之外,距基础边线距离不少于 0.4m,地下水走向的上游。根据基坑涌水量大小、基坑平面形状及尺寸，以及水泵的抽水能力，确定集水井的数量和间距。一般每隔 20 ~ 40m 设置一个集水井。集水井的直径或宽度一般为 0.6 ~ 0.8m。集水井的深度随挖土加深而加深，要始终低于挖土面 0.7 ~ 1.0m。井壁用竹、木等材料加固。排水沟深度为 0.3 ~ 0.4m，底宽不小于 0.2 ~ 0.3m，边坡坡度为 1 ： 1 ~ 1 ： 1.5，沟底设有不小于 0.2%。的纵坡。

当挖至设计标高后，集水井底应低于坑底 1 ~ 2m，并铺设 0.3m 碎石滤水层，以免在抽水时将泥砂抽出，并防止坑底土被搅动。

集水井降水常用的水泵主要有离心泵、潜水泵和泥浆泵。选用水泵类型时，一般取水泵的排水量为基坑涌水量的 1.5 ~ 2.0 倍。当基坑涌水量 $Q < 20m^3/h$ 时，可用隔膜式泵或潜水电泵；当 $Q=20 ~ 60m^3/h$，可用隔膜式或离心式水泵或潜水电泵；当 $Q > 60m^3/h$，多用离心式水泵。

2. 流砂的防治

基坑挖土达到地下水水位以下，有时坑底下的土就会形成流动状态，随地下水一起流动涌进坑内，这种现象称为流砂现象。发生流砂现象时，土完全丧失承载力，施工条件恶化，难以开挖至设计深度。流砂严重时，会引发基坑侧壁塌方，附近建筑物下沉、倾斜甚至倒塌。总之，流砂现象对土方施工和附近建筑物都有很大危害。

流砂防治的原则是"治砂必治水"，其途径如下：

①减小或平衡动水压力；

②截住地下水流；

③改变动水压力的方向。

其具体措施如下：

①在枯水期施工。因为地下水水位低，坑内外水位差小，动水压力小，不易发生流砂。

②打板桩法。将板桩打入坑底下面一定深度，增加地下水从坑外流入坑内的渗流长度，以减小水力坡度，从而减小动水压力，防止流砂产生。

③水下挖土法。就是不排水施工，使坑内水压与坑外地下水压相平衡，消除动水压力。

④井点降低地下水水位法。采用轻型井点等降水方法，使地下水渗流向下，水不致渗流入坑内，能增大土料间的压力，从而有效地防止流砂形成。因此，此法应用广且较可靠。

⑤地下连续墙法。此法是在基坑周围先浇筑一道混凝土或钢筋混凝土的连续墙，以支撑土壁、截水并防止流砂产生。

另外，在含有大量地下水土层或沼泽地区施工时，还可以采取土壤冻结法。对位于流砂地区的基础工程，应尽可能用桩基或沉井施工，以减少防治流砂所增加的费用。

（二）井点降水

基坑中直接抽出地下水的方法比较简单，施工费用低，应用比较广，但当土为细砂或粉砂，地下水渗流时会出现流砂、边坡塌方及管涌等情况，导致施工困难，工作条件恶化，并有引起附近建筑物下沉的危险，此时常用井点降水的方法进行降水施工。

井点降水就是在基坑开挖前，预先在基坑四周埋设一定数量的滤水管（井）。在基坑开挖前和开挖过程中，利用真空原理，不断抽出地下水，使地下水水位降低到坑底以下，从根本上解决地下水涌入坑内的问题；可以防止边坡由于受地下水流的冲刷而引起的塌方；使坑底的土层消除了地下水水位差引起的压力，因此防止坑底土的上冒；由于没有水压力，减少了板桩横向荷载；由于没有地下水的渗流，也就消除了流砂现象。降低地下水水位后，由于土体固结，还能使土层密实，增加地基土的承载能力。

井点有轻型井点、喷射井点、电渗井点、管井井点、深井井点、无砂混凝土管井点及小沉井井点等。各种降水方法的选用，可根据土的渗透系数、降低水位的深度、工程特点、设备及经济技术比较等具体条件选用。

1. 轻型井点降水

①轻型井点降水设备。设备由井点管、弯联管、集水总管、滤管和抽水设备组成。

滤管为进水设备，长度一般为 1.0 ~ 1.5m，直径常与井点管相同；管壁上钻有直径为 12 ~ 18mm 的呈梅花形状的滤孔，管壁外包两层滤网，内层为细滤网，采用网眼为 30 ~ 51 孔 /cm² 的黄铜丝布、生丝布或尼龙丝布；外层为粗滤网，采用网眼为 3 ~ 10 孔 /cm2 的钢丝布或尼龙丝布或棕树皮。为避免滤孔淤塞，在管壁与滤网间用钢丝绕成螺旋状隔开，滤网外面再围一层 8 号粗铁丝保护层。滤管下端放一个锥形的铸铁头。井点管为直径 38 ~ 55mm 的钢管（或镀锌钢管），长度为 5 ~ 7m，井点管上端用弯联管与总管相连。弯联管宜用透明塑料管或橡胶软管。

集水总管一般用直径为 75 ~ 100mm 的钢管分节连接，每节长度为 4m，每间隔 0.8 ~ 1.6m 设一个连接井点管的接头。

抽水设备有两种类型，一种是真空泵轻型井点设备，由真空泵、离心泵和汽水分离器组成，这种设备国内已有定型产品供应，设备形成的真空度高（67 ~ 80kPa），带井点管数多（60 ~ 70 根），降水深度较大（5.5 ~ 6.0m）；但该设备较复杂，易出故障，维修管理困难，耗电量大，适用于重要的较大规模的工程降水。另一种是射流泵轻型井点设备，它由离心泵、射流泵（射流器）、水箱等组成。射流泵抽水系由高压水泵供给工作水，经射流泵后产生真空，引射地下水流；该设备构造简单，制造容易，降水深度较大（可达 9m），成本低，操作维修方便，耗电少，但其所带的井点管一般只有 25 ~ 40 根，总管长度为 30 ~ 50m。若采用两台离心泵和两个射流器联合工作，能带动井点管 70 根，总管长度为 100m。这种形式目前应用较广，是一种有发展前途的抽水设备。

②轻型井点的布置。轻型井点的布置应根据基坑的形状与大小、地质和水文情况、工程性质、降水深度等来确定。

平面布置。当基坑（槽）宽小于 6m 且降水深度不超过 5m 时，可采用单排井点，布置在地下水上游一侧，两端延伸长度以不小于槽宽为宜。如宽度大于 6m 或土质不良、渗透系数较大，宜采用双排井点，布置在基坑（槽）的两侧。当基坑面积较大时宜采用环形井点，非环形井点考虑运输设备入道，一般在地下水下游方向布置成不封闭状态。井点管距离基坑壁一般可取 0.7 ~ 1.0m，以防局部发生漏气。井点管间距为 0.8m、1.2m、1.6m，由计算或经验确定。井点管在总管四角部分应适当加密。

高程布置。轻型井点的降水深度，从理论上讲可达 10.3m，但由于管路系统的水头损失，其实际的降水深度一般不宜超过 6m。

③施工工艺流程。轻型井点施工工艺流程为：放线定位→铺设总管→冲孔安装井点管、填砂砾滤料、上部填黏土密封→用弯联管将井点管与总管接通→安装抽水设备→开动设备试抽水→测量观测井中地下水水位变化的情况。

④井点管埋设。井点管的埋设一般采用水冲法进行，借助于高压水冲刷土体，用冲管扰动土体助冲，将土层冲成圆孔后埋设井点管。整个过程可分冲孔与埋管两个过程。冲孔的直径一般为 300mm，以保证井管四周有一定厚度的砂滤层；冲孔深度宜比滤管底深 0.5m 左右，以防冲管拔出时部分土颗粒沉于底部而触及滤管底部。

井孔冲成后，立即拔出冲管，插入井点管，并在井点管与孔壁之间迅速填灌砂滤层，以防孔壁塌土。砂滤层的填灌质量是保证轻型井点顺利抽水的关键。一般宜选用干净粗砂，填灌要均匀，并填至滤管顶上 1 ~ 1.5m，以保证水流畅通。井点填砂后，需用黏土封口，以防漏气。

井点管埋设完毕后，需进行试抽，以检查有无漏气、淤塞现象，出水是否正常，如有异常情况，应检修好方可使用。

2. 喷射井点降水

当基坑开挖较深或降水深度大于 8m 时，必须使用多级轻型井点才可收到预期效果。但需要增大基坑土方开挖量，延长工期并增加设备数量，因此不够经济。此时宜采用喷射井点降水，在渗透系数 3 ~ 50m/d 的砂土中应用最为有效，在渗透系数为 0.1 ~ 2m/d 的粉质砂土、粉砂、淤泥质土中效果也较显著，其降水深度可达 8 ~ 20m。

①喷射井点设备。喷射井点根据其工作时使用液体或气体的不同，可分为喷水井点和喷气井点两种。其设备主要由喷射井管、高压水泵（或空气压缩机）和管路系统组成。

②喷射井点布置与使用。喷射井点的管路布置、井管埋设方法及要求与轻型井点相同。喷射井管间距一般为 2 ~ 3m，冲孔直径为 400 ~ 600mm，深度应比滤管深 1m 以上。使用时，为防止喷射器损坏，需先对喷射井管逐根冲洗，开泵时压力要小一些（小于 0.3MPa），以后再逐渐开足，如发现井管周围有翻砂、冒水现象，应立即关闭井管检修。工作水应保持清洁，试抽两天后应更换清水，此后视水质污浊程度定期更换清水，以减轻工作水对喷射嘴及水泵叶轮等的磨损。

3. 管井井点降水

管井井点又称大口径井点，适用于渗透系数大（20 ~ 200m/d）、地下水丰富的土层和砂层，或用集水井法易造成土粒大量流失，引起边坡塌方及用轻型井点难以满足要求的情况下使用，具有排水最大、降水深、排水效果好、可代替多组轻型井点作用等特点。

①管井井点系统主要设备。设备由滤水井管、吸水管和抽水机械等组成。滤水井

管的过滤部分，可采用钢筋焊接骨架外包孔眼为 1 ~ 2mm、长度为 2 ~ 3m 的滤网，井管部分宜用直径为 200mm 以上的钢管或竹木、混凝土等其他管材。吸水管宜用直径为 50 ~ 100mm 的胶皮管或钢管，插入滤水井管内，其底端应插到管井抽吸时的最低水位以下，必要时装设逆止阀，上端装设一节带法兰盘的短钢管。抽水机械常用 100 ~ 200mm 的离心式水泵。

②管井布置。沿基坑外圈四周呈环形或沿基坑（或沟槽）两侧或单侧呈直线布置。井中心距基坑（或沟槽）边缘的距离，根据所用钻机的钻孔方法而定，当用冲击式钻机用泥浆护壁时为 0.5 ~ 1.5m；当用套管法时不小于 3m。管井的埋设深度和间距根据所需降水面积和深度以及含水层的渗透系数与因素而定，埋深为 5 ~ 10m，间距为 10 ~ 50m，降水深度为 3 ~ 5m。

第三节　土方工程机械施工

土方工程工程量大、工期长。为节约劳动力，降低劳动强度，加快施工速度，对土方工程的开挖、运输、填筑、压实等施工过程应尽量采用机械施工。

土方工程施工机械的种类繁多，如推土机、铲运机、单斗挖土机、多斗挖土机和装载机等。而在房屋建筑工程施工中，尤以推土机、铲运机和单斗挖土机应用最广。施工时，应根据工程规模、地形条件、水文性质情况和工期要求正确选择土方施工机械。

一、土方工程施工机械

（一）推土机
推土机是在履带式拖拉机的前方安装推土铲刀（推土板）制成的。按铲刀的操纵机结构不同，推土机可分为索式和液压式两种。

推土机能单独完成挖土、运土和卸土工作，具有操纵灵活、运转方便、所需工作面较小、行驶速度较快等特点。推土机主要适用于一至三类土的浅挖短运，如场地清理或平整，开挖深度不大的基坑及回填、推筑高度不大的路基等。另外，推土机还可以牵引其他无动力的土方机械，如拖式铲运机、松土器和羊足碾等。

推土机推运土方的运距一般不超过 100m，运距过长，土将从铲刀两侧流失过多，影响其工作效率，经济运距一般为 30 ~ 60m，铲刀刨土长度一般为 6 ~ 10m。

为了提高推土机的工作效率，常用表 1-5 中的几种作业方法。

表 1-5　推土机推土方法

作业名称	推土方法	适用范围
下坡推土法	在斜坡上，推土机顺下坡方向切土与堆运，借机械向下的重力作用切土，增大切土深度和运土数量，可提高生产率30%～40%，但坡度不宜超过15°，避免后退时爬坡困难。无自然坡度时，也可分段堆土，形成下坡送土条件，下坡推土有时与其他推土法结合使用	适用于半挖半填地区堆土丘、回填沟和渠时使用
槽形挖土法	推土机多次重复在一条作业线上切土和推土，使地面逐渐形成一条浅槽，再反复在沟槽中进行推土，以减少土从铲刀两侧漏散，可增加10%～30%的推土量。槽的深度以1m左右为宜，槽与槽之间的土坑宽约为50cm，当推出多条槽后，再从后面将土推入槽内，然后运出	适用于运距较远、土层较厚时使用
并列推土法	用2或3台推土机并列作业，以减少土体漏失。铲刀相距15～30cm，一般采用两机并列推土，可增大推土量15%～30%，三机并列可增大推土量30%～40%，但平均运距不宜超过50～75m，也不宜小于20m	适用于大面积场地平整及运送土时采用
分堆集中，一次推送法	在硬质土中，切土深度不大，将土先积聚在一个或数个中间点，然后再整批推送到卸土区，使铲刀前保持满载。堆积距离不宜大于30m，推土高度以小于2m为宜。本法可使铲刀的推送数量增大，有效地缩短运输时间，能提高生产效率15%左右	适用于运送距离较远而土质又比较坚硬，或长距离分段送土时采用
斜角推土法	将铲刀斜装在支架上或水平位置，并与前进方向成一倾斜角度（松土为60°，坚实土为45°）进行推土。本法可减少机械来回行驶，提高效率，但推土阻力较大，需较大功率的推土机	适用于管沟推土回填、垂直方向无倒车余地或在坡脚及山坡下推土用
之字斜角推土法	推土机与回填的管沟或洼地边缘成"之"字或一定角度推土。本法可减少平均负荷距离和改善推集中土的条件，并可使推土机转角减少一半，可提高台班生产率，但需较宽运行场地	适用于回填基坑（槽）、管沟时采用

（二）铲运机施工

铲运机是一种能独立完成挖、装、运、填的机械，对行驶道路要求较低，操纵灵活，效率较高。

铲运机按行走机构的不同，可分为自行式铲运机和拖式铲运机两种；按铲斗操纵方式的不同，又可分为索式和油压式两种。

铲运机一般适用于含水量不大于27%的一至三类土的直接挖运，常用于坡度在20°以内的大面积场地平整、大型基坑的开挖、堤坝和路基的填筑等；不适用于在砾石层、冻土地带和沼泽地区使用。坚硬土开挖时要用推土机助铲或用松土器配合。拖式铲运机的运距以不超过800m为宜，当运距在300m左右时效率最高；自行式铲运机的行驶速度快，可用工稍长距离的挖运，其经济运距为800～1500m，但不宜超过3500m。铲运机适宜在松土、普通土且地形起伏不大（坡度在20°以内）的大面积场地上施工。

1. 铲运机的开行路线

铲运机的基本作业是铲土、运土和卸土三个工作行程和一个空载回驶行程。在施工中，由于挖填区的分布情况不同，为了提高生产效率，应根据不同施工条件（工程大小、运距长短、土的性质和地形条件等），选择合理的开行路线和施工方法。由于挖填区的分布不同，应根据具体情况选择开行路线，铲运机的开行路线种类如下：

①环形路线。当地形起伏不大，施工地段较短时，多采用环形路线。小环形路线是一种既简单又常用的路线。从挖方到填方按环形路线回转，每循环一次完成一次铲土和卸土，挖填交替。当挖填之间的距离较短时可采用大环形路线，一个循环可完成多次铲土和卸土，这样可减少铲运机的转弯次数，提高工作效率。作业时应时常按顺、逆时针方向交换行驶，以避免机械行驶部分单侧磨损。

②"8"字形路线。施工地段加长或地形起伏较大时，多采用"8"字形开行路线。采用这种开行路线，铲运机在上下坡时是斜向行驶，受地形坡度限制小；一个循环中两次转弯的方向不同，可避免机械行驶的单侧磨损；一个循环完成两次铲土和卸土，减少了转弯次数及空间行驶距离，从而缩短了运行时间，提高生产率。

2. 铲运机铲土作业方法

见表1-6。

表1-6 铲运机铲土方法

作业名称	铲土方法	适用范围
下坡铲土法	铲运机顺地势（坡度一般为3°～9°）下坡铲土，借机械往下运行质量产生的附加牵引力来增加切土深度和充盈数量，可提高生产率25%左右，最大坡度不应超过20°，铲土厚度以20cm为宜，平坦地形可将取土地段的一端先铲低，保持一定坡度向后延伸，创造下坡铲土条件，一般保持铲满铲斗的工作距离为15～20cm。在大坡度上应放低铲斗，低速前进	适用于斜坡地形大面积场地平整或推土回填沟渠用
跨铲法	在较坚硬的地段挖土时，采取预留土埂间隔铲土。土埂两边沟槽深度以不大于0.3m，宽度在1.6m以内为宜。本法铲土埂时增加了两个自由面，阻力减小，可缩短铲土时间和减少向外撒土，比一般方法的效率高	适用于较坚硬的土、铲土回填或场地平整用
交错铲土法	铲运机开始铲土的宽度取大一些，随着铲土阻力增加，适当减小铲土宽度，使铲运机能很快装满土。当铲第一排时，相互之间相隔铲斗一半宽度，铲第二排土则退离第一排挖土长度的一半位置，与第一排所挖各条交错开，以下所挖各排均与第二排相同	适用于一般比较坚硬的土的场地平整用

作业名称	铲土方法	适用范围
助铲法	在坚硬的土体中，自行铲运机再另配一台推土机在铲运机的后拖杆上进行顶推，协助铲土，可缩短每次铲土时间，装调铲斗，可提高生产率30%左右，推土机在助铲的空余时间，可作松土和零星的平整工作。助铲法取土场宽不宜小于20m，长度不宜小于40m，采用一台推土机配合3或4台铲运机助铲时，铲运机的半周程距离不应小于250m，几台铲运机要适当安排铲土次序和运行路线，互相交叉进行流水作业，以提高推土机效率	适用于地势平坦，土质坚硬、宽度大，长度长的大型场地平整工程采用
双联铲运机	铲运机运土时所需牵引力较小，当下坡铲土时，可将两个铲斗前后伸在一起，形成一起一落依次铲土，装土（称双联单铲）。当地面较平坦时，采取将两个铲斗串成同时起落的方法，同时进行铲土，又同时斗运行(称为双联双铲)。前者可提高工效20%～30%，后者可提高工效约60%	适用于较松软的土，进行大面积场地平整及筑堤时采用

（三）单斗挖土机

单斗挖土机是土方开挖的常用机械，按行走装置的不同可分为履带式和轮胎式两类；按传动方式可分为索具式和液压式两种；根据工作装置的不同可分为正铲、反铲、拉铲和抓铲四种。使用单斗挖土机进行土方开挖作业时，一般需用自卸汽车配合运土。

1. 正铲挖土机施工

正铲挖土机挖掘能力大，生产率高，适用于开挖停机面以上的一至三类土，它与运土汽车配合能完成整个挖运任务，可用于开挖大型干燥基坑及土丘等；

①正铲挖土机的开挖方式。正铲挖土机的挖土特点是"前进向上，强制切土"。根据开挖路线与运输汽车相对位置的不同，一般有以下两种：

正向开挖，侧向卸土。正铲向前进方向挖土，汽车位于正铲的侧向装土。本法铲臂卸土回转角度最小，小于90°，装车方便，循环时间短，生产效率高，用于开挖工作面较大、深度不大的边坡、基坑（槽）、沟渠和路堑等，为最常用的开挖方法。

正向开挖，后方卸土。正铲向前进方向挖土，汽车停在正铲的后面。本法开挖工作面较大，但铲臂卸土回转角度较大，约为180°，且汽车要侧向行车，增加工作循环时间，生产效率降低，用于开挖工作面较小，且较深的基坑（槽）、管沟和路堑等。

②正铲挖土机的作业方法见表1-7。

表 1-7　正铲挖土机的作业方法

作业名称	开挖方法	适用范围
正向开挖，侧向装土法	正铲向前进方向挖土，汽车位于正铲的侧向装土。本法铲臂卸土回转角度最小（＜90°），装车方便，循环时间短，生产效率高	适用于开挖工作面较大，深度不大的边坡、基坑（槽）、沟渠和路堑等，为最常用的开挖方法
正向开挖，后方装土法	正铲向前进方向挖土，汽车停在正铲的后面。本法开挖工作面较大，但铲臂卸土回转角度较大（180°左右），且汽车要侧行，增加工作循环时间，降低生产效率（回转角度为180°，效率降低约为23%；回转角度为130°，效率降低约为13%）	适用于开挖工作面狭小且较深的基坑（槽）、管沟和路堑等
分层开挖法	将开挖面按机械的合理高度分为多层开挖，当开挖面高度不为一次挖掘深度的整数倍时，则可在挖方的边缘或中部先开挖一条浅槽作为第一次挖土运输线路，然后再逐次开挖直至基坑底部	适用于开挖大型基坑或沟渠，工作面高度大于机械挖掘的合理高度时采用
上下轮换开挖法	先将土层上部1m以下的土挖深为30～40cm，然后再挖土层上部1m厚的土，如此上下轮换开挖。采用本法挖土阻力小，易装满铲斗，卸土容易	适用于土层较高，土质不太硬，铲斗挖掘距离很短时使用
顺铲开挖法	铲斗从一侧向另一侧一斗挨一斗地按顺序开挖，使每次挖土增加一个自由面，阻力减小，易于挖掘。也可依据土质的坚硬程度每次只挖2～3个斗牙位置的土	适用于土质坚硬，挖土时不易装满铲斗，而且装土时间长时采用
间隔开挖法	在扇形工作面上第一铲与第二铲之间保留一定距离，使铲斗接触土体的摩擦面减少，两侧受力均匀，铲土速度加快，容易装满铲斗，生产效率高	适用于开挖土质不太硬、较宽的边坡或基坑、沟渠等
多层挖土法	开挖面按机械的合理开挖高度，分为多层同时开挖，以加快开挖速度，土方可以分层运出，也可分层递送至最上层（或下层）用汽车运出，但两台挖土机沿前进方向，上层应先开挖保持30～50cm距离	适用于开挖高边坡或大型基坑
中心开挖法	正铲先在挖土区的中心开挖，当向前挖至回转角度超过90°时，则转向两侧开挖，运土汽车按"8"字形停放装土，使用本法开挖移位方便，回转角度小（＜90°），挖土区宽度宜在40m以上，以便于汽车靠近正铲装车	适用于开挖较宽的山坡，也段或基坑、沟渠等

2. 反铲挖土机施工

反铲挖土机的挖土特点是"后退向下，强制切土"，随挖随行或后退。反铲挖土机的挖掘力比正铲小，适用于开挖停机面以下的一至三类土的基坑（槽）或管沟，无须设性进出口通道，可挖水下淤泥质土，每层的开挖深度宜为1.5～3.0m。

反铲挖土机作业方法见表1-8。

表1-8　反铲挖土机作业方法

作业名称	作业方法	适用范围
沟端开挖法	反铲停于沟端，后退挖土，同时往沟的一侧弃土或装汽车运走。挖掘宽度可不受机械最大挖掘半径限制，臂杆回转半径为45°～90°，同时可挖到最大深度。	适用于一次成沟后退挖土，挖出土方随即运走时采用，或就地取上填筑路基或修筑堤坝时采用
沟侧开挖法	反铲停于沟侧沿沟边开挖，汽车停在机旁装土或往沟一侧卸土。本法铲臂回转角度小，能将土弃于距沟边较远的地方，但挖土宽度比挖掘半径小，边坡不好控制，同时机身靠沟边停放，稳定性较差	适用于横挖土体和需将土方甩到离沟边较远的距离时使用
沟角开挖法	反铲位于沟前端的边角上，随着沟槽的掘进，机身沿着沟边往后做"之"字形移动。臂杆回转角度平均在45°左右，机身稳定性好，可挖较硬土体，并能挖出一定的坡度	适用于开挖土质较硬，宽度较小的沟槽（坑）时采用
多层接力开挖法	将两台或多台挖土机设在不同作业高度上同时挖土，边挖土边向上传递到上层，山地表挖土机边挖土边装车。上部可用大型反铲，中、下层用大型或小型反铲，以便挖土和装车，均衡连续作业，一般两层挖土可挖深10m，三层可挖深15m左右。采用本法开挖较深基坑，可一次开挖到设计标高，避免汽车在坑下装运作业，提高生产效率，且不必设专用垫道	适用于开挖土质较好，深10m以上的大型基坑，沟槽和渠道

3. 拉铲挖土机施工

拉铲挖土机的挖土特点是"后退向下，自重切土"。拉铲挖土时，吊杆倾斜角度应在45°以上，先挖两侧然后挖中间，分层进行，保持边坡整齐，距边坡的安全距离应不小于2m。拉铲挖土机作业方法见表1-9。

表1-9　拉铲挖土机作业方法

作业名称	作业方法	适用范围
沟端开挖法	拉铲停在沟端，倒退着沿沟纵向开挖，开挖宽度可以是机械挖土半径的两倍，能两面出土，汽车停放在一侧或两侧，装车角度小，坡度较易控制，并能开挖较陡的坡	适用于就地取土、填筑路基及修筑堤坝等
沟侧开挖法	拉铲停在沟侧沿沟横向开挖，沿沟边与沟平行移动，如沟槽较宽，可在沟槽的两侧开挖。本法开挖宽度和深度均较小，一次开挖宽度约等于挖土半径，且开挖边坡不易控制	适用于开挖土方就地堆放的基坑，槽以及填筑路堤等工程采用
三角开挖法	拉铲按"之"字形移位，与开挖沟博的边缘成45°角左右，本法拉铲的回转角度小，效率高，而且边坡开挖整齐	适用于开挖宽度在8m左右的沟槽

作业名称	开挖方法	适用范围
层层挖土法	拉铲按从左到右或从右到左顺序逐层挖土，直至全深。采用本法可以挖得平整，而且拉铲斗的时间可以缩短，当土装满铲斗后，可以从任何高度提起铲斗，运送土时的提升高度可减小到最低限度，但落斗时要注意将拉斗钢绳与落斗钢绳一起放松，使铲斗垂直下落	适用于开挖较深的基坑，特别是圆形或方形基坑
顺序挖土法	挖土时先挖两边，保持两边低中间高的地形，然后顺序向中间挖土。采用本法挖土只有两边遇到阻力，较省力，边坡可以挖得整齐，铲斗不会发生翻滚现象	适用于开挖土质较硬的基坑
转圈挖土法	拉铲在边线外顺圆周转圈挖土，形成四周低中间高的地形，可防止铲斗翻滚。当挖到5m以下时，则需配合人工在坑内沿坑周往下挖一条宽50cm，深40～50cm的槽，然后进行开挖，直至槽底平，接着再人工挖槽，用拉铲挖土，如此循环作业至设计标高为止	适用于开挖较大、较深圆形的基坑
扇形挖土法	拉铲先在一端挖成一个锐角形，然后挖土机沿直线按扇形后退，直至挖土完成，采用本法挖土机移动次数少，汽车在一个部位循环，行走路程短，装车高度小	适用于挖直径和深度不大的圆形基坑或沟渠时采用

二、土方工程机械化施工选择

土方开挖机械的选择主要是确定类型、型号和台数。挖土机械的类型是根据土方开挖类型、工程量、地质条件及挖土机的适用范围确定；其型号再根据开挖场地条件、周围环境及工期等确定；最后确定挖土机台数和配套汽车数量。

挖土机的数量应根据所选挖土机的台班生产率、工程量大小和工期要求进行计算。

（一）挖土机台班产量 P_d 按下式计算

$$P_d = \frac{8 \times 3600}{t} \cdot q \cdot \frac{K_c}{K_s} \cdot K_B \quad (\text{m}^3/\text{班})$$

式 1–9

式中，t —— 挖土机每次作业循环延续时间（s），由机械性能决定，如 W1–100 正铲挖土机为 25～40s，W1–100 拉铲挖土机为 45～60s；

q —— 挖土机铲斗容量（m3）；

K_c —— 铲斗的充盈系数，可取 0.8～1.1；

K_s —— 土的最初可松性系数；

K_B —— 时间利用系数，一般取 0.6～0.8。

（二）挖土机的数量 N 可按下式计算

$$N = \frac{Q}{Q_d} \cdot \frac{1}{TCK} \quad (\text{台})$$

式 1–10

式中，Q —— 土方量（m^3）；

Q_d —— 挖土机生产率（m3/台班）；

T —— 工期，工作日；

C —— 每天工作班数；

K —— 工作时间利用系数，可取 0.8 ~ 0.9。

（三）配套汽车数量计算

自卸汽车装载容量 Q_1，一般宜为挖土机铲斗容量的 3 ~ 5 倍；自卸汽车的数量 N_1 台，应保证挖土机连续工作，可按下式计算：

$$N_1 = \frac{T}{t_1}$$

式 1-11

式中，T —— 自卸汽车每一工作循环的延续时间（min），其计算公式为

$T = t_1 + \frac{2l}{v_c} + t_2 + t_3$。

t_1 —— 自卸汽车每次装车时间（min）$n = \dfrac{Q_1}{q \cdot \frac{K_c}{K_s} \cdot \rho} = nt$；

n —— 自卸汽车每车装土斗数，$\frac{K_c}{K_s}$；

t —— 挖土机每斗作业循环的延续时间（s）（W1-100 正铲挖土机为 25 ~ 40s）；

q —— 挖土机铲斗容量（m^3）；

K_c —— 铲斗充盈系数，可取 0.8 ~ 1.1；

K_s —— 土的最初可松性系数；

ρ —— 土的重力密度（一般取 17kN/m3）；

l —— 运距（m）；

v_c —— 重车与空车的平均速度（m/min），一般取 333 ~ 500m/min；

t_2 —— 卸车时间（一般为 1min）；

t_3 —— 操纵时间（包括停放待装、等车、让车等），可取 2 ~ 3min。

第四节　土方的回填与压实

一、填方土料的选择和填筑要求

（一）填方土料的选用及含水量要求

1. 填方土料的选用

填方土料应符合设计要求，保证填方的强度和稳定性，如设计无要求，应符合以下规定：

①碎石类土、砂土和爆破石渣（粒径不大于每层铺土厚的2/3），可用于表层下的填料。

②含水最符合压实要求的黏性土，可作各层填料。

③淤泥和淤泥质土一般不能用作填料，但在软土地区，经过处理含水量符合压实要求后，可用于填方中的次要部位。

④碎块草皮和有机质含量大于5%的土，仅用在无压实要求的填方。

⑤在含有盐分的盐渍土中，仅中、弱两类盐渍土一般可以使用，但填料中不得含有盐晶、盐块或含盐植物的根茎。

⑥不得使用冻土、强膨胀性土作填料。

2. 含水量要求

①填土土料含水量的大小，直接影响到夯实（碾压）质量，在夯实（碾压）前应预试验，以得到符合密实度要求条件下的最优含水量和最少夯实（或碾压）遍数。含水量过小，夯压（碾压）不实；含水量过大，则易成橡皮土。

②当填料为黏性土或排水不良的砂土时，其最优含水量与相应的最大干密度应用击实试验测定。

③土料含水量一般以手握成团、落地开花为宜。若含水量过大，应采取翻松、晾干、风干、换土回填、掺入干土或其他吸水性材料等措施；若土料过干，则应预先洒水润湿，每1m³铺好的土层需要补充水量按下式计算：

$$V = \frac{\rho_\omega}{1+W}(W_{op} - W)$$

式1-12

式中，V——单位体积内需要补充的水量（L）；

W——土的天然含水量（%）；

W_{op}——土的最优含水量（%）；

ρ_ω——填土碾压前的密度（kg/m）。

在气候干燥时，需要采取措施加速挖土、运土、平土和碾压过程，以减少土的水分散失。

④当填料为碎石类土（充填物为砂土）时，碾压前应充分洒水湿透，以提高压实效果。

（二）填筑要求

1. 人工填土

①回填土时，从场地最低部分开始，由一端向另一端自下而上分层铺填。每层虚铺厚度，用木夯人工夯实时不大于20cm，用打夯机械夯实时不大于25cm。

②深浅坑（槽）相连时，应先填深坑（槽），相平后与浅坑全面分层填夯。如果采取分段填筑，交接处应填成阶梯形。墙基及管道回填应在两侧用细土同时均匀回填、夯实，防止墙基及管道中心线位移。

③人工夯填土用60～80kg的木夯或铁、石夯，由4～8人拉绳，2人扶夯，举高不小于0.5m，一夯压半夯，按次序进行。

④较大面积人工回填用打夯机夯实。两机平行时其间距不得小于3m，在同一夯打路线上，其前后间距不得小于10m。

2. 机械填土

（1）推土机填土

①填土应由下而上分层铺填，每层虚铺厚度不宜大于30cm，大坡度堆填土不得居高临下，不分层次，一次堆填。

②推土机运土回填可采取分堆集中、一次运送方法，分段距离为10～15m，以减少运土漏失量。

③土方推至填方部位时，应提起铲刀一次成堆卸土，并向前行驶0.5～1.0m，利用推土机后退时将土刮平。

④用推土机来回行驶进行碾压，履带应重叠一半。

⑤填土宜采用纵向铺填顺序，从挖土区段至填土区段以40～60cm距离为宜。

（2）铲运机填土

①铲运机铺土，铺填土区段长度不宜小于20m，宽度不宜小于8m。

②铺土应分层进行，每次铺土厚度不大于30～50cm（视所用压实机械的要求而定）。每层铺土后，利用空车返回时将地表面刮平。

③填土顺序一般采取横向或纵向分层卸土，以利于行驶时初步压实。

（3）自卸汽车填土

①自卸汽车为成堆卸土，须以推土机推土、摊平。

②每层的铺土厚度不大于30～50cm（随选用的压实机械而定）。

③填土可利用汽车行驶做部分压实工作，行车路线需均匀分布于填土层上。

④汽车不能在虚土上行驶，卸土推平和压实工作需采取分段交叉进行。

二、填土压实方法

填土压实方法可分为碾压法、夯实法和振动压实法三种。

（一）碾压法

碾压法是利用机械滚轮的压力压实土壤，使之达到所需的密实度。碾压机械有平碾、羊足碾等。平碾又称光碾压路机，是一种以内燃机为动力的自行压路机，按重量等级可分为轻型（30～50kN）、中型（60～90kN）和重型（100～140kN）三种，适用于压实砂类土和黏性土。羊足碾一般无动力，靠拖拉机牵引，有单筒和双筒两种。根据碾压要求，又可分为空筒、装砂和注水三种。羊足碾虽然与土接触面积小，但对单位面积的压力比较大，压实的效果好。羊足碾适用于对黏性土的压实。

碾压机械压实填方时，行驶速度不宜过快，一般平碾控制在 2km/h；羊足碾控制在 3km/h，否则会影响压实效果。

（二）夯实法

夯实法是利用夯锤自由下落的冲击力来夯实土壤，主要用于小面积回填。夯实法有人工夯实和机械夯实两种。

人工夯土用的工具有木夯、石夯等。夯实机械有夯锤、内燃夯土机和蛙式打夯机。蛙式打夯机是常用的小型夯实机械，轻便灵活，适用于小型土方工程的夯实工作，多用于夯打灰土和回填土。夯锤是借助起重机悬挂重锤进行夯土的机械，锤底面积为 0.15～0.25m^2，重量在 1.5t 以上，落距一般为 2.5～4.5m，夯土影响深度大于 1m，适用于夯实砂性土、湿陷性黄土、杂填土及含有石块的土。

（三）振动压实法

振动压实法是将振动压实机放在土层表面，借助振动机使压实机械振动，土颗粒发生相对位移而达到紧密状态。这种方法主要用于非黏性土的压实。若使用振动碾压进行碾压，可使土受到振动和碾压两种作用，碾压效率高，适用于大面积填方工程。对于密度要求不高的大面积填方，在缺乏碾压机械时，可采用推土机、拖拉机或铲运机结合行驶、推（运）土、平土来压实。

第二章 桩基础施工与砌筑工程施工技术

第一节 地基处理及其技术

为了满足结构安全和正常使用的要求，地基必须具有满足要求的承载力和变形通过选定适当的基础形式，不须改变地基土体的工程性质就可满足要求的地基称为天然地基；对地基土体进行加固处理后方能满足要求的地基称为人工地基。地基处理工程的设计和施工质量直接关系到建筑物的安全，如处理不当，往往发生工程事故，且事后处理大多比较困难。因此，地基处理是否适当及其工程质量的好坏直接影响了工程的安全性。工程中常用的地基处理方法主要有：灰土地基、砂或砂石地基、高压喷射注浆地基、水泥土搅拌桩地基、水泥粉煤灰碎石桩复合地基等

一、灰土地基

灰土地基是指将地基中不能满足建筑物要求的软弱土、不均匀土、淤泥、淤泥质土、膨胀土等挖出，用灰土分层回填压实作为基础的持力层的一种地基处理方法。其是传统的浅层地基处理方法，回填后的灰土层称为垫层。

（一）灰土地基材料要求

①土料：宜优先采用基槽中挖出的粉质黏土及塑性指数大于7的黏质粉土，不得含有冻土、耕土、淤泥、有机质等杂物，土料使用前应过筛，其粒径应不大于15mm，其

含水率应符合规定。

②石灰：应用新鲜的块灰或生石灰粉，使用前应经过 1～2d 的充分熟化并过筛，其粒径不得大于 5mm；不得夹有未熟化的生石灰块及其他杂质，也不得含有过多的水分。

（二）灰土地基施工主要机具

灰土地基施工一般应备有人力夯、蛙式打夯机或压路机、平碾、振动碾、手推车、筛子（孔径为 5～10mm 和 15～20mm 两种）、靠尺、耙子、平头铁锹、喷水用胶管等机具、基坑（槽）在铺打灰土前，必须先行钎探，并按设计要求处理地基，办完验槽手续，基础外侧打灰土时，必须对基础、地下室墙和地下防水层、保护层进行检查，并办完隐检手续现浇混凝土基础墙应达到规定强度当地下水位高于基坑（槽）底时，施工前应采取排水或降低地下水位的措施，使地下水位保持在施工面以下 500mm 左右。地基施工前应根据工程特点、填料种类、设计压实系数、施工条件等合理确定土料含水率控制范围、铺土厚度和夯打遍数等参数。重要的填方程应通过压实试验来确定各施工参数。

施工前，测量人员应做好水平高程的标志，如在基坑（槽）或沟的边坡上每隔 3m 钉上灰土水平的木桩；在室内和散水的边墙上弹上水平线或在地坪上钉好标高控制标准的木桩。

（三）灰土地基施工工艺

灰土地基主要施工工艺有：检验土和石灰粉的质量并过筛、灰土拌和、槽底清理、分层铺灰土、夯打密实及找平验收等。

首先检查土质和石灰的材料质量是否符合标准要求，然后分别过筛。石灰要用孔径为 5～10mm 的筛子过筛，土料用孔径为 15～20mm 的筛子过筛。

灰土的配合比除设计有特殊规定外，一般为 2：8 或 3：7（灰土体积比）。基础垫层灰上必须过标准斗，并严格控制配合比拌和时必须均匀一致，至少翻拌 3 次；拌和好的灰土颜色应一致，要求随用随拌。

灰土施工时应适当控制含水量，现场的检验方法是用手将灰土紧握成团，松手落地即碎为宜如土料水分过多或不足，则应翻松晾晒或洒水润湿，控制其含水量在最优含水量 2% 范围内（一般为 14%～20%）。

基坑（槽）底或基土表面应将虚土、树叶、木屑、纸片等清理干净，并打两遍底夯，局部有软弱土层或孔洞时应及时挖除，然后用灰土分层回填夯实，要求坑底平整、干净。

分层铺灰土时，各层虚铺厚度都要找平，与坑（槽）边壁上的标志木桩一致，或用尺、标准杆检查，

夯压的遍数应根据设计要求的干土质量密度或现场试验确定，一般不少于 4 遍，并控制机械碾压速度。打夯应一夯压半夯，夯夯相连，行行相连，纵横交叉。基础垫层灰土在每层夯压后都应按规定用环刀取样送验，并分层取样试验，符合要求后方可进行上层施工。

灰土分段施工时，要严格按施工规范的规定操作，不得在墙角、柱基及承重窗间墙

下接槎。上、下两层灰土的接槎距离不得小于500mm。铺灰时应从留槎处多铺500mm厚，夯实时夯过接缝300mm以上。接槎时用铁锹在留槎处垂直切齐。当灰土基础标高不同时，应做成阶梯形。

灰土最上一层完成后，应拉线或用靠尺检查标高和平整度。高的地方用铁锹铲平，低的地方补打灰土，然后报请质量检查人员验收：

二、砂或砂石地基

砂或砂石地基与灰土地基相似，是将原地基处不符合承载力及变形的地基土体挖除，置换为承载力和变形满足建筑物要求的砂或砂石，并作为人工地基垫层的一种地基处理方法。

（一）砂或砂石地基的材料要求

①一般选用天然级配砂石或人工级配砂石，宜采用质地坚硬的中砂、粗砂、砾砂、碎（卵）石、石屑或其他工业废粒料。在缺少中、粗砂和砾砂的地区，可采用细砂，但宜掺入一定数量的碎石或卵石，其掺量应符合设计要求。同时，要求砂石颗粒级配度好。

②级配砂石材料不得含有草根垃圾等有机杂物。用作排水固结地基时，其含泥量不宜超过3%。碎石或卵石最大粒径不得大于垫层或虚铺厚度的2/3，并不宜大于50mm。

（二）砂或砂石地基施工主要机具

砂或砂石地基一般应备有木夯、蛙式打夯机、推土机、压路机（6～10℃）、手推车、平头铁锹、喷水用胶管、2m靠尺、小线或细铁丝、钢尺等机具。

（三）砂或砂石地基施工工艺

砂或砂石地基施工工艺主要有处理地基表面、级配砂石、分层铺筑砂石、洒水、夯实或碾压、找平和验收等。

①处理地基表面，将地基上表面的浮土和杂物清除干净，原有地基应平整。基坑（槽）及附近如有低于地基的孔洞、沟、井、墓穴等，应在未填砂石前进行填实处理。

②级配砂石、人工级配的砂石应拌和均匀，以达到设计要求。

③分层铺筑砂石。铺筑砂石的每层厚度一般为15～20cm，不宜超过30cm。视不同条件，其可选用夯实或压实的方法。大面积的砂石垫层，宜采用6～10℃的压路机碾压。砂和砂石地基底面宜铺设在同一标高上，如深度不同，则基土面应挖成台阶或斜坡形，搭接处应注意压实。施工时应按先深后浅的顺序进行。分段施工时，接头处应做成斜坡，每层错开0.5～1.0m，并应充分压实。铺筑的砂石应级配均匀，最大石子粒径不得大于铺筑厚度的2/3，且不大于50mm。如发现有砂窝或石子成堆现象，应将该处砂子或石子挖出，分别填入级配好的砂石。

④洒水铺筑级配砂石在夯实碾压前应根据其干湿程度和气候条件，适当地洒水以保持砂石最佳含水量，一般为8%～12%。

⑤夯实或碾压。夯实或碾压的遍数由现场试验确定。用木夯或蛙式打夯机夯实时，

应保持落距为 400～500mm，要一夯压半夯全面夯实，一般不少于三遍。采用压路机往覆碾压时，一般不少于 4 遍，其轮迹搭接不小于 50cm。边缘和转角处应用人工或蛙式打夯机补夯密实。

⑥找平。施工时应分层找平，夯压密实，并应设置纯砂检查点。采用环刀取样，并测定干砂的质量密度。下层密实度经检验合格后，方可进行上层施工。最后一层夯压密实后，表面应拉线找平，并应符合设计标高。

（四）砂或砂石地基成品保护

①回填砂石时，应注意保护好现场轴线桩、标高桩，并经常复测。

②地基范围内不应留有孔洞。完工后如无技术措施，不得在影响其稳定的区域内进行挖掘工程。

③施工中必须保证边坡稳定，防止坍塌。

④级配砂石成活后，如不连续施工，则应适当洒水润湿。

⑤夜间施工时，应合理安排施工顺序，设有足够的照明设施，防止砂石级配不准或铺筑超厚。

（五）砂或砂石地基施工应注意的质量问题

①大面积下沉：主要原因有未严格按要求施工，分层过厚，碾压遍数不够，洒水不足，等等。

②局部下沉：边缘和转角处夯压不实，留、接槎没按规定搭接和夯实

③级配不良：应配专人及时处理砂窝、石堆等问题，做到砂石级配良好，

④密实度不符合要求：必须分层检查砂石地基的质量，每层纯砂检查点的干砂质量密度必须符合规定，否则不能进行上层的施工。

⑤砂石垫层厚度不宜小于 100mm，冻结的天然砂石不得使用。

三、高压喷射注浆地基

喷射注浆地基是利用工程钻机钻至设计深度后，用高压泵通过安装在钻杆（喷杆）杆端置于孔底的特殊喷嘴，向周围土体高压喷射固化浆液（一般使用水泥浆液），同时钻杆（喷杆）以一定的速度边旋转边提升，高压射流使一定范围内的土体结构破坏，并强制与固化浆液混合，凝固后便在上体中形成具有一定性能和形状的固结体。高压喷射注浆法具有成本较低、施工速度较快、固结体强度大、可靠性高等优点。

高压喷射注浆法是利用高速水流强制性地破坏土体而形成固结体，在覆盖层中一般不存在可灌性问题；同时由于高速射流被限制在土体破碎范围内，因此浆液不易流失，能保证预期的加固范围和控制固结体的形状；能在钻孔中任何一段内施工，也可以在孔底或中部喷射，还可以水平方向喷射和倾斜方向喷射施工；高喷法通常采用水泥浆液，不会造成环境和地下水的污染，且耐久性较好，施工噪声较小。

固结体的形状与喷射流的移动方向有关。高压喷射注浆形式一般分为旋转喷射（简

称旋喷）、定向喷射（简称定喷）和摆动喷射（简称摆喷）。旋喷桩主要用于加固地基，提高地基的抗切强度，改善地基土的变形性能，使其在上部结构荷载作用下不致破坏或产生过大的变形定喷固结体呈壁状，摆喷形成厚度较大的扇状固结体。定喷和摆喷通常用于地基防渗，改善地基土的水力条件及边坡稳定等工程。

（一）高压喷射注浆法的分类

高压喷射注浆法按喷射介质及其管路多少可分为单管旋喷法、二管旋喷法、三管旋喷法等。

1. 单管旋喷法

单管旋喷法是通过单根管路，利用高压浆液（20～30MPa），喷射冲切破坏土体，成桩直径为40～50cm。其加固质量好、施工速度快、成本低，但固结体直径较小。

2. 二管旋喷法

二管旋喷法在单管旋喷法的基础上又加以压缩空气喷出，并使用双通道的二重灌浆管在管的底部侧面有一个同轴双重喷嘴，高压浆液以20MPa左右的压力从内喷嘴中高速喷出，在射流的外围加以0.7MPa左右的压缩空气。其能在土体中形成直径明显增加的柱状固结体，直径达80～150cm。

3. 三管旋喷法

三管旋喷法使用分别输送水、气、浆三种介质的三重灌浆管，在高压水射流的喷嘴周围加上圆筒状的空气射流，进行水、气同轴喷射，可以减少水射流与周围介质的摩擦，避免水射流过早雾化，增强水射流的切割能力。喷嘴边旋转喷射边提升，在地基中形成较大一的负压区，携带同时压入的浆液充填空隙，在地基中形成直径较大、强度较高的固结体，起到加固地基的作用。

（二）喷射注浆材料要求

水泥是喷射注浆的基本材料，水泥类浆液可分为以下几种类型

1. 普通型

一般采用普通硅酸盐水泥，不加任何外加剂，水灰比一般为0.8：1～1.5：1，固结体的抗压强度（28d）最大可达1.0～2.0MPa，适用于无特殊要求的工程。

2. 速凝－早强型

其适用于地下水位较高或要求早期承担荷载的工程，须在水泥浆中加入氯化钙、三乙醇胺等速凝早强剂。掺入2%氯化钙的混凝土的固结体的抗压强度为1.6MPa，掺入4%的氯化钙后为2.4MPa。

3. 高强型

高强型水泥浆液可以选择高标号的水泥，或选择高效能的扩散剂和无机盐组成的复合配方等。其喷射固结体的平均抗压强度在20MPa以上。

（三）高压喷射注浆工艺

高压喷射注浆的喷射范围应在现场通过试验确定。高喷固结体的范围大小与土的种类和密实程度有较密切的关系，不同的喷射种类和喷射方式所形成的固结体大小不相同。定喷的喷射能量集中，喷射范围较大。旋喷黏性土的固结强度一般为 0.3 ~ 6.0MPa，无黏性土的固结强度一般为 4 ~ 15MPa。

防渗工程多采用定喷、摆喷，地层粒径较粗时，多采用摆喷或旋喷。对处理深度大于 20m 的复杂地层，最好按双排或三排布孔，使高喷桩形成堵水帷幕一般孔距应为 1.73R（R 为旋喷固结体半径），排距为 1.5R 时施工最经济。一般定喷、摆喷的孔距为 1.2 ~ 2.5m，旋喷的孔距为 0.8 ~ 1.2m。

高喷桩桩距应根据上部结构荷载、单桩承载力及土质情况而定，一般取桩距 S=（3 ~ 4）d（d 为旋喷桩直径）。桩的布置方式可选用矩形或梅花形。高压喷射注浆施工钻孔的目的是将灌浆管插入预定的土层中，由下而上进行喷射作业。近来，也有采用振冲方式成孔直接进行喷射作业的方法。

（四）喷射时应注意的事项

①灌浆深度大时，易造成上粗下细的固结体，影响固结体的承载能力或抗渗作用，因此采用增大压力和流量或降低旋转和提升速度等措施补救。

②当发现喷浆量不足而影响工程质量时，可采用复喷技术。

③当冒浆量大于灌浆量的 20% 时，可采用提高喷射压力，缩小喷嘴直径，加快提升速度和旋转速度等措施，对于冒出的浆液，可回收利用。

④根据工程需要调节喷射压力和灌浆量，改变喷嘴移动方向和速度，控制喷射固结体的形状，即圆盘状、圆柱状、大底状、糖葫芦状、大帽状和墙壁状。

⑤喷灌后的浆液若有析水现象，可造成固结体顶部出现凹穴，对地基加固及防渗不利。为此，可采用静压灌浆或浆液中添加膨胀材料等预防措施。

⑥高压泵是高压喷射注浆中的关键设备，要求压力和流量能在一定范围内调节。其额定流量为 85 ~ 150L/min，额定压力为 20 ~ 50MPa。

（五）高喷固结体的质量检测

①开挖检验：待浆液凝结具有一定强度后，即可开挖检查固结体垂直度、形状和质量。

②钻孔检查：从固结体中钻取岩芯，进行室内物理力学性能试验。在钻孔中做压水或抽水试验，测定其抗渗能力。

③标准贯入试验：在旋喷固结体的中部可进行标准贯入试验。

④荷载试验：静荷载试验分为垂直和水平静荷载试验两种。试验时，须在受力部位浇筑 0.2 ~ 0.3m 厚的混凝土层。

⑤围井试验：在板墙一侧增加喷孔，与板墙形成封闭围井，在井中进行压水和抽水两种试验，或观测井内外水位，多用于防渗效果检查。

高压喷射注浆加固地基技术主要适用于第四纪冲积层、残积层及人工填土等，对砂类土、黏性土、黄土和淤泥等都能加固。但对砾石直径过大、含量过多及有大量纤维质的腐殖土，其喷射质量稍差，有时甚至不如静压灌浆效果好。

对工地下水流速过大，喷射的浆液无法在灌浆管周围凝结，以及无填充物的岩溶地段、永冻土和对水泥有严重腐蚀的地基，均不宜采用高压喷射注浆法。

四、水泥土搅拌桩地基

水泥土搅拌桩属于深层搅拌法，是利用水泥作为固化剂，通过特别的深层搅拌机械在地基深处就地将软土和水泥（浆液或粉体）强制搅拌后，水泥和软土将产生一系列物理和化学反应使软土硬结改性。改性后的软土强度大大高于天然强度，但其压缩性、渗水性比天然软土大大降低。此时，软土与水泥采用机械搅拌加固，减少了软土中的含水率，增加了颗粒之间的黏结力，增加了水泥土的强度，增强了水的稳定性。在水泥加固土中，由于水泥的掺量较小，一般占被加固土的 10% ~ 15%，水泥的水化反应完全在具有一定活性的介质土的围绕下进行，因此，其硬化速度较慢且作用复杂。

为了降低工程造价，可以采用掺加粉煤灰的措施。掺加粉煤灰的水泥土桩，其强度一般比不掺粉煤灰的高。不同水泥掺入比的水泥土，当掺入与水泥等量的粉煤灰后，其强度均比不掺粉煤灰的强度高 10%。因此，采用深层搅拌法加固软土时掺入粉煤灰，不仅消耗工业废料，还可提高水泥土的强度。

（一）水泥土搅拌桩地基施工机械

施工机械主要有钻机、粉体发送器、空气压缩机、搅拌钻头等

（二）水泥土搅拌桩地基施工工艺

1. 湿法施工

湿法施工的主要施工机械为深层搅拌机。水泥土搅拌桩深层搅拌法的施工主要可分为定位、预搅下沉、制备水泥浆、喷浆搅拌上升、重复上下搅拌等步骤。

2. 干法施工

干法施工是采用水泥粉料，由空气输送，通过搅拌叶片旋转产生的空隙部位喷出，并随着搅拌叶片的旋转均匀分布在整个空隙轨道面内，进而和原位地基土搅拌并混合在一起其施工分为柱体对位、下钻、钻进结束、提升喷粉、提升结束、桩体形成等步骤。

（三）深层搅拌法适用范围

深层搅拌法最适宜加固各种成因的饱和软黏土，常用于淤泥、淤泥质土、黏土、亚黏土等地质的加固，成桩深度可达 30m，采用多头小直径桩的成墙深度可达 18m

五、水泥粉煤灰碎石桩复合地基

水泥粉煤灰碎石桩是由水泥、粉煤灰、碎石、石屑或砂加水拌和形成的高黏结强度

桩（简称 CFG 桩），成桩后由桩、桩间上和褥垫层一起构成复合地基。

（一）桩体材料选择

混合填料配制应严格选择原材料，以及洁净的河砂、卵石、Ⅱ级粉煤灰等，水泥选用优质 32.5 强度等级的普通硅酸盐水泥。施工前按设计要求由试验室进行配合比试验，施工时按配合比配制混合料，以保证混合料强度，混合料中掺入的粉煤灰主要是改善拌和物的和易性，以提高桩的施工质量。混合料配比应严格按相关规范执行，且碎石和中砂含杂质不大于 5%。按设计配合比配制混合料后，投入搅拌机加水拌和，加水故由混合料的坍落度控制，一般坍落度为 30 ~ 50mm，成桩后浮浆厚度一般不超过 200mm。混合料的搅拌须均匀，每盘搅拌时间不得少于 60s。搅拌站设磅秤计量装置，保证砂、石、粉煤灰计量准确。

（二）水泥粉煤灰碎石桩复合地基施工工艺

水泥粉煤灰碎石桩的施工工艺主要有桩机就位、沉管造孔、分层填料加密和成桩四道工序，其中分层填料加密是关键工序。施工时，根据土质情况和荷载要求，分别选用单打法、复打法等

1. 桩机就位

桩位的施工应依次向后退打，有利于保护先施工的桩不被挤坏或挤歪。其考虑隔排桩跳打（隔一根桩位）的施工顺序，施工新桩时与已打桩间隔时间不少于 7d。桩机就位须平整、稳固，调整沉管，使其与地面垂直，确保垂直度偏差不大于 1% 采用活瓣式桩尖和 φ=325mm 桩管，桩尖对准桩位。

2. 沉管造孔

沉管过程中应注意桩机的稳定，严禁倾斜和错位。沉管过程中观察沉管的下沉速度是否正常，沉管是否有挤偏现象，若有异常情况应分析原因，及时采取措施，当沉管到达设计深度或持力层时，应判定该深度或贯入度是否已达到规定和设计要求，或试桩时规定的并经设计认可的要求，满足了这些要求和规定后方可终止沉管，

3. 填料加密

沉管达到要求深度后，立即填灌桩芯混合料，尽量减少间隔时间。填料前检查沉管内是否吞进桩尖或进水、进泥，若存在，则及时处理。在沉管过程中，可用料斗进行空中投料。待沉管至设计标高后，须尽快投料，直到管内混合料面与钢管投料口平齐。如上料量不够，须在拔管过程中空中投料，以保证成桩桩顶、桩高满足设计要求：控制管内混合料面不低于自然地面，填料量应按沉管外径和桩长计算出的体积再乘以设计的充盈系数取值。

4. 成桩

当混合料添加至钢管投料口平齐后，先振动 5 ~ 10s，再开始拔管，边振边拔，每拔 0.5 ~ 1.0m，停拔留振 5 ~ 10s，如此反复，直至沉管全部拔出。沉管灌注成桩施工

的拔管速度应按匀速控制，拔管速度应控制为 1.2 ～ 1.5m/min 沉管拔出地面后，若发现桩身填料超出桩的设计顶面较多或溢出地面较多，应及时核实充盈系数。若充盈系数小于 1，则认为桩身可能存在缩径或断桩隐患，应及时研究补救措施若发现桩身填料面低于设计标高，应立即补填填料，使其顶面高于设计标高 0.5m，并用振捣器振实。补填填料时，应将桩顶上的浮土清理干净，必要时可向孔内先插入钢模，再清理浮土。确认成桩符合设计要求后用粒状材料或混凝土封顶，然后移机继续下一根桩施工。

（三）施工中的质量控制

为保证 CFG 桩复合地基的施工质量，应控制好以下事项：

①选用合理的施工机械设备，在施工准备阶段，必须详细了解地质情况，合理选用施工机械，这是确保 CFG 桩复合地基质量的有效途径。

②深入了解地质情况，采用合理的施工工艺。在施工过程中，成桩的施工工艺对 CFG 桩复合地基的质量至关重要，不合理的施工工艺将造成重大的质量问题，甚至质量事故。而要确定合理的施工工艺，必须深入了解地质情况；并在施工过程中应加强监测，根据具体情况，控制施工工艺，发现特殊情况时做出具体的改变。

③加强施工过程中的监测。在施过程中，应加强监测，及时发现问题，以便针对性地采取有效措施，有效控制成桩质量重点是做好施工场地标高观测、已打桩桩顶标高观测和对有怀疑的桩的处理等。

第二节　浅基础工程施工技术

一、浅基础的分类

浅基础按受力特点可分为刚性基础和柔性基础。用抗压强度较大，而抗弯、抗拉强度小的材料建造的基础，如砖、毛石、灰土、混凝土、三合土等基础均属于刚性基础。刚性基础的最大拉应力和剪应力必定在其变截面处，其值受基础台阶的宽高比影响很大，因此，刚性基础按制台阶的宽高比（称刚性角）是个关键。用钢筋混凝土建造的基础叫柔性基础。它的抗弯、抗拉、抗压能力都很大，适用于地基土处较软弱，上部结构荷载较大的基础。

浅基础按构造形式分为单独基础、带形基础、箱形基础、筏板基础等。单独基础也称独立基础，多呈柱墩形，截面可做成阶梯形或锥形等；带形基础是指长度远大于其高度和宽度的基础，常见的是墙下条形基础，材料主要采用砖、毛石、混凝土和钢筋混凝土等。

二、刚性基础施工

（一）砖基础

以砖为砌筑材料，形成的建筑物基础即为砖基础。这种基础的特点是抗压性能好，整体性、抗拉、抗弯、抗剪性能较差，材料易得，施工操作简便,造价较低适用于地基坚实、均匀，上部荷载较小，6 层和 6 层以下的一般民用建筑和墙承重的轻型厂房基础工程。

1. 砖基础构造要求

砖基础分带形基础和独立基础，基础下部扩大称为大放脚。大放脚有等高式和不等高式。当地基承载力 ≥ 150kPa 时，采用等高式大放脚，即两皮一收，两边各收进 1/4 砖长；当地基承载力 < 150kPa 时，采用不等高式大放脚，即两皮一收与一皮收相间隔，两边各收进 1/4 砖长。大放脚的宽度应根据计算而定，各层大放脚的宽度应为半砖长的整数倍。

2. 砖基础施工要点

基槽（坑）开挖前，在建筑物的主要轴线部位设置龙门板，标明基础、墙身和轴线的位置。在挖土过程中，严禁碰撞或移动龙门板。

砖基础若不在同一深度，则应先由底往上砌筑。在高低台阶接头处，下面台阶要砌一定长度实砌体，砌到上面后和上面的砖一起退台。

砖基础的灰缝厚度为 8 ~ 12mm，一般为 10mm。砖基础接槎应留成斜槎，如因条件限制留成直槎时，应按规范要求设置拉结筋。砖基础内宽度超过 300mm 的预留孔洞，应砌筑平拱或设置过梁。

（二）毛石基础

毛石基础是用强度等级不低于 MU30 的毛石，不低于 M5 的砂浆砌筑而形成。毛石基础的抗冻性较好，在寒冷潮湿地区可用于 6 层以下建筑物基础。

1. 毛石基础构造要求

毛石基础的断面形式有阶梯形和梯形。基础的顶面宽度比墙厚大 200mm，即每边宽出 100mm，每阶高度一般为 300 ~ 400mm，并至少砌二皮毛石。上阶梯的石块应至少压砌下级阶梯石块的 1/2。

2. 毛石基础施工要点

毛石基础可用毛石或毛条石，以铺浆法砌筑。灰缝厚度宜为 20 ~ 30mm，砂浆应饱满。石基础宜分皮卧砌，并应上下错缝，内外搭接，不得采用外面侧立石块、中间填心的砌筑方法、每日砌筑高度不宜超过 1.2m。在转角处及交接处应同时砌筑，如不能同时砌筑，应留成斜槎。

施工时，相邻阶梯的毛石应相互搭砌。砌第 1 层石块时，基底要做浆，石块大面向下，基础的最上一层石块宜选用较大的毛石砌筑。基础的第 1 层及转角、交接处和洞口处选用较大的平毛石砌筑。毛石基础砌筑砂浆的强度等级应符合设计要求。

（三）混凝土和毛石混凝土基础

在浇筑混凝土基础时，应分层进行，并使用插入式振动器捣实。对阶梯形基础，每一阶高内应整分浇筑层。对于锥形基础要逐步地随浇筑随安装其斜面部分的模板，并注意边角处混凝土的密实。独立基础应连续浇筑完毕，不能分数次浇筑。

为了节约水泥，在浇筑混凝土时，可投入 25% 左右的毛石，这种基础称为毛石混凝土基础。毛石的最大粒径不超过 150mm，也不超过结构截面最小尺寸的 1/4。毛石投放前应用水冲洗干净并晾干。投放时，应分层、均匀地投放，保证毛石边缘包裹有足够的混凝土并振捣密实。

当基坑（槽）深度超过 2m 时，不能直接倾落混凝土，应用溜槽将混凝土送入基坑，混凝土浇筑完毕，终凝后要加以覆盖和浇水养护。

三、浅埋式钢筋混凝土基础施工

（一）条式基础

条式基础包括柱下钢筋混凝土独立基础墙下钢筋混凝土条形基础。这种基础的抗弯和抗剪性能良好，可在竖向荷载较大、地基承载力不高以及承受水平力和力矩等荷载情况下使用。因高度不受台阶宽高比的限制，故适宜于需要"宽基浅埋"的场合下采用。

1. 条式基础构造要求

①锥形基础（条形基础）边缘高度力不宜小于 200mm；阶梯形基础的每阶高度如宜为 300 ~ 500mm

②垫层厚度一般为 100mm，混凝土强度等级为 CIO，基础混凝土强度等级不宜低于 C15。

③底板受力钢筋的最小直径不宜小于 8mm，间距不宜大于 200mm。当有垫层时钢筋保护层的厚度不宜小于 35mm，无垫层时不宜小于 70mm。

2. 条式基础施工要点

①基坑（槽）应进行验槽，局部软弱土层应挖去，用灰土或砂砾分层回填夯实至基底相平。基坑（槽）内浮土、积水、淤泥、垃圾、杂物应清除干净。验槽后地基混凝土应立即浇筑，以免地基土被扰动。

②垫层达到一定强度后，在其上弹线、支模。铺放钢筋网片时底部用与混凝土保护层同厚度的水泥砂浆垫塞，以保证位置正确。

③在浇筑混凝土前，应清除模板上的垃圾、泥土和钢筋上的油污等杂物，模板应浇水加以湿润。

④基础混凝土宜分层连续浇筑完成。阶梯形基础的每一台阶高度内应分层浇捣，每浇筑完一台阶应稍停 0.5 ~ 1.0h，待其初步获得沉实后，再浇筑上层，以防止下台阶混凝土溢出，在上台阶根部出现"烂脖子"，台阶表面应基本抹平。

⑤锥形基础的斜面部分模板应随混凝土浇捣分段支设并顶压紧，以防模板上浮变

形，边角处的混凝土应注意捣实。严禁斜面部分不支模，用铁锹拍实。

⑥基础上有插筋时，要加以固定，保证插筋位置的正确，防止浇捣混凝土发生移位。混凝土浇筑完毕，外露表面应覆盖浇水养护。

（二）筏式基础

筏式基础由钢筋混凝土底板、梁等组成，适用于地基承载力较低而上部结构荷载很大的场合。其外形和构造上像倒置的钢筋混凝土楼盖，整体刚度较大，能有效将各柱子的沉降调整得较为均匀。筏式基础一般可分为梁板式和平板式两类。

1. 筏式基础构造要求

①混凝土强度等级不宜低于 C20，钢筋无特殊要求，钢筋保护层厚度不小于35mm，

②基础平面布置应尽量对称，以减小基础荷载的偏心距。底板厚度不宜小于200mm，梁截面和板厚按计算确定，梁顶高出底板顶面不小于 300mm，梁宽不小于250mm。

③底板下一般宜设厚度为 100mm 的 CIO 混凝土垫层，每边伸出基础底板不小于100mm。

2. 筏式基础施工要点

①施工前，如地下水位较高，可采用人工降低地下水位至基坑底不少于 500mm，以保证在无水情况下进行基坑开挖和基础施工。

②施工时，可采用先在垫层上绑扎底板、梁的钢筋和柱子锚固插筋，浇筑底板混凝土，待达到 25% 设计强度后，再在底板上支梁模板，继续浇筑完梁部分混凝土；也可采用底板和梁模板一次同时支好，混凝土一次连续浇筑完成，梁侧模板采用支架支承并固定牢固。

③混凝土浇筑时一般不留施工缝，必须留设时，应按施工缝要求处理，并应设置止水带，

④基础浇筑完毕，表面应覆盖和洒水养护，并防止地基被水浸泡。

（三）箱形基础

箱形基础是由钢筋混凝土底板、顶板、外墙以及一定数量的内隔墙构成封闭的箱体，基础中部可在内隔墙开门洞做地下室。该基础具有整体性好，刚度大，调整不均匀沉降能力及抗震能力强，可消除因地基变形使建筑物开裂的可能性，减少基底处原有地基自重应力，降低总沉降量等特点。适合做软弱地基上的面积较小、平面形状简单、上部结构荷载大且分布不均匀的高层建筑物的基础和对沉降有严格要求的设备基础或特种构筑物基础。

1. 箱形基础构造要求

①箱形基础在平面布置上尽可能对称，以减少荷载的偏心距，防止基础过度倾斜。

②混凝土强度等级不应低于 C20，基础高度一般取建筑物高度的 1/8 ~ 1/12，不宜

小于箱形基础长度的 1/16 ~ 1/18，且不小于 3m。

③底、顶板的厚度应满足柱或墙冲切验算要求，并根据实际受力情况通过计算确定。底板厚度一般取隔墙间距的 1/8 ~ 1/10，一般为 300 ~ 1000mm，顶板厚度一般为 200 ~ 400mm，内墙厚度不宜小于 200mm，外墙厚度不应小于 250mm。

④为保证箱形基础的整体刚度，平均每平方米基础面积上墙体长度应不小于 400mm，或墙体水平截面面积不得小于基础面积的 1/10，其中纵墙配置量不得小于墙体总配置量的 3/5。

2. 箱形基础施工要点

①基坑开挖，如地下水位较高，应采取措施降低地下水位至基坑底以下 500mm 处，并尽量减少对基坑底土的扰动。当采用机械开挖基坑时，在基坑底面以上 200 ~ 400mm 厚的土层，应用人工挖除并清理，基坑验槽后，应立即进行基础施工。

②施工时，基础底板、内外墙和顶板的支模、钢筋绑扎和混凝土浇筑，可采取分块进行，其施工缝的留设位置和处理应符合钢筋混凝土工程施工及验收规范有关要求，外墙接缝应设止水带。

③基础的底板、内外墙和顶板宜连续浇筑完毕。为防止出现温度收缩裂缝，一般应设置贯通后浇带，带宽不宜小于 800mm，在后浇带处钢筋应贯通，顶板浇筑后，相隔 2 ~ 4 周，用比设计强度提高一级的细石混凝土将后浇带填灌密实，并加强养护。

④基础施工完毕，应立即进行回填土。停止降水时，应验算基础的抗浮稳定性，抗浮稳定系数不宜小于 1.2，如不能满足时，应采取有效措施，比如继续抽水直至上部结构荷载加上后能满足抗浮稳定系数要求为止，或在基础内采取灌水或加重物等，防止基础上浮或倾斜。

第三节　桩基础工程施工技术

当浅层土层无法满足建筑物对地基的变形和承载力要求时，应利用下部土层或坚实土层、岩层作为持力层。工程中深基础的类型有桩基础、墩基础、深井基础和地下连续墙等。

桩基础是工程中最常用的深基础形式，由若干个沉入土中的桩体和连接桩顶的承台组成。其中，桩体的作用是将上部建筑物的荷载传递到深处承载力较强的上层上，或将软弱土层挤密实，以提高地基土的承载能力和密实度。

桩的直径不大于 250mm 的称为小直桩，直径为 250 ~ 800mm 的桩称为中等直径桩，直径大于或等于 800mm 的桩称为大直径桩。

桩按受力情况分为端承桩和摩擦桩两种。端承桩是穿过软弱土层而达到坚硬土层或岩层上的桩，上部结构荷载主要由岩层阻力承受。施工时，其以控制贯入度为主，而桩尖进入持力层的深度或桩尖标高可作为参考。摩擦桩完全设置在软弱土层中，将软弱土层挤压密实，以提高土的密实度和承载能力，上部结构的荷载由桩尖阻力和桩身侧面与地基土之间的摩擦阻力共同承受。

桩按施工方法可分为预制桩和灌注桩。预制桩根据桩体制作方法可分为混凝土预制桩和预应力混凝土空心管桩，按沉桩方法可分为打入桩、水冲沉桩、振动沉桩和静力压桩等。灌注桩是在桩位处成孔，然后放入钢筋骨架，再浇筑混凝土而成的桩。灌注桩按成孔方法不同分为钻孔灌注桩、挖孔灌注桩、冲孔灌注桩、套管成孔灌注桩及爆扩成孔灌注桩等。

一、混凝土预制桩

混凝土预制桩在预制构件厂或施工现场预制，用沉桩设备在设计位置上将其沉入土中。其特点是坚固耐久，不受地下水或潮湿环境影响，能承受较大荷载，施工机械化程度高，进度快，能适应不同土层。钢筋混凝土预制桩是我国目前广泛采用的一种桩型。钢筋混凝土预制桩施工前，应根据施工图设计要求、桩的类型、成孔过程对土的挤压情况、地质探测和试桩等资料制订施工方案。施工方案的主要内容包括：确定施工方法，选择打桩机械，确定打桩顺序，桩的预制、运输，以及沉桩过程中的技术和安全措施。

（一）混凝土预制桩施工准备

施工准备主要包括场地平整及周边障碍物处理，定桩位及埋设水准点等工作，依据施工图设计要求，把桩基定位轴线桩的位置在施工现场准确地测定出来，并做出明显的标志。在打桩现场附近设置 2 ~ 4 个水准点，用以平整场地和作为检查桩入土深度的依据。桩基轴线的定位点及水准点，应设置在不受打桩影响的地方。准备好桩帽、垫衬和送桩设备等机具。

（二）桩的制作、运输、堆放

管桩及长度在 10m 以内的方桩在预制厂制作，较长的方桩在打桩现场制作；模板应能保证桩的几何尺寸准确，使桩面平整、挺直；桩顶面模板应与桩的轴线垂直；桩尖四棱锥面呈正四棱锥体，且桩尖位于桩的轴线上；重叠法生产时，底模板、侧模板及桩面间均应涂刷好隔离层，不得黏结。桩身主筋连接宜采用对焊，主筋接头配置在同一截面内的数量不超过 50%；同一根钢筋两个接头的距离应大于 30d（d 以为主筋直径），并不小于 500mm。桩顶和桩尖直接受冲击力，易产生很高的局部应力，故桩顶和桩尖钢筋配置应做特殊处理。

混凝土制作宜采用机械搅拌、机械振捣；浇筑混凝土过程中应严格保证钢筋位置正确，桩尖应对准纵轴线；纵向钢筋顶部保护层不宜过厚，钢筋网片的距离应正确，以防锤击时桩顶破坏及桩身混凝土剥落破坏。采用叠层法生产时，上层桩和邻桩浇筑必须在下层和邻桩的混凝土强度达到设计强度的 30% 以后才能进行。浇筑完毕后，立即加强养护，防止由于混凝土收缩而产生裂缝，养护时间不少于 7d。混凝土预制桩的混凝土强度等级不宜低于 C30，钢筋混凝土预制桩应达到设计强度的 70% 才可起吊，达到设计强度后才能运输和打桩。若提前吊运预制桩，必须采取措施并经过验算合格后方可进行。桩在起吊搬运时必须平稳，避免受冲击和振动；吊点、绑扎点的数量及位置按桩长而定，应符合起吊弯矩最小的原则。混凝土桩在现场堆放层数不宜超过 4 层；堆放时垫木间距应与吊点位置相同，各层垫木应位于同一垂直线上。

（三）钢筋混凝土预制桩施工

1. 打入法

打入法也称为锤击法，是利用桩锤落到桩顶上的冲击力来克服土对桩的阻力，使桩沉到预定的深度或达到持力层的一种打桩施工方法。锤击法沉桩是混凝土预制桩常用的沉桩方法，其施工速度快，机械化程度高，适用范围广，但施工时有冲撞噪声和对地表层有振动影响，故在城区和夜间施工时受限制。

（1）打入法打桩设备及选择

打桩设备包括桩锤、桩架和动力装置等。

桩锤可选用落锤、蒸汽锤、柴油锤、振动锤和液压锤等。落锤一般由铸铁制成，重 0.2 ~ 2t。其利用绳索或钢丝绳通过吊钩由卷扬机沿桩架导杆提到一定高度后，自由落下击打桩顶：落锤费用低，但施工速度慢、效率低，桩顶易被打坏，适用于小直径桩，在软土层中应用较多。蒸汽锤是以高压蒸汽为动力的打桩机械，有单动汽锤和双动汽锤两种，可用于打各种桩，也可在水下打桩，并可用于拔桩。柴油打桩锤利用汽缸内冲击体的冲击力与燃烧压力，推动锤体跳动夯击桩体。其速度快，施工性能好，适用于各种土层及各类桩型，但施工时振动大、噪声大、废气污染严重。振动锤利用机械强迫振动，并通过桩帽传到桩上使桩下沉。桩锤的锤重选择应根据地质条件、工程结构、桩的类型、密集程度及施工条件等选用。

桩架是支持桩身和桩锤，在打桩过程中引导桩的方向及维持桩的稳定，并保证桩锤沿着所要求方向冲击的设备。桩架一般由底盘、导向杆、起吊设备、撑杆等组成，可根据桩的氏度、桩锤的高度及施工条件等选择桩架和确定桩架高度（桩架高度＝桩长＋桩锤高度＋滑轮组高＋桩帽高度＋起锤移位高度）。桩架是用钢材制作的，按移动方式有轮胎式、履带式、轨道式等。履带式桩架以履带式起重机为主机，配备桩架工作装置而成。其操作灵活，移动方便，适用于各种预制桩和灌注桩的施工。

打桩机械的动力装置是根据所选桩锤而定的。当采用空气锤时，应配备空气压缩机；当选用蒸汽锤时，要配备蒸汽锅炉和绞盘。

（2）打入法打桩顺序的确定

打桩顺序直接影响桩基础的质量、施工速度及周围环境，应根据桩的桩距、规格、长短、设计标高、工作面布置、工期要求等综合考虑，合理确定打桩顺序。

根据桩的密集程度，打桩顺序一般分为从两侧向中间打、逐排打、自中部向四周打和由中部向两侧打四种。

当桩的中心距小于 4 倍桩的直径或边长时，应由中间向两侧对称施打，或由中间向四周施打。当桩的中心距大于 4 倍桩的边长或直径时，可采用由中间向两侧和由中间向四周两种打法，或逐排单向打设。此外，根据设计标高和桩的规格，宜按先深后浅、先大后小、先长后短的顺序进行打桩。

（3）打桩

打桩机就位时，桩架应垂直、平稳，导杆中心线与打桩方向一致，开始打桩时，应控制锤的落距，采用短距轻击；待桩入土一定深度（1～2m）稳定后再以规定落距施打。桩的施打原则是重锤低击，这样桩锤对桩头的冲击小、回弹小，桩头不易被损坏，大部分能量都被用于克服桩身与土间的摩阻力和桩尖阻力上，桩能较快地沉入土中。桩入土深度是否已达到设计位置，是否停止锤击，其判断方法和控制原则与桩的类型有关。

（4）打桩质量要求

端承桩最后贯入度不大于设计规定贯入度数值时，桩端设计标高可作为参考；摩擦桩端标高达到设计规定的标高范围时，贯入度可作为参考。打（压）入桩（预制混凝土方桩、预应力管桩、钢桩）的桩位偏差、必须符合相关施工规范的规定。

（5）打桩施工常见问题分析

打桩施工过程中会遇见各种问题，如桩顶破碎，桩身断裂，桩身位移、扭转、倾斜，桩锤跳跃，桩身严重回弹等。发生这些问题的原因有钢筋混凝土预制桩制作质量、沉桩操作工艺和复杂土层三方面相关规范规定，打桩过程中如遇到上述问题，都应即暂停打桩，施工单位应与勘察、设计单位共同研究，查明原因，提出明确的处理意见，采取相应的技术措施后方可继续施工。

①桩顶破碎。桩顶直接受到桩锤的冲击而产生很高的局部应力，如果存在桩顶钢筋网片配置不当、混凝土保护层过厚、桩顶平面与桩的中心轴线不垂直及桩顶不平整等制作质量问题都会引起桩顶破碎在沉桩工艺方面，若桩垫材料选择不当、厚度不足，桩锤施打偏心或施打落距过大等也会引起桩顶破碎。

②桩身断裂。桩制作时，桩身有较大的弯曲凸肚，局部混凝土强度不足在沉桩时桩尖遇到硬土层或孤石等障碍物，或增大落距，或反复过度冲击等都可能引起桩身断裂。

③桩身位移、扭转或倾斜。桩尖四棱锥制作偏差大、桩尖与桩中心线不重合的制作原因，桩架倾斜，桩身与桩帽、桩锤不在同一垂直线上的施工操作原因及桩尖遇孤石等都会引起桩身位移、扭转或倾斜。

④桩锤回跃，桩身回弹严重。选择的桩锤较轻，能引起较大的桩锤回跃；桩尖遇到坚硬的障碍物时，桩身将严重回弹。

（6）打桩过程中的注意事项

桩机就位后，桩架应垂直、平稳，桩帽与桩顶应锁紧牢靠，连接成整体。打桩时，密切观察桩身下沉贯入度的变化情况。正常情况下，沉桩应连续施工，打入土的速度应均匀，应避免因间歇时间过长，土的固结作用而使桩难以下沉，打桩时振动大，对土体有挤压作用，可能影响周围建筑物、道路及地下管线的安全和正常使用，故施工过程中要有专人巡视检查，以便及时发现和处理有关问题。

（7）桩头的处理

打完各种预制桩时，按设计要求的桩顶标高将桩头多余的部分截去。截桩头时不能破坏桩身，要保证桩身的主筋伸入承台，长度应符合设计要求，当桩顶标高在设计标高以下时，在桩位上挖成喇叭口，凿掉桩头混凝土，剥出主筋并焊接接长至设计要求长度，与承台钢筋绑扎在一起，用桩身同强度等级的混凝土与承台一起浇筑接长桩身。

2. 静力压桩

静力压桩利用无噪声、无振动的静压力将桩压入土中，常用于土质均匀的软土地基的沉桩施工。静力压桩广泛应用于市中心建筑较密集的地区。压桩施工一般采取分节压入、逐段接长的施工方法，即当第一节桩压入土中，其上端距地面 1m 左右时将第二节桩接上，继续压入。其接桩的方法目前有三种，即焊接法（应用最多）、法兰螺栓连接法、硫黄胶泥锚接法（对抗震不利，且仅用于软上层），

二、先张法预应力管桩

先张法预应力管桩简称管桩，是采用先张法预应力工艺和离心成型法制成的一种空心圆柱体细长混凝土预制构件，主要由圆筒形桩身、端头板和钢套箍等组成。

管桩按桩身混凝土强度等级分为预应力混凝土管桩（PC 桩）和预应力高强混凝土管桩（PHC 桩）。前者强度等级不低于 C60，后者不低于 C80。PC 桩一般采用常压蒸汽养护，脱模后移入水池再泡水养护，一般要经 28d 才能使用。PHC 桩一般在成型脱模后，送入高压釜经 10 个大气压、180℃左右高温高压蒸汽养护，从成型到使用的最短时间为 3 ~ 4d。

管桩规格按外径分为 300mm、400mm、500mm、550mm、600mm、800mm 和 1000mm 等，壁厚由 60 ~ 130mm。其每节长一般不超过 15m，常用节长为 8 ~ 12m，有时也生产长达 25 ~ 30m 的管桩。

（一）管桩打桩设备

打入法施工时采用国产导杆式柴油打桩机、轮胎式两用打桩机、履带式导杆支撑打桩机（可打斜桩），打入法应严格按设计规定选择锤重。

斜桩沉桩机械一般采用 K35 柴油打桩机，由于打斜桩时桩架受力性能改变，故要对桩架、顶升架及打桩机的稳定性进行复核，不能满足时应进行加固同时，对桩帽应设滑槽，并支撑于桩架的滑杆上，使其与桩架平行；在桩架的底部增加一个活动卡桩器，以保证桩倾角正确，不外倾。

（二）管桩施工中应注意的问题

①桩尖位于软土层时，以桩尖达到设计标高为符合要求，且桩顶的允许偏差必须符合 ±50mm 的要求。

②贯入度已达到设计要求，而桩尖标高未达到设计标高时，应继续击桩。每 10 击后测量平均贯入度，应保证至少三次的平均贯入度不大于规定的数值。

③打桩时，如主要控制指标已符合要求，而其他指标与要求相差较大，如贯入度已满足设计规定，但标高还差较多，则应会同建设、设计、勘察、监理、施总包方等有关部门研究处理。

④遇到贯入度突变，桩身突然发生倾斜、移位、下沉或严重回弹，桩顶和桩身出现严重裂缝或破碎情况时，应暂停打桩。

（三）管桩施工过程检查重点

①施工前应检查进入现场的成品桩、接桩用电焊条等产品的质量。

②施工过程中应检查桩的贯入情况、桩顶完整状况、电焊接桩质量、桩体垂直度、电焊后的停歇时间。重要工程还应对电焊接头做 10% 的焊缝探伤检查。

③施工结束后，应做承载力检验及桩体质量检验。

三、混凝土灌注桩

混凝土灌注桩是指现场成孔，放置钢筋笼（也可不放）后浇筑混凝土形成桩体的桩基础形式。根据成孔方法的不同，其可以分为钻孔灌注桩、沉管灌注桩、人工挖孔灌注桩及爆扩成孔灌注桩等。灌注桩与预制桩相比，由于避免了锤击应力，桩的混凝土强度及配筋只要满足使用要求即可，因而具有节省钢材、降低造价、无须接桩及截桩等优点。

（一）钻孔展注桩

1. 干作业钻孔灌注桩

干作业钻孔灌注桩适用于地下水位较低、在成孔深度内无地下水的土质，无须护壁可直接取土成孔目前，干式成孔一般采用螺旋钻机，也有用洛阳铲成孔的。

步履式螺旋钻机成孔效率高，无振动、无噪声，适用于匀质黏土层，也能穿透砂层。

全叶片螺旋钻机成孔直径一般为 300 ～ 600mm，钻孔深度为 8 ～ 20m。成孔时螺旋钻机利用动力旋转钻杆，使钻头的螺旋叶片旋转切削土体，切下的土随钻头旋转并沿螺旋叶片上升而排出孔外。在软塑土层，当含水量大时，可用疏纹叶片钻杆，以便较快地钻进在可塑或硬塑黏土中，或含水量较小的沙土中应用密纹叶片钻杆。

钻孔灌注桩的施工工艺流程为：测定桩位钻机就位→钻孔至规定要求深度→清孔→安放钢筋骨架→浇筑混凝土。

钻机就位后，钻杆垂直对准桩位中心，开钻时先慢后快，减少钻杆的摇晃，及时纠正钻孔的偏斜或位移。操作时要求钻杆垂直，钻孔过程中如发现钻杆摇晃或很难钻进，则可能是遇到石块等硬物，应立即停机检查。在钻进过程中，应随时清理孔口积土，遇到塌孔、缩孔等异常情况时应及时研究解决。

钻孔至规定要求深度后，进行孔底清土。清孔的目的是将孔内的浮土、虚土取出，减少桩的沉降。清孔的方法是钻机在原深处空转清土，然后停止旋转，提钻卸土。钻出的土应及时清除，不可堆在孔口。

钢筋骨架绑好后，一次整体吊入孔内，如过长可分段吊，两段焊接后再徐徐沉放入孔内。

钢筋骨架就位后，应立即灌注混凝土，以防塌孔。灌注时，应分层浇筑、分层捣实，每层厚度为 50 ~ 60cm。

2. 湿作业成孔灌注桩

软土地基的深层钻进会遇到地下水，此时，采用泥浆护壁湿作业成孔能够解决施工中地下水带来的孔壁塌落、钻具磨损发热及沉渣问题。泥浆护壁成孔通过循环泥浆将切削碎的泥石碴屑悬浮后排出孔外，适用于有地下水和无地下水的土层。

其成孔机械有回转钻机、潜水钻机、冲击钻、冲抓锥成孔等，其中回转钻机是目前灌注桩施工用得最多的施工机械。该钻机配有移动装置，设备性能可靠，噪声和振动小，效率高，质量好，适用于松散土层、黏土层、砂砾层、软岩层等地质条件。

泥浆护壁成孔灌注桩的施工工艺流程为：测定桩位→埋设护筒→桩机就位→制备泥浆→机械（潜水钻机、冲击钻机等）成孔→泥浆循环出渣→清孔→安放钢筋骨架→浇筑混凝土。

（二）沉管灌注桩

利用锤击打桩法或振动沉管法，将带有钢筋混凝土桩尖或带有活瓣式钢制桩靴的钢管（钢管直径应与桩的设计尺寸一致）沉入土中造成桩孔，然后放入钢筋骨架并浇筑混凝土，随之拔出套管，利用拔管时的振动将混凝土捣实，形成所需要的灌注桩，称为沉管灌注桩。其施工工艺流程包括桩机就位→沉管→灌注桩底混凝土→放置钢筋笼→边浇筑混凝土边拔管→拔出钢管成桩等。

利用锤击沉桩设备沉管、拔管而成的桩，称为锤击沉管灌注桩，其适用于一般黏性土、淤泥质土沙土和人工填土地基。

利用振动器振动沉管、拔管而成的桩，称为振动沉管灌注桩。为了提高桩的质量和承载能力，振动沉管灌注桩常采用单打法、复打法、翻插法等施工工艺。

①单打法：在沉入土中的套管内灌满混凝土，开启振动器，振动 5 ~ 10s，开始拔管，边拔边振。每拔 0.5 ~ 1.0m，停拔振动 5 ~ 10s，如此反复进行，直至全部拔出。

②复打法：在同一桩孔内连续进行两次单打，或根据需要进行局部复打。施工时，应保证前、后两次沉管轴线重合，并在混凝土初凝之前进行。

③翻插法：在套管内灌满混凝土后，先振动再拔管，每次拔高 0.5 ~ 1.0m，向下反插 0.3 ~ 0.5m，如此反复进行，直至全部拔出。

沉管灌注桩施工过程中对土体有挤密作用和振动影响，施工中应结合现场施工条件，考虑成孔的顺序，可间隔一个或两个桩位成孔；应在邻桩混凝土终凝后成孔；若一个承台下桩数在 5 根以上者，则中间的桩先成孔，外围的桩后成孔。

1. 锤击沉管灌注桩施工要点

桩尖与桩管接口处应有弹性防水垫圈，以防止地下水渗入管内。沉管时先用低锤轻击，观察无偏移后再正常施打。拔管前，应先锤击或振动套管，在测得混凝土确已流出套管时方可拔管。桩管内混凝土应尽量填满，拔管时要均匀，保持连续密锤轻击，并控制拔管速度，一般土层以不大于 1m/min 为宜，软弱土层与软硬交界处应控制为 0.3 ~ 0.8m/min。在管底未拔到桩顶设计标高前，倒打或轻击不得中断，注意使管内的混凝土保持略高于地面，并保持至全管拔出为止。桩的中心距小于 5 倍桩管外径或小于 2m 时，均应跳打施工；中间空出的桩须待邻桩混凝土达到设计强度的 50% 以后方可施打，以防止因挤土而使前面的桩发生桩身断裂。

2. 沉管灌注桩容易出现的质量问题及处理方法

①颈缩。颈缩是指桩身的局部直径小于设计要求的现象。当在淤泥和软土层沉管时，由于受挤压的土壁产生空隙水压，拔管后便挤向新灌注的混凝土，桩局部范围受挤压而形成颈缩。当拔管过快或混凝土量少，或混凝土拌和物的和易性差时，周围淤泥质土趁机填充过来，此时也会形成颈缩。

颈缩的处理方法是：拔管时应保持管内混凝土而高于地面，使之具有足够的扩散压力，混凝土坍落度应控制为 50 ~ 70mm；拔管时应采用复打法，并严格控制拔管的速度。

②断桩。断桩是指桩身局部分离或断裂的现象，更为严重的是一段桩没有混凝土。形成断桩的主要原因是桩距太近，相邻桩施工时混凝土还未具备足够的强度，已形成的桩受挤压而断裂，以及桩周围土体变形挤压未硬化的混凝土桩体。

断桩的处理方法是：施工时，控制中心距不小于 4 倍桩径；确定打桩顺序和行车路线，减少对新灌注混凝土桩的影响；采用跳打法或等已成型的桩混凝土强度达到 50% 的设计强度后，再进行下一根桩的施工。

③吊脚桩．吊脚桩是指桩底部混凝土隔空或松软，没有落实到孔底地基土层上的现象形成吊脚桩的原因是当地下水压力大，或预制桩尖被打坏，或桩靴活瓣缝隙大时，水及泥浆进入套筒钢管内，或由于桩尖活瓣受土压力作用，拔管至一定高度才张开，使得混凝土下落，造成桩脚不密实，形成松软层。

吊脚桩的处理方法是：为防止活瓣不张开，开始拔管时，可采用密张慢拔的方法，对桩脚底部局部反插几次，然后正常拔管；桩靴与套管接门处使用性能较好的垫衬材料，防止地下水及泥浆的渗入。

④混凝土灌注过量。如果灌桩时混凝土用量比正常情况下大一倍以上，则可能是孔底有洞穴，或者在饱和淤泥中施工时土体受到扰动，强度大大降低，在混凝土侧压力作用下，桩身扩大而使混凝土用量增大所造成的。因此，施工前应详细了解现场地质情况，在饱和淤泥软土中采用沉管灌注桩时应先打试桩若发现混凝土用量过大，则应与设计单位联系，改用其他桩型。

（三）人工挖孔灌注桩

大直径灌注桩多采用人工挖掘方法成孔，放置钢筋笼，浇筑混凝土而形成桩基础。人工挖孔灌注桩一般做成扩底桩，增大桩端受力面积，以提高单桩承载力。为防止挖孔时孔洞坍塌，人工挖孔时一般应利用混凝土等材料进行护壁。人工挖孔灌注桩身直径大（1 ~ 5m），承载能力高；施工时可在孔内直接检查成孔质量，观察地质土质变化情况；

桩底清孔除渣彻底、干净，混凝土浇筑质量容易得到保证。

人工挖孔桩的主要施工过程有：挖孔（挖土、运土）、辅助工程（支护、降水、通风）和钢筋混凝土工程。

1. 人工挖孔护壁方法

人工挖孔护壁方法有现浇混凝土护壁法、沉井护壁法及钢套管护壁法等。

①现浇混凝土护壁法。桩孔分段开挖、分段浇筑混凝土护壁，这样既能防止孔壁坍塌，又能起到防水作用。桩孔采取分段开挖，每段高度取决于土壁直立状态的能力，一般 0.5 ~ 1.0m 为一施工段，开挖井孔直径为设计桩径加混凝土护壁厚度。支设护壁内模板后浇筑混凝土，其强度等级一般不低 PC15，护壁混凝土要振捣密实；当混凝土强度达到 1MPa（常温下约 24h）时可拆除模板，进入下一施工段，如此循环，直至挖到设计要求的深度。

②沉井护壁法。沉井护壁法适用于强透水层。沉井护壁施工是先在桩位上制作钢筋混凝土井筒，井筒下设钢筋混凝土刃脚，然后在筒内挖土掏空，井筒靠其自重或附加荷载来克服筒壁与土体之间的摩擦阻力，边挖边沉，使其垂直下沉到设计要求深度。

2. 人工挖孔桩施工中应注意的问题

桩孔中心线平面位置偏差不宜超过 50mm，桩的垂直度偏差不得超过 0.5%，桩径不得小于桩设计直径挖掘成孔区内不得堆放余土和建筑材料，并应防止局部集中荷载和机械振动。桩基础一定要坐落在设计要求的持力层上，桩孔的挖掘深度应由设计人员根据现场地基土层的实际情况确定。人工挖掘成孔应连续施工，成孔验收后立即进行混凝土浇筑；认真清除孔底浮渣，排净积水，浇筑过程中防止地下水流入。人工挖掘成孔过程中应严格按操作规程施工，井面应设置安全防护栏。当桩孔净距小于二倍桩径且小于 2.5m 时，应间隔挖孔施工。

第四节　砌筑工程及其施工技术

砌筑工程是指砖石块体和各种类型砌块的施工。这种砖石结构虽然具有就地取材方便、保温、隔热、隔声、耐火等良好性能，且可以节约钢材和水泥，不需大型施工机械，施工组织简单等优点，但它的施工仍以手工操作为主，劳动强度大，生产效率低，而且烧制黏土砖须占用大量农田，因而采用新型墙体材料代替普通黏土砖，改善砌体施工工艺已经成为砌筑工程改革的重要发展方向。

一、砌体施工的准备

（一）砌体施工砂浆的制备

砂浆按组成材料的不同大致可分为水泥砂浆、混合砂浆两类。

1. 水泥砂浆

用水泥和砂拌和成的水泥砂浆具有较高的强度和耐久性，但和易性差。其多用于高强度和潮湿环境的砌体中。

2. 混合砂浆

在水泥砂浆中掺入一定数量的石灰膏或黏土膏的水泥混合砂浆具有一定的强度和耐久性，且和易性和保水性好。其多用于一般墙体中。

砂浆的配合比应事先通过计算和试配确定。水泥砂浆的最小水泥用量不宜小于 $200kg/m^3$。砂浆用砂宜采用中砂。砂中的含泥量，对于水泥砂浆和强度等级不小于 M5 的水泥混合砂浆，不宜超过 5%。对于强度等级小于 M5 的水泥混合砂浆，不应超过 10%。用块状生石灰熟化成石灰膏时，其熟化时间不得少于 7d。用黏土或粉质黏土制备黏土膏，应过筛，并用搅拌机加水搅拌。为了改善砂浆在砌筑时的和易性，可掺入适量的有机塑化剂，其掺量一般为水泥用量的 5/10 万 ~ 1/1 万。

砂浆应采用机械拌和，自投完料算起，水泥砂浆和水泥混合砂浆的拌和时间不得少于 2min；水泥粉煤灰砂浆和掺用外加剂的砂浆不得少于 3min；掺用有机塑化剂的砂浆为 3 ~ 5min。拌成后的砂浆，其稠度应符合相关规定；分层度不应大于 30mm；颜色一致，砂浆拌成后应盛入贮灰器中，如砂浆出现泌水现象，应在砌筑前再次拌和砂浆应随拌随用。水泥砂浆和水泥混合砂浆必须分别在拌成 3h 和 4h 内使用完毕；若施工期间最高气温超过 30℃时，必须分别在拌成后 2h 和 3h 内使用完毕。

砂浆强度等级以标准养护［温度为（20±5）℃及正常湿度条件下的室内不通风处养护］龄期为 28d 的试块抗压强度为准。砌筑砂浆强度等级分为 M15、MI10、M7.5、M5、M2.5 五个等级。砂浆试块应在搅拌机出料口随机取样制作。每一检验批且不超过 250m 砌体的各种类型及强度等级的砌筑砂浆，每台搅拌机应至少抽验一次。

（二）砌体施工砖的准备

砖的品种、强度等级必须符合设计要求，并应规格一致。用于清水墙、柱表面的砖，应边角整齐、色泽均匀。在砌砖前应提前 1 ~ 2d 将砖堆浇水湿润，以使砂浆和砖能很好地黏结，严禁砌筑前临时浇水，以免因砖表面存有水膜而影响砌体质量。烧结普通砖、多孔砖的含水率宜为 10% ~ 15%，灰砂砖、粉煤灰砖的含水率宜为 8% ~ 12%。检查含水率的最简易方法是现场断砖，砖截面周围融水深度达 15 ~ 20mm 即视为符合要求。

（三）砌体施工机具的准备

砌筑前，一般应按施工组织设计要求组织垂直和水平运输机械砂浆搅拌机械进场、安装、调试等工作，垂直运输多采用扣件及钢管搭设的井架，或人货两用施工电梯，或塔式起重机，而水平运输多采用手推车或机动翻斗车。对多高层建筑，还可以用灰浆泵输送砂浆。同时，还要准备脚手架、砌筑工具（如皮数杆、托线板）等。

二、砌体施工及其技术

（一）砌体的一般要求

砌体可分为：砖砌体，主要有墙和柱；砌块砌体，多用于定型设计的民用房屋及工业厂房的墙体；石材砌体，多用于带形基础、挡土墙及某些墙体结构；配筋砌体，在砌体水平灰缝中配置钢筋网片或在墙体外部的预留沟槽内设置 / 向粗钢筋的组合砌体。

砌体除应采用符合质量要求的原材料外，还必须有良好的砌筑质量，以使砌体有良好的整体性、稳定性和良好的受力性能，一般要求灰缝横平竖直，砂浆饱满，厚薄均匀，砌块应上下错缝，内外搭砌，接槎牢固，墙面垂直；要预防不均匀沉降引起开裂；要注意施工中墙、柱的稳定性；冬期施工时还要采取相应的措施。

（二）砖墙砌筑

1. 砌筑形式

用普通黏土砖砌筑的砖墙，按其墙面组砌形式不同分为全顺、两平一侧、一顺一丁、三顺一丁、梅花丁等。

（1）全顺

各皮砖均顺砌，上、下皮垂直灰缝相互错开半砖长（120mm）。此法仅用于砌半砖厚（115mm）墙。

（2）两平一侧

两平一侧组砌形式的墙面又称为 18 墙，其组砌特点为平砌层上、下皮间错缝半砖，平砌层与侧砌层之间错缝 1/4 砖。此种砌法比较费 T，效率低，但节省砖块，可以作为层数较小的建筑物的承重墙。

（3）一顺一丁

一顺一丁由一皮顺砖、一皮丁砖间隔相砌而成，上、下皮之竖向灰缝都错开 1/4 砖长，是一种常用的组砌方式。其特点是一皮顺砖（砖的长边与墙身长度方向平行的砖）与一皮丁砖（砖的长面与墙身长度方向垂直的砖）间隔相砌，每隔一皮砖，其丁顺相同，竖缝错开。这种砌法整体性好，多用于一砖墙。

（4）三顺一丁

这是最常见的组砌形式，由三皮顺砖、一皮丁砖组砌而成，上、下皮顺砖搭接半砖长，丁砖与顺砖搭接 1/4 砖长。因三皮顺砖内部纵向有通缝，故其整体性较差，且墙面也不易控制平直。但这种组砌方法因顺砖较多，故砌筑速度快。

（5）梅花丁

这种砌法又称为沙包式，其每皮中顺砖与工砖间隔相砌，上、下皮砖的竖缝相互错开 1/4 砖长。这种砌法内外竖缝每皮都能错开，整体性较好，灰缝整齐，比较美观，但砌筑效率较低，多用于清水墙面。

另外，要注意在砖墙的转角处、交接处应根据错缝需要加砌配砖。如一砖厚墙一顺一丁转角处分皮砌法，其配砖为3/4砖（俗称七分头砖），位于墙外角。

2. 砌筑工艺

砖砌体施工通常包括抄平、放线、摆砖、立皮数杆、挂线、砌砖、勾缝和清理等工序。

①抄平。砌墙前应在基础防潮层或楼面上定出各层标高，并用M7.5水泥砂浆或C10细石混凝土找平，使各段砖墙底部标高符合设计要求。

②放线。抄平后应确定各段墙体砌筑的位置。根据轴线桩或龙门板上给定的轴线及图纸上标注的墙体尺寸，在基础顶面上用墨线弹出墙的轴线和宽度线，并定出门洞口位置线。二层以上墙的轴线可以用经纬仪或锤球引上。

③摆砖。摆砖是指在放线的基面上按选定的组砌方式用干砖试摆。摆砖的目的是核对所放的墨线在门窗洞口、附墙垛等处是否符合砖的模数，尽可能减少砍砖，并使砌体灰缝均匀、整齐，同时可提高砌筑效率。

④立皮数杆。皮数杆是指在其上画有每皮砖和砖缝厚度及门窗洞口、过梁、板、梁底、预埋件等标高位置的一种木制标杆。其作用是砌筑时控制砌体竖向尺寸的准确度，同时保证砌体的垂直度。

⑤挂线。为保证砌体垂直、平整，砌筑时必须挂通线。一般二四墙可单面挂线，三一七墙及三一七墙以上的墙则应双面挂线。

⑥砌砖。砌砖的操作方法有很多，常用的是"三一"砌砖法、挤浆法和满口灰法等。

"三一"砌砖法：一块砖、一铲灰、一揉压并随手将挤出的砂浆刮去的砌筑方法。这种砌法的优点是灰缝容易饱满，黏结性好，墙面整洁。因此实心砖砌体宜采用"三一"砌砖法。

挤浆法：用灰勺、大铲或铺灰器在墙顶上铺一段砂浆，然后双手拿砖或单手拿砖，用砖挤入砂浆中一定厚度后把砖放平，达到下齐边、上齐线、横平竖直的要求的砌筑方法。这种砌法的优点是可以连续挤砌多块砖，减少烦琐的动作；平推平挤，可使灰缝饱满；施工效率高。应注意的是，操作时铺浆长度不得超过750mm；气温超过30℃时，铺浆长度不得超过500mm。

满口灰法：将砂浆满口刮满在砖面和砖棱上，随即砌筑的方法。其特点是砌筑质量好，但效率较低，仅适用于砌筑砖墙的特殊部位，如保温墙、烟囱等。

砌砖时，通常先在墙角以皮数杆进行盘角，盘角又称为立头角，是指在砌墙时先砌墙角，每次盘角不得超过五皮砖，然后从墙角处拉准线，再按准线砌中间的墙。砌筑过程中应三皮一吊、五皮一靠，以保证墙面横平竖直。

⑦勾缝、清理。清水墙砌完后要进行墙面修正及勾缝，墙面勾缝应横平竖直，深浅一致，搭接平整，不得有丢缝、开裂和黏结不牢等现象。砖墙勾缝宜采用凹缝或平缝，凹缝深度一般为4～5mm。勾缝完毕后，应进行落地灰的清理。

3. 砖墙砌筑施工要点

①全部砖墙应平行砌起，砖层必须水平，砖层正确位置用皮数杆控制，基础和每楼层砌完后必须校对一次水平、轴线和标高，在允许偏差范围内，其偏差值应在基础或楼板顶面调整。

②砖墙的水平灰缝和竖向灰缝宽度一般为 10mm，但不小于 8mm，也不应大于 12mm。水平灰缝的砂浆饱满度不得低于 80%，竖向灰缝宜采用挤浆或加浆方法，使其砂浆饱满，严禁用水冲浆灌缝。

③砖墙的转角处和交接处应同时砌筑，对不能同时砌筑而又必须辟槎时，应砌成斜槎，斜槎长度不应小于高度的 2/3。非抗震设防及抗震设防烈度为 6 度、7 度地区的临时间断处，当不能留斜槎时，除转角处外，可留直接，但必须做成凸槎，并加设拉结筋。拉结筋的数量为每 120mm 墙厚放置 1φ6 拉结钢筋（120mm 厚墙放置 2 根 φ6 拉结钢筋），间距沿墙高不应超过 500mm，埋入长度从留槎处算起每边均不应小于 500mm，对抗震设防烈度为 6 度、7 度的地区，不应小于 1000mm，末端应有 90° 弯钩。

④砖墙接槎时，必须将接槎处的表面清理干净，浇水润湿，并应填实砂浆，保持灰缝平直。

⑤每层承重墙的最上一皮砖、梁或梁垫的下面及挑檐、腰线等处，应是整砖丁砌。填充墙砌至接近梁、板底时，应留一定空隙，待填充墙砌筑完并应至少间隔 7d 后，再将其补砌挤紧。

⑥砖墙中留置临时施工洞口时，其侧边离交接处的墙面不应小于 500mm，洞口净宽度不应超过 1m。

⑦砖墙相邻工作段的高度差，不得超过一个楼层的高度，也不宜大于 4m。工作段的分段位置应设在伸缩缝、沉降缝、防震缝或门窗洞口处。砖墙临时间断处的高度差，不得超过一步脚手架的高度。砖墙每天砌筑高度以不超过 1.8m 为宜。

⑧在下列墙体或部位中不得留设脚手眼：120mm 厚墙、料石清水墙和独立柱。过梁上与过梁成 60° 角的三角形范围及过梁净跨度 1/2 的高度范围内。宽度小于 1m 的窗间墙。砌体门窗洞口两侧 200mm（石砌体为 300mm）和转角处 450mm（石砌体为 600mm）范围内。梁或梁垫下及其左右 500mm 范围内。设计不允许设置脚手眼的部位。

（三）配筋砌体

配筋砌体是由配置钢筋的砌体作为建筑物主要受力构件的结构。配筋砌体有网状配筋砌体柱、水平配筋砌体墙、砖砌体和钢筋混凝土面层或钢筋砂浆面层组合砌体柱（墙）、砖砌体和钢筋混凝土构造柱组合墙和配筋砌块砌体剪力墙。

1. 配筋砌体的构造要求

配筋砌体的基本构造与砖砌体相同，不再赘述，下面主要介绍构造的不同点。

（1）砖柱（墙）网状配筋的构造

砖柱（墙）网状配筋，是在砖柱（墙）的水平灰缝中配有钢筋网片。钢筋上、下保护层厚度不应小于 2mm。所用砖的强度等级不低于 MU10，砂浆的强度等级不应低于

M7.5，采用钢筋网片时，宜采用焊接网片，钢筋直径宜采用 3 ~ 4mm；钢筋网中的钢筋的间距不应大于 120mm，并不应小于 30mm；钢筋网片竖向间距，不应大于五皮砖，并不应大于 400mm。

（2）组合砖砌体的构造

组合砖砌体是指砖砌体和钢筋混凝土面层或钢筋砂浆面层的组合砌体构件，有组合砖柱、组合砖壁柱和组合砖墙等。

组合砖砌体构件的构造为：面层混凝土强度等级宜采用 C20。面层水泥砂浆强度等级不宜低于 MI0，砖强度等级不宜低于 MU10，砌筑砂浆的强度等级不宜低于 M7.5。砂浆面层厚度宜采用 30 ~ 45mm，当面层厚度大于 45mm 时，其面层宜采用混凝土。

（3）砖砌体和钢筋混凝土构造柱组合墙

组合墙砌体宜用强度等级不低于 MU7.5 的普通砌墙砖与强度等级不低于 M5 的砂浆砌筑。

构造柱截面尺寸不宜小于 240mm × 240mm，其厚度不应小于墙厚。砖砌体与构造柱的连接处应砌成马牙槎。并应沿墙高每隔 500mm 设 2φ6 拉结钢筋，且每边伸入墙内不宜小于 600mm。

组合砖墙的施工程序应先砌墙后浇混凝土构造桩。

（4）配筋砌块砌体构造要求

砌块强度等级不应低于 MU10；砌筑砂浆不应低于 M7.5；灌孔混凝土不应低于 C20。配筋砌块砌体柱边长不宜小于 400mm；配筋砌块砌体剪力墙厚度连梁宽度不应小于 190mm。

2. 配筋物体的施工工艺

配筋砌体施工工艺的弹线、找平、排砖揭底、墙体盘角、选砖、立皮数杆、挂线、留槎等施工工艺与普通砖砌体要求相同，下面主要介绍其不同点。

（1）砌砖及放置水平钢筋

砌砖宜采用"三一砌砖法"，即"一块砖、一铲灰、一揉压"，水平灰缝厚度和竖直灰缝宽度一般为 10mm，但不应小于 8mm，也不应大于 12mm。砖墙（柱）的砌筑应达到上下错缝、内外搭砌、灰缝饱满、横平竖直的要求。皮数杆上要标明钢筋网片、箍筋或拉结筋的位置，钢筋安装完毕，并经隐蔽工程验收后方可砌上层砖，同时要保证钢筋上下至少各有 2mm 保护层。

（2）砂浆（混凝土）面层施工

组合砖砌体面层施工前，应清除面层底部的杂物，并浇水湿润砖砌体表面。砂浆面层施工从下而上分层施工，一般应两次涂抹，第一次是刮底，使受力钢筋与砖砌体有一定保护层；第二次是抹面，使面层表面平整。混凝土面层施工应支设模板，每次支设高度一般为 50 ~ 60cm，并分层浇筑，振捣密实，待混凝土强度达到 30% 以上才能拆除模板。

（3）构造柱施工

构造柱竖向受力钢筋，底层锚固在基础梁上，锚固长度不应小于35d（d为竖向钢筋直径），并保证位置正确。受力钢筋接长，可采用绑扎接头，搭接长度为35d，绑扎接头处箍筋间距不应大于200mm。楼层上下500mm范围内箍筋间距宜为100。砖砌体与构造柱连接处应砌成马牙槎，从每层柱脚开始，先退后进，每一马牙槎沿高度方向的尺寸不宜超过300mm，并沿墙高每隔500mm设2φ6拉结钢筋，且每边伸入墙内不宜小于1m；预留的拉结钢筋应位置正确，施工中不得任意弯折。浇筑构造柱混凝土之前，必须将砖墙和模板浇水湿润（若为钢模板，不浇水，刷隔离剂），并将模板内落地灰、砖渣和其他杂物清理干净。浇筑混凝土可分段施工，每段高度不宜大于2m，或每个楼层分两次浇灌，应用插入式振动器，分层捣实。

（四）砌块砌筑

用砌块代替烧结普通砖做墙体材料，是墙体改革的一个重要途径。近几年来，中小型砌块在我国得到了广泛应用常用的砌块有粉煤灰硅酸盐砌块、混凝土小型空心砌块、煤矸石砌块等。砌块的规格不统一，中型砌块一般高度为380～940mm，长度为高度的1.5～2.5倍，厚度为180～300mm，每块砌块质量50～200kg。

1. 物块排列

由于中小型砌块体积较大、较重，不如砖块可以随意搬动，多用专门设备进行吊装砌筑，且砌筑时必须使用整块，不像普通砖可随意砍凿，因此，在施工前，须根据工程平面图、立面图及门窗洞口的大小、楼层标高、构造要求等条件，绘制各墙的砌块排列图，以指导吊装砌筑施工。

砌块排列图按每片纵横墙分别绘制。其绘制方法是在立面上用1∶50或1∶30的比例绘出纵横墙，然后将过梁、平板、大梁、楼梯、孔洞等在墙面上标出，由纵墙和横墙高度计算皮数，放出水平灰缝线，并保证砌体平面尺寸和高度是块体加灰缝尺寸的倍数，再按砌块错缝搭接的构造要求和竖缝大小进行排列。对砌块进行排列时，注意尽量以主规格砌块为主，辅助规格砌块为辅，减少镶砖。小砌块墙体应对孔错缝搭砌，搭接长度不应小于90mm。墙体的个别部位不能满足上述要求时，应在灰缝中设置拉结钢筋或钢筋网片，但竖向通缝仍不得超过两皮小砌块。砌块中水平灰缝厚度一般为10～20mm，有配筋的水平灰缝厚度为20～25mm；竖缝的宽度为15～20mm，当竖缝宽度大于30mm时，应用强度等级不低于C20的细石混凝土填实，当竖缝宽度≥1500mm或楼层高不是砌块加灰缝的整数倍时，应用普通砖镶砌。

2. 砌块施工工艺

砌块施工的主要工序是：铺灰、砌块吊装就位、校正、灌缝和镶砖。

（1）铺灰

砌块墙体所采用的砂浆，应具有良好的和易性，其稠度50～70mm为宜，铺灰应平整饱满，每次铺灰长度一般不超过5m，炎热天气及严寒季节应适当缩短。

（2）砌块吊装就位

砌块安装通常采用两种方案：一是以轻型塔式起重机进行砌块、砂浆的运输，以及楼板等预制构件的吊装，由台架吊装砌块；二是以井架进行材料的垂直运输、杠杆车进行楼板吊装，所有预制构件及材料的水平运输则用砌块车和劳动车，台架负责砌块的吊装，前者适用于工程量大或两幢房屋对翻流水的情况，后者适用于工程量小的房屋。

砌块的吊装一般按施工段依次进行，其次序为先外后内，先远后近，先下后上，在相邻施工段之间留阶梯形斜槎。吊装时应从转角处或砌块定位处开始，采用摩擦式夹具，按砌块排列图将所需砌块吊装就位。

（3）校正

砌块吊装就位后，用托线板检查砌块的垂直度，拉准线检查水平度，并用撬棍、楔块调整偏差。

（4）灌缝

竖缝可用夹板在墙体内外夹住，然后灌砂浆，用竹片插或铁棒捣，使其密实。当砂浆吸水后用刮缝板把竖缝和水平缝刮齐。灌缝后，一般不应再撬动砌块，以防损坏砂浆黏结力。

（5）镶砖

当砌块间出现较大竖缝或过梁找平时，应镶砖。镶砖砌体的竖直缝和水平缝应控制在 15 ～ 30mm 以内。镶砖工作应在砌块校正后即刻进行，镶砖时应注意使砖的竖缝灌密实。

3. 砌块砌体质量检查

砌块砌体质量应符合下列规定：

①砌块砌体砌筑的基本要求与砖砌体相同，但搭接长度不应少于 150mm。

②外观检查应达到：墙面清洁，勾缝密实，深浅一致，交接平整。

③经试验检查，在每一楼层或 250m2 砌体中，一组试块（每组 3 块）同强度等级的砂浆或细石混凝土的平均强度不得低于设计强度最低值，对砂浆不得低于设计强度的 75%，对于细石混凝土不得低于设计强度的 85%。

④预埋件、预留孔洞的位置应符合设计要求。

三、砌筑工程的质量与安全技术

（一）砌筑工程的质量要求

①砌体施工质量控制等级：砌体施工质量控制等级分为三级，其标准应符合表 2-1 的要求。

表 2-1　砌体施工质量控制等级

项目	施工质量控制等级		
	A	B	C
现场质量管理	制度健全，并严格执行；非施工方质量监督人员经常到现场，或现场设有常驻代表；施工方有在岗专业技术管理人员，人员齐全，并持证上岗	制度基本健全，并能执行；非施工方质量监督人员间断地到现场进行质量控制；施工方有在岗专业技术管理人员，并持证上岗	有制度；非施工方质量监督人员很少做现场质量控制；施工方有在岗专业技术管理人员
砂浆、混凝土强度	试块按规定制作，强度满足验收规定，离散性小	试块按规定制作，强度满足验收规定，离散性较小	试块强度满足验收规定，离散性大
砂浆拌和方式	机械拌和；配合比计量控制严格	机械拌和；配合比计量控制一般	机械或人工拌和；配合比计量控制较差
砌筑工人	中级工以上，其中高级工不少于20%	高、中级工不少于70%	初级工以上

②对砌体材料的要求：砌体工程所用的材料应有产品的合格证书、产品性能检测报告。块材、水泥、钢筋、外加剂等尚应有材料主要性能的进场复验报告。严禁使用国家明令淘汰的材料。

③任意一组砂浆试块的强度不得低于设计强度的 75%。

④砖砌体应横平竖直，砂浆饱满，上下错缝，内外搭砌，接槎牢固。

⑤砖、小型砌块砌体的允许偏差和外观质量标准应符合规范规定。

⑥配筋砌体的构造柱位置及垂直度的允许偏差应符合规范规定。

⑦填充墙砌体一般尺寸的允许偏差应符合规范规定。

⑧填充墙砌体的砂浆饱满度及检验方法应符合规范规定。

（二）砌筑工程的安全与防护措施

在砌筑操作前，必须检查施工现场各项准备工作是否符合安全要求，如道路是否畅通，机具是否完好牢固，安全设施和防护用品是否齐全，经检查符合要求后才可施工。

施工人员进入现场必须戴好安全帽。砌基础时，应检查和注意基坑土质的变化情况堆放砖石材料应离开坑边 1m 以上。砌墙高度超过地坪 1.2m 时，应搭设脚手架。架上堆放材料不得超过规定荷载值，堆砖高度不得超过三皮侧砖，同一块脚手板上的操作人员不应超过两人。按规定搭设安全网。

不准站在墙顶上做画线、刮缝及清扫墙面或检查大角垂直等工作。不准用不稳固的工具或物体在脚手板上垫高操作。

砍砖时应面向墙面，工作完毕应将脚手板和砖墙上的碎砖、灰浆清扫干净，防止掉落伤人。正在砌筑的墙上不准走人。不准站在墙上做画线、刮缝、吊线等工作。山墙砌完后，应立即安装桁条或临时支撑，防止倒塌。

雨天或每日下班时，应做好防雨准备，以防雨水冲走砂浆，致使砌体倒塌。冬期施工时，脚手板上如有冰霜、积雪，应先清除后才能上架子进行操作。

砌石墙时不准在墙顶或架上修石材，以免振动墙体影响质量或石片掉下伤人。不准徒手移动上墙的石块，以免压破或擦伤手指。不准勉强在超过胸部的墙上进行砌筑，以免将墙体碰撞倒塌或上石时失手掉下造成安全事故。石块不得往下掷。运石上下时，脚手板要钉装牢固，并钉防滑条及扶手栏杆。

对有部分破裂和脱落危险的砌块，严禁起吊；起吊砌块时，严禁将砌块停留在操作人员的上空或在空中整修；砌块吊装时，不得在下一层楼面上进行其他任何工作；卸下砌块时应避免冲击，砌块堆放应尽量靠近楼板两端，不得超过楼板的承重能力；砌块吊装就位时，应待砌块放稳后，方可松开夹，凡脚手架、井架、门架搭设好后，须经专人验收合格后方可使用。

第三章 钢筋混凝土施工技术

第一节 模板工程

一、模板工程组成与要求

（一）模板工程组成

模板工程主要由模板系统和支承系统组成。

模板系统：与混凝土直接接触，它主要使混凝土具有构件所要求的体积。

支承系统：是支撑模板，保证模板位置正确和承受模板、混凝土等重量的结构。

（二）模板基本要求

①保证结构和构件各部分的形状、尺寸和相互间的准确性。

②具有足够的强度、刚度和稳定性，能可靠承受本身的自重及钢筋、新浇混凝土的质量和侧压力，以及施工过程中产生的其他荷载。

③构造简单、装拆方便，能多次周转使用，并便于满足钢筋的绑扎与安装和混凝土的浇筑与养护等工艺的要求。

④拼缝应严密、不漏浆。

⑤支架安装在坚实的地基上，并有足够的支撑面积，保证所浇筑的结构不致发生下沉。

二、模板的分类

模板的种类有很多，按所用材料不同可分为木模板、钢模板、钢丝网水泥模板、塑料模板、竹胶合板模板、玻璃钢模板等，按其周转使用不同可分为拆移式移动模板、整体式移动模板、滑动式模板和固定式胎模等。

（一）定型组合钢模板

定型组合钢模板重复使用率高，周转使用次数可达 100 次以上，但一次投资费用大。组合钢模板由钢模板、连接件和支承件组成。

1. 钢模板

钢模板包括平面模板、阴角模板、阳角模板、连接角模。钢模板的模数，宽度按 50mm 进级，长度以 150mm 进级。

2. 连接件

组合钢模板连接件包括：U 形卡、L 形插销、钩头螺栓、对拉螺栓、紧固螺栓、扣件等，应用最广的是 U 形卡。

U 形卡用于钢模板与钢模板间的拼接，其安装间距一般不大于 300mm，即每隔一孔 R 插一个，安装方向一顺一倒相互错开。

3. 支承件

组合钢模板的支承件包括柱箍、钢楞、支柱、卡具、斜撑、钢桁架等。

①钢管卡具及柱箍。钢管卡具适用于矩形梁，用于固定侧模板。卡具可用于把侧模固定在底模板上，此时卡具安装在梁下部；卡具也可用于梁侧模上口的固定，此时卡具安装在梁上方。

柱模板四周设角钢柱箍。角钢柱箍由两根互相焊成直角的角钢组成。

②钢管支架。钢管支架由内外两打钢管组成，可以伸缩以调节支架高度支座底部垫木板，100mm 以内的高度调整可在垫板处加木楔调整，也可在钢管支架下端装调节螺杆调节。

③钢桁架。钢桁架作为梁模板的支撑工具可取代梁模板下的立柱。跨度小、荷载小时桁架可用钢筋焊成，跨度或荷重较大时可用角钢或钢管制成，也可制成两个半榀，再拼装成整体。

（二）竹胶合板模板

竹胶合板模板是继木模板、钢模板之后的第三代模板。用竹胶合板作为模板，是当代建筑业的趋势。竹胶合板以其优越的力学性能、极高的性价比，正取代木、钢模板在建筑模板中的地位。

1. 竹胶合板模板主要特点

①竹胶合板模板强度高、韧性好，板的静曲强度相当于木材强度的 8 ~ 10 倍，为木胶合板强度的 4 ~ 5 倍，可减少模板支撑的数量。

②竹胶合板模板幅面宽、拼缝少。板材基本尺寸为 2.44m × 1.22m，相当于 6.6 块 P3O15（表示宽度 300mm，长度 1500mm 的平面组合钢模板）小钢模板的面积，支模、竹胶合板模板拆模速度快。

③板面平整光滑，对混凝土的吸附力仅为钢模板的 1/8，容易脱模。脱模后混凝土表面平整光滑，可取消抹灰作业，缩短装修作业工期。

④耐水性好，水煮 6h 不开胶，水煮、冰冻后仍保持较高的强度。其表面吸水率接近钢模板，用竹胶合板模板浇捣混凝土提高了混凝土的保水性。在混凝土养护过程中，遇水不变形，便于维护保养。

⑤竹胶合板模板防腐、防虫蛀。

⑥竹胶合板模板导热系数为 0.14 ~ 0.16W/m·K，远小于钢模板的导热系数，有利于冬期施工保温。

⑦竹胶合板模板使用周转次数高，经济效益明显，板可双面倒用，无边框竹胶合板模板使用次数可达 20 ~ 30 次。

2. 竹胶合板模板适用范围

竹胶合板模板非常适用于水平模板、剪力墙、垂直墙板、高架桥、立交桥、大坝、隧道和梁柱模板等。

三、模板安装、拆除的要求

（一）定型组合钢模板的构造及安装

1. 基础模板

阶梯式基础模板的构造，上层阶梯外侧模板较长，需两块钢模板拼接，拼接处除用两根 L 形插销外，上下可加扁钢并用 U 形卡连接。上层阶梯内侧模板长度应与阶梯等长，与外侧模板拼接处上下应加 T 形扁钢板连接。下层阶梯钢模板的长度最好与下层阶梯等长，四角用连接角模拼接。

2. 柱模板

①柱模板的构造，由 4 块拼板围成，四角由连接角模连接。每块拼板由若干块钢模板组成，若柱太高，可根据需要在柱中部每隔 2m 设置混凝土浇筑孔。浇筑孔的盖板可用钢模板或木板镶拼，柱的下端也可留垃圾清理口。与梁交界处留出梁缺口。

②柱模板施工工艺流程为：弹柱轴线和边线→抹找平层做定位墩、测标高→安装柱模板→安柱箍→安装侧面斜撑→办理预检记录。

按标高抹好水泥砂浆找平层，按位置线做好定位墩台，以便保证柱轴线边线与标高的准确，或者按照放线位置，在柱四边离地 5 ~ 8cm 处的主筋上焊接支杆，从四面顶住模板以防位移。

安装柱模板：通排柱，先安装两端柱，经校正、固定，拉通线校正中间各柱。模板按柱子大小，预拼成一面一片（一面的一边带一个角模），安装完两面再安另外两面模板。

安装柱箍：柱箍可用角钢、钢管等制成，采用木模板时可用螺栓、方木制作钢木箍。柱箍应根据柱模尺寸、侧压力大小在模板设计中确定柱箍尺寸间距。

安装柱模的拉杆或斜撑，柱模每边设 2 根拉杆，固定于事先预埋在楼板内的钢筋环上，用经纬仪控制，用花篮螺栓调节校正模板垂直度。

将柱模内清理干净，封闭清理口，办理柱模板预检。

3. 梁模板

梁模板由三片模板组成，底模板及两侧模板用连接角模连接，梁侧模板顶部则用阴角模板与楼板模板连接，整个梁模板用支架支撑，支架应支设在垫板上，垫板厚 50mm，长度至少要能连接支撑 3 个支架。

垫板下的地基必须坚实。为了抵抗浇筑混凝土时的侧压力并保持一定的梁宽，两侧模板之间应根据需要设置对拉螺栓。

4. 楼板模板

楼板模板由平面钢模板拼装而成，其周边用阴角模板与梁或墙模板相连接楼板模板用钢楞及支架支撑，为了减少支架用量、扩大板下施工空间，宜用伸缩式桁架支撑。

对跨度不小于 4m 的现浇钢筋混凝土梁、板，其模板应按设计起拱；当设计无具体要求时，起拱高度宜为跨度的 1‰ ~ 3‰。

梁、楼板模板的安装顺序为：弹线→搭设支撑架→梁底找平→安装梁底模→安装梁侧模→梁侧模加固→检验梁侧模加固→安装板木龙骨→板模板安装。

5. 墙模板

墙模板由两片模板组成，每片模板由若干块平面模板组成。这些平面模板可横拼也可竖拼，外面用横竖钢楞加固，并用斜撑保持稳定，用对拉螺栓（或称钢拉杆）以抵抗混凝土的侧压力和保持两片模板之间的间距（墙厚）。

墙模板的施工工艺流程为：

弹墙体轴线和边线→安门窗洞口模板→安一侧模板→安另一侧模板→校正、固定，办预检手续。

（二）竹胶合模板的安装

1. 柱模板安装的一般要求

①竖向结构钢筋等隐蔽工程验收完毕、施工缝处理完毕后准备模板安装。安装柱模前，要清除杂物，焊接或修整模板的定位预埋件，做好测量放线工作，抹好模板下的找平砂浆。

②模板组装要严格按照模板配板图尺寸拼装成整体，模板在现场拼装时，要控制好相邻板面之间拼缝，两板接头处要加设卡子，以防漏浆，拼装完成后用钢丝把模板和竖向钢管绑扎牢固，以保持模板的整体性。

2.墙体模板安装顺序及技术要点

（1）墙体模板安装顺序

模板定位、垂直度调整模板加固→验收→混凝土浇筑→拆模。

（2）墙体模板安装技术要点

安装墙模前，要对墙体接槎处凿毛，用空气压缩机清除墙体内的杂物，做好测量放线工作。为防止墙体模板根部出现漏浆"烂根"现象，墙模安装前，在底板上根据放线尺寸贴海绵条，做到平整、准确、黏结牢固，并注意穿墙螺栓的安装质量。

3.梁、板模板安装顺序及技术要点

（1）梁、板模板安装顺序

模板定位→垂直度调整模板加固→验收→混凝土浇筑→拆模。

（2）梁、板模板安装技术要点

安装梁、板模板前，首先检查梁、板模板支架的稳定性。在稳定的支架上先根据楼面上的轴线位置和梁控制线以及标高位置，安置梁、板的底模。根据施工组织设计的要求，待钢筋绑扎校正完毕，且隐蔽工程验收完毕后，再支梁的侧模或板的周边模板。并在板或梁的适当位置预留孔洞，以便在混凝土浇筑之前清理模板内的杂物模板支设完毕后，要严格进行检查，保证架体稳定，支设牢固，拼缝严密，浇筑混凝土时不胀模，不漏浆。

当采用单块楼板模板就位尺寸，宜以每个铺设单元从四周先用阴角模板与墙、梁模板连接，然后向中央铺设，按设计要求起拱（跨度大于4m时，起拱0.2%），起拱部位为中间起拱，四周不起拱。

（三）现浇结构模板拆除

现浇混凝土结构模板拆除日期取决于混凝土的强度、结构的性质、模板的用途和混凝土硬化气温。及时拆除模板可加快模板的周转，为后续工作创造条件。如过早拆模，因混凝土未达到一定强度，过早承受荷载会产生变形甚至会造成重大质量事故。

1.非承重模板的拆除

非承重模板，应在混凝土强度达到能保证其表面及棱角不因模板拆除而受损时拆除。

2.承重底模板拆除

承重底模板应在与混凝土结构构件同条件下养护的试件达到规定的强度标准值时拆除。

3.拆模顺序

拆模应按一定的顺序进行。一般是先支后拆，后支先拆，先拆除非承重部分，后拆除承重部分。重大复杂模板的拆除，事前应制订模板方案。肋形楼板的拆模顺序是：柱模板→楼板底模板→梁侧模板→梁底模板。

多层楼板模板支架的拆除应按下列要求进行：上层楼板正在浇筑混凝土时，下一层楼板的模板支架不得拆除，再下一层楼板的模板支架仅可拆除一部分，跨度 4m 及 4m 以上的梁下均应保留支架，其间距不得大于 3m。

4. 拆模注意事项

拆模时应尽量避免混凝土表面或模板受到损坏，避免整块模板下落伤人。拆下的模板有钉子的，要求钉尖朝下，以免扎脚。拆完后应立即加以清理、修整，按种类及尺寸分别堆放，以便下次使用。已拆除模板及其支架的结构，应在混凝土强度达到设计强度标准值后，才允许承受全部使用荷载。

四、现浇结构模板安装质量验收

（一）现浇结构模板安装检验批质量验收内容

1. 现浇结构模板安装质量验收主控项目

①安装现浇结构的上层模板及其支架时，下层楼板应具有承受上层荷载的承载能力，或加设支架；上、下层支架的立柱应对准，并铺设垫板。

②在涂刷模板隔离剂时，不得污染钢筋和混凝土接槎处。

2. 现浇结构模板安装质量验收一般项目

①模板安装应满足下列要求：模板的接缝不应漏浆；在浇筑混凝土前，木模板应浇水湿润，但模板内不应有积水；模板与混凝土的接触面应清理干净并涂刷隔离剂，但不得采用影响结构性能或妨碍装饰工程施工的隔离剂；浇筑混凝土前，模板内的杂物应清理干净；对清水混凝土工程及装饰混凝土工程，应使用能达到设计效果的模板。

②用作模板的地坪、胎模等应平整光洁，不得产生影响构件质量的下沉、裂缝、起砂或起鼓。

③对跨度不小于 4m 的现浇钢筋混凝土梁板模板应按设计起拱；当设计无具体要求时，起拱高度宜为跨度的 1‰ ~ 3‰。

④固定在模板上的预埋件、预留孔和预留洞均不得遗漏且安装牢固。

（二）其他注意事项

在模板工程施工过程中，严格按照模板工程质量控制程序施工，另外对于一些质量通病制订预防措施，防患于未然，以保证模板工程的施工质量。严格执行交底制度，操作前必须有单项的施工方案和给施工队伍的书面形式的技术交底、安全交底。

第二节　钢筋工程

一、钢筋的性能与进场检验

（一）钢筋的性能

施工中，需特别注意的钢筋性能主要包括变形硬化、松弛和可焊性。

1. 钢筋的变形硬化

在常温下，通过强力使钢材发生塑性变形，则钢材的屈服强度可大大提高，而塑形和韧性将大幅度降低根据钢筋的这一"变形硬化"性能、可对钢筋进行冷拉、冷拔、冷轧等处理，从而提高强度，扩大使用范围。

但由于冷加工后的钢筋脆性过大，在钢材较充裕的今天，钢筋冷加工已逐渐淘汰，但变形硬化的原理在钢筋机械连接中得到广泛应用。

2. 钢筋的松弛

钢筋的松弛是指在高应力状态下，钢筋的长度不变但其应力逐渐减少的性能。在预应力施工中，应防止或减少该性能造成的预应力损失。

3. 钢筋的可焊性

钢筋均具有可焊性，但其焊接性能差异较大影响焊接性能的主要因素包括钢材的强度或硬度、化学成分、焊接方法及环境等，一般强度或硬度越高的钢材越难以焊接；含碳、锰、硅、硫等越多的钢材越难以焊接，而含钛多的钢材易于焊接。

（二）钢筋质量检验

钢筋进场时，应检查产品合格证、出厂检验报告，并按现行国家标准分批次、分规格、分品种进行复验复验包括外观检查、单位长度重量和力学性能检验。外观检查时，每批不少于5%，要求钢筋平直，无损伤，无折叠，表面无裂纹、结疤、油污、颗粒状或片状老锈；力学性能检验时，每批应抽取2根钢筋制作试件，进行拉伸试验和冷弯试验。

当施工中发现钢筋脆断、焊接性能不良或力学性能显著不正常等现象时，应对该批钢筋进行化学成分检验或其他专项检验。

二、钢筋的连接

钢筋的连接方法包括焊接连接、机械连接和绑扎连接。连接的一般规定如下：
①钢筋的接头宜设置在受力较小处。

②同一纵向受力钢筋不宜设置两个或两个以上接头。

③接头末端至钢筋弯起点的距离不应小于钢筋直径的 10 倍。

④钢筋接头位置宜相互错开当采用焊接或机械连接时，在同一连接区段［35d（d 为纵向钢筋较大直径）且不小于 500mm］内，受拉区纵向钢筋的接头面积百分率不应大于 50%。

⑤直接承受动力荷载的结构构件中，不宜采用。

下面就焊接连接和机械连接做详细介绍。

（一）焊接连接

1. 闪光对焊

闪光对焊是利用对焊机使两段钢筋接触，通以低电压的强电流，将端头加热到接近熔点时，施加轴向压力进行顶锻，使两根钢筋焊接到一起。闪光对焊广泛用于直条粗钢筋下料前的接长。焊接质量好，适用范围广，可减少料头，节约钢筋。

（1）闪光对焊工艺

①连续闪光焊此种工艺的特点是闭合电源后，通过杠杆摇臂调整活动电极，使两钢筋总保持轻微接触，接触点很快熔化并产生火花（金属蒸气飞溅），形成连续闪光现象。待接头烧平、闪去杂质和氧化膜、端头处于白热熔化状态时，施加轴向压力迅速顶锻，使两钢筋融合焊牢。该种工艺适于焊接直径小于等于 20mm 的 Ⅰ～Ⅲ 级钢筋。直径较大或 Ⅳ 级钢筋可用以下工艺。

②预热闪光焊钢筋直径较大且端面较平整的钢筋，在闪光焊之前，先反复将接头处做闭合和断开的动作，使钢筋通过本身的电阻预热，然后再连续闪光，烧化后加压顶锻。通过预热可增加热影响区，提高焊接质量。

③闪光预热闪光焊。对于钢筋直径较大且端面不平整的钢筋，应通过进行连续闪光，将钢筋端部烧平后，再进行预热闪光焊。

需注意的是：对于含碳、锰、硅较高的某些 Ⅳ 级钢筋，可用强电流焊接，焊后应对接头进行退火或高温回火的热处理，以消除热影响区产生的脆性，改善接头的塑性。热处理的方法是：当对焊接头冷却到暗黑色（焊后 20～30s 后）松开夹具，放大钳口距离，重新夹住钢筋，进行低频脉冲式通电加热（频率约 2 次/s，通电 5～7s），待钢筋表面呈橘红色停止即可。

（2）闪光对焊参数

主要包括调伸长度（焊接前两钢筋端部从电极钳口伸出的长度）、闪光留量、闪光速度、预热留量、顶锻留量、顶锻速度、顶锻压力及焊接电压、电流等。这些参数可从施工手册或规程中查阅。

（3）质量检验

在同一台班内，由同一焊工、按同一焊接参数完成的 300 个同类型接头作为一批。从每批成品中切取 6 个试件，3 个进行拉伸试验，3 个进行弯曲试验，如有一个不合格，则加倍取样，重做试验，如仍有一个不合格则该批接头为不合格品。

闪光对焊接头的外观检查，每批抽查 10% 的接头，且不得少于 10 个。接头处不得有横向裂纹；与电极接触处的钢筋表面，不得有明显的烧伤；接头处的弯折不得大于 3；接头处的钢筋轴线偏移，不得大于钢筋直径的 0.1 倍和 2mm。

2. 电渣压力焊

电渣压力焊是利用电流将埋在焊剂盒中的两钢筋端头熔化，然后施加压力使钢筋焊接。常用于柱子、墙等 14 ~ 32mm 的 I ~ III 级竖向钢筋接长。它比电弧焊工效高、成本低、质量好，在高层建筑中得到广泛应用。

焊接前，应先将上下部钢筋用夹具对正夹牢，在上下钢筋间放引弧用的铁丝小球。再装上焊剂盒，装满焊药将接头处埋住，接通电路，用手柄调整上下钢筋的间距将电弧引燃，钢筋端部及焊剂熔化后形成渣池，稳弧数秒后，用手柄下压上部钢筋，使其沉入渣池，电弧熄灭，利用电阻加热。经 30 ~ 40s，渣池有足够的液体，迅速下压上部钢筋进行顶锻，以排除夹渣和气泡，形成牢固的接头冷却后拆除夹头卡具和焊剂盒，回收焊药并清理接头。

电渣压力焊要根据钢筋级别和直径选择适宜的电压、电流及通电时间。开路电压不得低于 380V，电极电压一般为 40V，电流密度为 1 ~ 2A/mm^2。

电渣压力焊接头质量的检查与要求基本同闪光对焊，区别仅是不需进行弯曲试验。

3. 电弧焊

电弧焊是利用弧焊机使焊条与焊件之间产生高温电弧，熔化焊条和焊件金属，待其凝固后便形成焊缝或接头电弧焊广泛用于各种钢筋接头、钢筋骨架焊接、钢筋与钢板的焊接及各种钢结构焊接常用接头形式有：搭接焊、帮条焊、坡口焊接头等。

电弧焊的设备包括弧焊机、焊枪、焊把线和焊条，弧焊机有交流和直流两种，工地上常用交流弧焊机。焊条型号规格较多，如 E4301、E4324、E5016 等。其中，"E"表示焊条；前两位数字（如 43、50）表示熔敷金属抗拉强度的最小值；第三和第四位数字表示适用的焊接方位、电流种类及药皮类型，选择焊条时，强度型号取决于钢筋级别及接头形式，药皮的类型取决于焊接环境，焊条直径应取决于焊件尺寸及焊机电流大小。

焊接电流应根据钢筋级别、焊条直径、接头形式和焊接方位进行调整。

焊接后，焊缝表面的药皮结晶应清理干净，焊缝应均匀、无裂纹，钢筋表面无弧坑。采用帮条焊或搭接焊时，焊缝长度不应小于帮条或搭接长度。

4. 电阻点焊

电阻点焊用于钢丝或细钢筋的交叉连接，常用来焊接钢筋网片点焊的原理是利用钢筋交叉点电阻较大，在通电瞬间受热而熔化，并在电极的压力下使交叉点得到焊接。

预制厂多使用台式点焊机，按 1 次焊接点数可分为单点和多点点焊机两种多点点焊机常用于宽大钢筋网片的联动焊接，施工现场多使用手提式点焊机。

点焊的主要工艺参数为：电流强度、通电时间和电极压力，这些参数取决于钢筋的直径和级别。焊点应有足够的相互压入深度，其值应为较小钢筋直径的 18% ~ 25%。

（二）机械连接

钢筋的机械连接是指通过连接件的机械咬合作用或钢筋端面的承压作用，将一根钢筋中的力传递至另一根钢筋的连接方法：它具有以下优点：接头质量稳定可靠，操作简便，施工速度快，且不受气候条件影响；无污染，无火灾隐患，施工安全，等等因此，机械连接被广泛用于各种粗钢筋连接中。

1. 冷挤压连接

该法是将 2 根待接钢筋插入钢套筒后，用液压设备沿径向挤压套筒，使之产生塑性变形，通过套筒与钢筋肋纹的咬合力将两根钢筋连接成整体。这种接头质量稳定可靠，受力能力不低于母材；但只能连接带肋钢筋，施工速度较慢，操作强度大，套筒体型大且对其强度及塑性要求较高，综合成本高。

连接时，钢筋插入套筒前应做标记，以确保连接长度；防止压空；钢筋与套筒同轴对正。挤压应从套筒中央隧道向端部进行，每端压痕数量，随钢筋直径和等级增大而增多，一般每侧为 3 ~ 8 道，压痕外径为套管外径的 85% ~ 90%。要求接头无裂纹，弯折 ≤ 4°。

质量检验以 500 个同批号钢套筒及其接头为 1 批，不足 500 个仍为 1 批，随机截取 3 个试件做抗拉试验，若其中 1 个不合格，应加倍抽取试件进行复试。

2. 钢筋滚轧直螺纹套筒连接

钢筋滚轧直螺纹套筒连接是利用钢材"冷作硬化"的特性，使接头与母材等强的连接方法，该法因施工速度快，对环境要求低，接头强度高（可达到Ⅰ级）、价格适中，而得到了广泛应用。根据螺纹成型方式，又可分为直接滚轧和剥肋滚轧两种类型。

（1）螺纹加工与检验

①直接滚轧螺纹。直接滚轧螺纹是采用钢筋滚丝机直接在钢筋上滚轧螺纹，此法螺纹加工简单，设备投入少，但螺纹精度差，由于钢筋粗细不均导致螺纹直径差异。

②剥肋滚轧螺纹。剥肋滚轧螺纹是采用剥肋滚丝机先将钢筋的纵横肋剥切去除，然后再滚轧螺纹，此法螺纹精度高，接头质量稳定。

加工中应随时检查滚丝长度、丝扣高度和质量，并立即拧上套筒，另端戴好保护帽。

（2）现场连接施工

根据待接钢筋所在部位及转动难易情况，选用不同的套筒类型，采取不同的安装方法。钢筋安装时宜用力矩扳手拧紧，露出套筒外的丝扣不得超过一圈。

接头套筒的质量应按批抽检不少于 10%。接头的质量检验与要求同冷挤压连接。

三、钢筋的代换

（一）钢筋代换原则

在施工中，已确认工地不可能供应设计图要求的钢筋品种和规格时，在征得设计单位的同意并办理设计变更文件后，才允许根据库存条件进行钢筋代换。代换前，必须充分了解设计意图、构件特征和代换钢筋性能，严格遵守国家现行设计规范和施工验收规范及有关技术规定。代换后，仍能满足各类极限状态的有关计算要求以及配筋构造规定，如受力钢筋和箍筋的最小直径、间距、锚固长度、配筋百分率以及混凝土保护层厚度等。一般情况下，代换钢筋还必须满足截面对称的要求。

梁内纵向受力钢筋与弯起钢筋应分别进行代换，以保证正截面与斜截面强度。偏心受压构件或偏心受拉构件（如框架柱、承受吊车荷载的柱、屋架上弦等）钢筋代换时，应按受力方向（受压或受拉）分别代换，不得取整个截面配筋量计算。吊车梁等承受反复荷载作用的构件，必要时，应在钢筋代换后进行疲劳验算。同一界面内配置不同种类和直径的钢筋代换时，每根钢筋拉力差不宜过大（同类型钢筋直径差一般不大于5mm），以免构件受力不匀。钢筋代换应避免出现大材小用，优材劣用，或不符合专料专用等现象。钢筋代换后，其用量不宜大于原设计用量的 5%，也不应低于原设计用量的 2%。

对抗裂性要求高的构件（如吊车梁，薄腹梁、屋架下弦等），不宜用 HPB235 级钢筋代换 HRB 35、HRB400 级带肋钢筋，以免裂缝开展过宽当构件受裂缝宽度控制时，代换后应进行裂缝宽度验算如代换后裂缝宽度有一定增大（但不超过允许的最大裂缝宽度），还应对构件做挠度验算。

进行钢筋代换的效果，除应考虑代换后仍能满足结构各项技术性能要求之外，同时还要保证用料的经济性和加工操作的方便。

（二）钢筋代换方法

1. 等强度代换

当结构构件按强度控制时，可按强度相等的原则代换，称"等强度代换"既代换前后钢筋的"钢筋抗力"不小于施工图纸上原设计配筋的钢筋抗力。

2. 等面积代换

当构件换最小配筋率配筋时，可按钢筋面积相等的原则进行代换，称为"等面积代换"。

四、钢筋工程施工质量检查验收方法

钢筋工程属于隐蔽工程，在浇筑混凝土前应对钢筋及预埋件进行隐蔽工程验收，并按规定记好隐蔽工程记录，以便查验。其内容包括：纵向受力钢筋的品种、规格、数量、位置是否正确，特别是要注意检查负筋的位置：钢筋的连接方式、接头位置、接头数量、接头面积百分率是否符合规定：箍筋、横向钢筋的品种、规格、数量、间距等：预埋件的规格、数量、位置等。检查钢筋绑扎是否牢固，有无变形、松脱和开焊。

钢筋工程的施工质量检验应按主控项目和一般项目按规定的检验方法进行检验。检验批合格质量应符合下列规定：主控项目的质量经抽样检验合格；一般项目的质量经抽样检验合格；当采用计数检验时，除有专门要求外，一般项目的合格点率应达到80%

及以上，且不得有严重缺陷：具有完整的施工操作依据和质量验收记录。

（一）钢筋工程施工质量检查验收主控项目

①钢筋进场时，应按国家现行相关标准的规定抽取试样做力学性能和重量偏差检验，检验结果必须符合有关标准的规定。

检查数量：按进场的批次和产品的抽样检验方案确定。

检验方法：检查出厂合格证、出厂检验报告和进场复验报告。

②对有抗震设防要求的结构，其纵向受力钢筋的性能应满足设计要求；当设计无具体要求时，对按一、二、三级抗震等级设计的框架和斜撑构件（含梯段）中的纵向受力钢筋应采用 HRB335E、HRB400E、HRB500E、HRBF335E、HRBF400E 或 HRBF500E 钢筋，其强度和最大力下总伸长率的实测值应符合下列规定：

钢筋的抗拉强度实测值与屈服强度实测值的比值不应小于 1.25；

钢筋的屈服强度实测值与屈服强度标准值的比值不应大于 1.30；

③钢筋的最大力下总伸长率不应小于 9%。

检查数量：按进场的批次和产品的抽样检验方案确定。检查方法：检查进场复验报告。

③钢筋调直后应进行力学性能和重量偏差的检验，其强度应符合有关标准的规定。

（二）钢筋工程施工质量检查验收一般项目

①钢筋应平直、无损伤，表面不得有裂纹、油污、颗粒状或片状老锈。

检查数量：进场时和使用前全数检查。

检验方法：观察。

②钢筋宜采用无延伸装置的机械设备进行调直；当采用冷拉方法调直钢筋时，HPB 235、HPB300 光圆钢筋的冷拉率不宜大于 4%；HRB335、HRB400、HRB500、HRBF335、HRBF400、HRBF500 及 HRB400 带肋钢筋的冷拉率不宜大于 1%。

检查数量：按每工作班同一类型钢筋、同一加工设备抽查不应少于 3 件。

检验方法：观察，钢尺检查。

③钢筋加工的形状、尺寸应符合设计要求。检查数量：按每工作班同一类型钢筋、同一加工设备抽查不应少于 3 件。检验方法：钢尺检查。

④钢筋的接头宜设置在受力较小处，同一纵向受力钢筋不宜设置两个或两个以上接头。接头末端至钢筋弯起点的距离不应小于钢筋直径的 10 倍。

检查数量：全数检查。

检查方法：观察，钢尺检查。

⑤当受力钢筋采用机械连接接头或焊接接头时，设置在同一构件内的接头宜相互错开。纵向受力钢筋机械连接接头及焊接接头连接区段的长度为 35 倍 d（d 为纵向受力钢筋的较大直径）且不小于 500mm，凡接头中点位于该连接区段长度内的接头均属于同一连接区段。何一连接区段内，纵向受力钢筋的接头面积百分率应符合设计要求；当设计无具体要求时，在受拉区不宜大于 50%；接头不宜设置在有抗震设防要求的框架梁端、

柱端的箍筋加密区；当无法避开时，对等强度高质量机械连接接头，不应大于50%；直接承受动力荷载的结构构件中，不宜采用焊接接头；当采用机械连接接头时，不应大于50%。

同一构件中相邻纵向受力钢筋的绑扎搭接接头宜相互错开。绑扎搭接接头中钢筋的横向净距不应小于钢筋直径，且不应小于25mm。钢筋绑扎搭接接头连接区段的长度为1.3倍搭接长度，凡搭接接头中点位于该连接区段长度内的搭接接头均属于同一连接区段。同一连接区段内，纵向钢筋搭接接头面积百分率应符合设计要求；当设计无具体要求时，对梁类、板类及墙类构件，不宜大于25%；对柱类构件，不宜大于50%；当工程中确有必要增大接头面积百分率时，对梁类构件不应大于50%；对其他构件，可根据实际情况放宽。

⑥在梁、柱类构件的纵向受力钢筋搭接长度范围内，应按设计要求配置箍筋，当设计无具体要求时，箍筋直径不应小于搭接钢筋较大直径的0.25倍；受拉搭接区段的箍筋间距不应大于搭接钢筋较小直径的5倍，且不应大于100mm；受压搭接区段的箍筋间距不应大于搭接钢筋较小直径的10倍，且不应大于200mm；当柱中纵向受力钢筋直径大于25mm时，应在搭接接头两个端面外100mm范围内各设置两个箍筋，其间距宜为50mm。

检查数量：在同一检验批内，对梁、柱和独立基础，应抽查构件数量的10%，且不少于3件；对墙和板，应按有代表性的自然间抽查10%，且不少于3间；对大空间结构，墙可按相邻轴线间高度5m左右划分检查面，板可按纵、横轴线划分检查面，抽查10%，且均不少于3面。

第三节　混凝土工程

一、混凝土工程的施工过程及准备工作

钢筋混凝土工程包括现浇钢筋混凝土结构施工和装配式钢筋混凝土构件制作两个方面，由模板工程、钢筋工程和混凝土工程这三大工种工程组成。在砖混结构、框架结构、剪力墙结构、框架剪力墙结构、简体结构中，应用非常广泛。模板工程方面，主要采用的是组合式钢模板、大钢模板、竹胶模板。钢筋工程方面，主要包括钢筋冷拉、钢筋连接、钢筋配料、钢筋安装等。如钢筋连接中的电渣压力焊、直螺纹连接、钢筋下料软件计算等。混凝土方面，大力发展预拌混凝土应用技术，加强搅拌站的改造，实现上料机械化、计量计算机控制和管理、混凝土搅拌自动化或半自动化，进一步扩大商品混凝土应用范围等。

二、混凝土的搅拌与搅拌机选择

（一）混凝土搅拌机的选择

混凝土搅拌机按搅拌原理可分为自落式和强制式两大类。

强制式搅拌机分为立轴式与卧轴式，卧轴式分为单轴和双轴两种，立轴式分为涡浆式和行星式两种。

自落式搅拌机是依靠旋转的搅拌筒内壁上的弧形叶片将物料带到一定高度后自由落下而互相混合，拌和能力较差，只适宜搅拌流动性较大的普通混凝土。

强制式搅拌机是通过搅拌叶片的强行转动，推动物料旋转、剪切、交流而达到拌和的目的。其搅拌作用强烈，混凝土质量好，生产率高，操作简便、安全，适于拌制各种混凝土，特别是干硬性混凝土、轻骨料混凝土及高性能混凝土，但能耗大，叶片衬板磨损快。

搅拌机的选择应根据混凝土工程量大小、坍落度、骨料种类及大小等来选定，在满足技术要求的同时也要考虑经济和节约能源等问题。

（二）混凝土的搅拌

为了获得均匀优质的混凝土拌合物，除需合理选择搅拌机外，还应正确确定搅拌制度，包括装料量、投料顺序和搅拌时间等。

1. 装料量

搅拌机一次能装各种材料的松散体积之和称为装料容量。经搅拌后，各种材料由于互相填补空隙而使总体积减小，即出料量小于装料量。一般出料系数为 0.5 ~ 0.75。搅拌机不宜超量装料，如超过 10%，将会因搅拌空间不足而影响拌合物的均匀性。反之，装料过少又降低了搅拌机的生产率。因此必须根据搅拌机的出料容量和混凝土配合比计算各种材料的投料量。

2. 投料顺序

它是指各种材料投入搅拌机的先后顺序。投料顺序将影响到混凝土的搅拌质量、搅拌机的磨损程度、拌和物与机械内壁的黏结程度，以及能否改善操作环境等问题，有以下三种投料顺序。

①一次投料法：在上料斗中先装石子，再装水泥和沙，然后一次投入搅拌筒内，水泥夹在石子和沙子之间，不致飞扬，且水泥和沙先进入搅拌筒内形成水泥砂浆，可缩短包裹石子的时间，对于出料口在下部的立轴强制式搅拌机，为防止漏水，应在投入原料的同时，缓慢均匀地加水。

②二次投料法：先投入水、沙、水泥，待搅拌一分钟左右后再投入石子、再搅拌一分钟左右。此方法可避免一次投料造成水向石子表面集聚的不良影响，水泥包裹沙子，水泥颗粒分散性好，泌水性小，可提高混凝土的强度。

③两次加水法：先将全部石子、沙和 70% 的拌和水倒入搅拌机，拌和 15s，使骨料

湿润后再倒入全部水泥进行造壳搅拌 30s 左右，然后加入 30% 的拌和水再搅拌 60s 左右即可。与前两者相比具有提高混凝土强度或节约水泥的优点。

搅拌时间是指全部材料装入搅拌筒中起至开始卸料止的时间，过长或过短都会影响到混凝土的质量。混凝土搅拌的最短时间应满足规定，当使用自落式搅拌机时，应各增加 30s。

三、混凝土的运输

（一）对混凝土运输的基本要求

①在运输中应避免产生分层离析现象，否则要在浇筑前进行二次搅拌；
②运输容器及管道、溜槽应严密、不漏浆、不吸水，保证通畅，并满足环境要求；
③尽量缩短运输时间，以减少混凝土性能的变化；
④连续浇筑时，运输能力应能保证浇筑强度（单位时间浇筑量）的要求。

（二）运输工具的选择

混凝土的运输可分为地面水平运输、垂直运输和楼面水平运输。

①地面水平运输。当采用商品混凝土或运距较远时，最好采用混凝土搅拌运输车。该车在运输过程中搅拌筒可缓慢转动进行拌合，防止了混凝土的离析。当距离过远时，可装入干料，在到达浇筑现场前 10 ~ 15mim 放入搅拌水，边行走边进行搅拌。如现场搅拌混凝土时，可采用载重 1t 左右容量为 400L 的小型机动翻斗车或手推车运输。

②垂直运输。可采用塔式起重机配合混凝土吊斗运输并完成浇灌，当混凝土量较大时，宜采用泵送运输。

③楼面水平运输。多采用混凝土泵通过布料杆运输布料，塔式起重机亦可兼顾楼面水平运输，少量时可用双轮手推车。

（三）混凝土泵送运输

泵送运输是以混凝土泵为动力，通过管道、布料杆，将混凝土直接运至浇筑地点，能兼顾垂直运输与水平运输，与混凝土运输车相配合，可迅速地完成混凝土运输、浇筑任务。混凝土泵按其移动方式，可分为拖式、车载式和泵车。将混凝土泵装在汽车上即为车载泵，再装布料杆便成为混凝土泵车。

目前混凝土泵常用的液压活塞泵，它是利用液压控制两个往复运动柱塞，交替地将混凝土吸入和压出，达到连续稳定地输送混凝土。

混凝土输送管一般为钢管，直径为 75 ~ 200mm，常用 125mm。每段直管的标准长度有 4m、3m、2m、1m、0.5m 等数种，用快速接头连接。并配有 90°、45° 等不同角度的弯管，以便管道转折时使用。弯管、锥形管和软管的流动阻力大，计算输送距离时应换算成水平距离；垂直运输高度超过 100m 时，泵端管根处应设止逆阀，以防止停泵时混凝土倒流。

为充分发挥混凝土泵的效率、降低劳动强度，对拖式和车载式泵，应在浇筑地点设置布料杆，以将输送来的混凝土直接进行摊铺入模。立柱式布料杆有移置式、管柱式和爬升式。其臂架和末端输送管都能做 360° 回转。手动移置式布料杆可由人工拉动回转，完成回转半径控制范围内各部位混凝土的浇筑，在解开连接泵管、取下平衡重后，可利用塔吊移动位置，安装后再行浇筑。

泵送混凝土配制时应符合下列规定：骨料最大粒径与输送管内径之比，碎石不宜大于 1∶3，卵石不宜大于 1∶2.5；通过 0.315 筛孔的沙不应少于 15%；沙率宜控制在 40%～50%；最小胶凝材料用量为 300kg/mm3；混凝土的坍落度宜为 80～180mm；混凝土内宜掺加适量的外加剂以改善混凝土的流动性。

泵送施工时，应先打部分水泥浆或水泥砂浆润滑管路，混凝土输送完毕后应及时清洗管路。如管道向下倾斜应防止混入空气产生阻塞。输送管线宜直，转弯宜缓，接头严密。混凝土供应应尽量保证泵送连续，以避免管道黏附堵塞。如预计泵送中断超过 45m，应立即用压力水或其他方法将混凝土清出管道。冲洗管道时管口处不得站人，防止混凝土喷出伤人。

泵送混凝土浇筑速度快，对模板侧压力较大，模板系统要有足够的强度和稳定性。由于水泥用量较大，要注意浇筑后的养护，以防止龟裂。

四、混凝土的浇筑

（一）浇筑前的准备工作

混凝土浇筑前应做好必要的准备工作，对模板及其支架、钢筋、预埋件和预埋管线必须进行检查，并做好隐蔽工程的验收，符合设计要求后方能浇筑混凝土。

在地基或基土上浇筑混凝土时，应清除淤泥和杂物，并应有排水和防水措施。对干燥的非黏性土，应用水湿润；对未风化的岩石，应用水清洗，但其表面不得有积水。

在浇筑混凝土之前，将模板内的杂物和钢筋上的油污等应清理干净；对模板的缝隙及孔洞应予堵严；对无覆膜的木模板应浇水湿润，但不得有积水。

（二）浇筑混凝土的一般规定

①混凝土浇灌倾落高度：当骨料粒径大于 25mm 时不超过 3m；骨料粒径小于等于 25mm 时不超过 6m。不满足时，应使用串筒、溜管、溜槽等，以防下落动能大的粗骨料积聚在结构底部，造成混凝土分层离析。

②不宜在降雨雪时露天浇筑。必须浇筑时，应采取确保混凝土质量的有效措施。

③对非自密实混凝土必须分层浇灌、分层捣实。每层浇筑的厚度依振捣方法而定；插入式振捣时，不超过振捣棒长度的 1.25 倍；表面振捣时不超过 200mm。

④同一结构或构件混凝土宜连续浇筑，即各层、块之间不出现初凝现象，保证混凝土形成整体按规范要求，混凝土的运输、浇筑及间歇的全部时间不超过规定。当预计超过时，应按规定留置施工缝。

⑤浇筑后的混凝土，其强度至少达到 1.2N/mm² 方可上人施工。

（三）施工缝的留设与接缝

施工缝是指由于设计要求或施工需要分段浇筑而在先、后浇筑的混凝土之间所形成的接缝。施工缝处由于连接较差，特别是粗骨料不能相互嵌周，抗剪强度受到很大影响。

1. 施工缝的位置

施工缝应在混凝土浇筑之前确定，并宜留置在结构受剪力较小且便于施工的部位。施工缝的留置位置规定如下。

①柱，水平施工缝宜留置在基础的顶面、梁或无梁楼盖柱帽的下面。

②梁与板应同时浇筑，但当梁高超过 1m 时可先浇筑梁，将水平施工缝留置在板底面以下 20 ~ 30mm 处。

③单向板，垂直施工缝可留置在平行于短边的任何位置。

④有主次梁的楼盖宜顺着次梁方向浇筑，垂直施工缝应留置在次梁中间的 1/3 跨度范围内。

2. 接缝处理

在施工缝处继续浇筑混凝土时，应符合下列规定：

①已浇筑的混凝土，其抗压强度不应小于 $1.2N/mm^2$。

②在已硬化的混凝土表面上，应清除水泥薄膜、松动石子以及软弱混凝土层，进行粗糙处理，并冲洗湿润，但不得有积水.

③在浇筑混凝土前，应先在接缝处铺 10 ~ 15m 厚与混凝土浆液同成分的水泥砂浆，随即浇筑混凝土。

④浇注混凝土时应细致捣实，使新旧混凝土紧密结合，但不得碰触原混凝土。

（四）框架剪力墙结构的浇筑

同一施工段内每排柱子应由外向内对称地顺序浇筑，不应自一端向另一端顺序推进，以防止柱子模板向一侧推移倾斜，造成误差积累过大而难以纠正。

为防止混凝土墙、柱"烂根"（根部出现蜂窝、麻面、力、漏筋、漏石、孔洞等现象），在浇筑混凝土前，除了对模板根部缝隙进行封堵外，还应在底部先浇筑 20 ~ 30m 厚与所浇筑混凝土浆液同成分的水泥砂浆，然后再浇筑混凝土，并加强根部振捣。

应控制住每次投入模板内的混凝土数量，以保证不超过规定的每层浇筑厚度。

柱子、墙体与梁板宜分两次浇筑，做好施工缝留设与处理。若欲将柱墙和梁板一次浇筑完毕，不留施工缝时，则应在柱墙浇筑完毕后停歇 1 ~ 1.5h，待其混凝土初步沉实后，再浇筑上面的梁板结构，以防止柱墙与梁板之间由于沉降、泌水不同而产生缝隙。

对有窗口的剪力墙，在窗口下部应薄层慢浇、加强振捣、排净空气，以防出现孔洞。窗口两侧应对称下料，以防压斜洞口模板。

当梁柱混凝土标号不同时，应先用与柱同标号的混凝土浇筑节点处，并向梁板内扩展不少于梁高的 1/2；也可用铁丝网等隔开，在节点混凝土初凝前，及时浇筑梁板混凝土。

梁混凝土宜自两端节点向跨中用赶浆法浇筑，楼板混凝土浇筑应拉线控制厚度和标高。

（五）大体积混凝土浇筑

大体积混凝土是指结构或构件的最小边长尺寸在 1m 以上，或可能由于温度变形而开裂的混凝土，在工业与民用建筑中多为设备基础、桩基承台或基础底板等。

大体积混凝土基础的整体性要求高，一般要求混凝土连续浇筑，一气呵成，不留施工缝。施工工艺上既要做到分层浇筑、分层捣实，又必须保证上下层混凝土在初凝之前结合好，不致形成"冷缝"。在特殊的情况下可以留设后浇带。

1. 浇筑方案的确定

大体积钢筋混凝土的浇筑方案可分为全面分层、分段分层和斜面分层三种，应根据整体性要求、结构大小、钢筋疏密、混凝土供应等具体情况进行选用。

①全面分层：在整个基础内全面水平分层浇筑混凝土，要做到第一层全面浇筑完毕回来浇筑第二层时，第一层浇筑的混凝土还未初凝，如此逐层进行，直至浇筑完毕。这种方案适用于结构的平面尺寸不太大的工程。

②分段分层：适宜于厚度不太大而面积较大的结构，混凝土从底层开始浇筑，进行一定距离（一个段长）后回来浇筑第二层；如此依次向前浇筑各层段。

③斜面分层：适用于结构的长度较大的工程，是目前大型建筑基础底板或承台最常用的方法。当结构宽度较大时，常采用多台机械分条同时浇筑。分条宽度不宜大于 10m，每条的振捣应从浇筑层斜面的下端开始，逐渐上移，或在不同高度处分区振捣，以保证混凝土施工质量。

分层的厚度取决于振动器的棒长和振动力的大小，也要考虑混凝土的供应量大小和可能浇筑量的多少，一般为 30cm 左右。

2. 防止开裂的措施

大体积混凝土浇筑的另一关键问题是易于开裂。在升温阶段，由于水泥的水化反应会放出大量热能，内部热量不断积聚而升温，而结构表面散热快温度低，当内外温差超过 25℃时，混凝土结构将产生表面开裂。此外，在混凝土水化反应接近完成的降温阶段，由于体积收缩受到地基土、垫层、钢筋或桩等的约束，使结构受到很大的拉应力，当其超过当时混凝土的极限拉应力时，混凝土会产生拉裂，甚至裂缝会贯穿整个混凝土截面，造成断裂。

要防止大体积混凝土浇筑后产生裂缝，需尽量减少水化热，避免水化热的积聚，避免过早过快降温为此，首先应选用低水化热的矿渣水泥、火山灰水泥或粉煤灰水泥；掺入适量的粉煤灰以降低水泥用量；扩大浇筑面和散热面，降低浇筑速度或减小浇筑厚度，在低温时浇筑。必要时采取人工降温措施，例如，采用风冷却：用冰水拌制混凝土：在混凝土内部埋设冷却水管，用循环水来降低混凝土温度等。在混凝土浇筑后，采取保温措施，延缓降温时间，提高混凝土的抗拉能力，减少收缩阻力等。

此外，现代施工中，常采用留设后浇带、设置膨胀加强带或采用跳仓法施工等措施。

（六）混凝土的密实成型

混凝土只有经密实成型才能达到设计要求的强度、抗冻性、抗渗性和耐久性。

目前混凝土密实成型的方法主要有三种：一是利用机械振动克服拌和物的黏着力和内摩擦力而使之液化、沉实；二是在拌合物中增加用水量以提高流动性、便于成型，然后用离心法、真空吸水法或透水模板，将多余的水分和空气排出；三是通过在拌和物中掺减水剂、增大坍落度等措施，使其自流成型。

1. 机械振捣密实成型

机械振捣密实的原理是通过机械振动，使混凝土黏结力和骨料间的摩擦力减小，流动性增加，骨料在自重作用下下降，气泡逸出，孔隙减少，使混凝土密实地充满模板内的全部空间，达到密实、成型的目的。

振动捣实机械的类型可分为：插入式振动器、附着式振动器、平板式振动器和振动台。在建筑工地，主要是应用插入式振动器和平板式振动器。

①插入式振动器。它又称内部振动器，由电动机、软轴和振动棒三部分组成。振动棒是工作部分，它是一个棒状管体，内部安装着偏心振子，在电机驱动下，由于偏心振子的振动，使整个棒体产生高频的机械振动。工作时，将它插入混凝土中，通过棒体将振动能量直接传给混凝土，因此，振动密实的效率高，适用于基础、柱、梁、墙等深度或厚度较大的结构构件的混凝土捣实。

按振动棒激振原理的不同，插入式振动器可分为偏心轴式和行星滚锥式（简称行星式）两种。偏心轴式的激振原理是利用安装在振动棒中心具有偏心质量的转轴，在做高速旋转时所产生的离心力通过轴承传递给振动棒壳体，从而使振动棒产生圆振动。由于偏心轴式振动器的频率低、机械磨损较大，已逐渐被振动频率较高的行星滚锥式所取代。

行星滚锥式是利用振动棒中一端空悬的转轴，在它旋转时，除自转外，还使其下垂（前）端的圆锥部分（即滚锥）沿棒壳内的圆锥面（即滚道）做公转滚动，从而形成滚锥体的行星运动，以驱动棒体产生圆振动。由于转轴滚锥沿滚道每公转一周，振动棒壳体即可产生一次振动，故软轴只要以较低的电动机转速带动滚锥转动，就能使振动棒产生较高的振动频率。行星式振动器具有振捣效果好、效率高、机械磨损少等优点，因而得到普遍的应用。

使用插入式振动器时，要使振动棒自然地垂直沉入混凝土中。为使上下层混凝土结合成整体，振动棒应插入下一层混凝土中不少于50mm。振捣时，应将棒上下移动，以保证上下部分的混凝土振捣均匀。捣实过程中应避免振动棒碰撞钢筋、模板、芯管、吊环和预埋件等。

振动棒各插点的间距应均匀，不要忽远忽近。插点间距一般不得超过振动棒有效作用半径R（一般取棒半径的8～10倍）的1.4倍，振动棒与模板的距离不应大于其有效作用半径R的50%倍。各插点的布置方式有行列式与交错式两种，其中交错式重叠、搭接较多，振捣效果较好。振动棒在各插点的振动时间，以见到混凝土表面基本平坦、泛出水泥浆、混凝土不再显著下沉、无气泡排出为止。

②平板式振动器。它是将带有偏心块的电动机固定在一块平板上而形成振动器，又称为表面振动器。适用于捣实楼板、地坪、路面等平面面积大而厚度较小的混凝土构件。振捣时，每次移动的间距应保证底板能与上次振捣区域重叠 50mm 左右，以防止漏振。

2. 自密实混凝土

自密实混凝土是通过外加剂（包括高性能减水剂、超塑化剂、稳定剂等）、超细矿物粉等胶结材料和粗细骨料的搭配，以及配合比的精心设计，使混凝土拌和物屈服剪应力减小到适宜范围，同时又具有足够的塑性黏度，使骨料悬浮于水泥浆中，不出现离析和泌水等问题，在不用外力振捣的条件下通过自重作用实现自由流淌，充分填充模板内的空间而形成密实且均匀的结构。

对于自密实混凝土，拌和物的工作性（主要包括黏聚性、流动性和保水性）是研究的重点，应着重解决好混凝土的高工作性与混凝土硬化强度及耐久性的矛盾。一般认为，自密实混凝土的工作性能应达到：坍落度 250 ~ 270mm，扩展度 550 ~ 700mm，流过高差 ≤ 15mm。骨料最大粒径不宜大于 20mm。浇筑时，应控制浇筑速度和单次下料量，并应分层浇筑至设计标高，防止模板受损。

五、混凝土的养护

混凝土的养护是指混凝土浇筑后，在硬化过程中进行温度和湿度的控制，使其达到设计强度。混凝土浇筑后应及时进行保湿养护，保湿养护可采用洒水、覆盖、喷涂养护剂等方式。选择养护方式应考虑现场条件、环境温湿度、构件特点、技术要求、施工操作等因素。

覆盖养护是在混凝土裸露表面覆盖塑料薄膜、塑料薄膜加麻袋、塑料薄膜加草帘等。对封闭结构可采用蓄水法，如储水池可在拆除内模板，混凝土达到一定强度后注水养护。

养护剂法常用于大面积结构或不易覆盖者，它是将养护剂喷涂在已凝结的混凝土表面上，溶剂挥发后形成薄膜，从而避免混凝土中的水分蒸发，保持内部湿润状态。这种方法多用于不易覆盖的大面积混凝土工程，如路面、地坪、机场跑道、楼板、墙体等。

（一）养护规定

混凝土的养护应符合下列规定：

①混凝土浇筑完成后，应及时进行保湿养护。对高性能混凝土宜在浇筑时即开始喷雾保湿。

②洒水养护的洒水次数应能保持混凝土处于润湿状态。养护用水应与拌制用水相同；当日最低温度低于 5℃时，不应采用洒水养护。

③采用塑料薄膜覆盖养护时，应覆盖严密，并应保持塑料薄膜内有凝结水。

④喷涂养护剂养护时，其保湿效果应通过试验检验，确保可靠。喷涂应均匀，不得漏喷。

（二）养护持续时间

①硅酸盐水泥、普通硅酸盐水泥或矿渣硅酸盐水泥拌制的混凝土，不得少于 7d；采用其他品种水泥时，应根据水泥性能确定。

②采用缓凝型外加剂、大掺量矿物掺和料配制的混凝土，不应少于 14d。

③大体积混凝土、后浇带、抗渗混凝土以及 C60 以上混凝土不得少于 14d。

④地下室底层和结构首层柱、墙混凝土宜适当增加养护时间，且带模养护不宜少于 3d。

第四节 钢筋混凝土预制构件

一、构件制作的方法

预制厂制作构件的方法，根据成型和养护的不同，主要有台座法、机组流水法和传送带法三种：

（一）台座法

台座是预制构件的底模，可选择表面光滑平整的混凝土地坪、胎膜或混凝土槽。构件的成型、养护、脱膜等生产过程都在台座上同一地点进行。构件在整个生产过程中固定在一个地方，而操作工人和生产机具则顺序地从一个构件移至另一个构件，来完成各项生产过程。

用台座法生产构件，设备简单，投资少。但占地面积大，机械化程度较低，生产受气候影响。设法缩短台座的生产周期是提高生产率的重要手段。

（二）机组流水法

本法在车间内生产，将整个车间按生产工艺的要求划分为几个工段，每个工段皆配备相应的工人和机具设备，构件的成型、养护、脱膜等生产过程分别在有关的工段下循序完成。生产时，构件随同模板沿着工艺流水线，借助于起重运输设备，从一个工段移至下一个工段，分别完成各有关的生产过程，而操作工人的工作地点是固定的，构件随同模板在各工段停留的时间长短可以不同。此法生产效率比台座法高，机械化程度较高，占地面积小，但建厂投资较大，生产过程中运输繁多，宜于生产定型的中小型构件。

（三）传送带法

本法是使模板在一条呈封闭环形的传送带上移动，生产工艺中的各个生产过程（如清理模板、涂刷隔离剂、排放钢筋、预应力筋的张拉、浇筑混凝土等）都是在沿传送带循序分布的各个工作区中进行。生产时，模板沿着传送带有节奏地从一个工作区移至下一个工作区，而各工作区要求在相同的时间内完成各口的有关生产过程，以此保证有节奏地连续生产。此法是目前最先进的工艺方案，生产效率高，机械化、自动化程度高，但设备复杂，投资大，宜于大型预制厂大批量生产定型构件。

二、预制构件的模板

预制厂制作的预制构件，常用的模板有钢平模、固定式胎膜、成组立模等。

机组流水法、传送带流水法中普遍应用钢平模。它是利用铰链将侧模和端模板与底架连接，启闭方便。钢模的底架要能承受运输时混凝土的重量，制作预应力混凝土构件时，还要能承受预应力筋的作用力。底架要有足够的刚度，防止构件变形。

固定式胎膜多用以制作大型钢筋混凝土肋形板或其他形状复杂的构件，胎膜的上表面形状与所浇构件的下表面形状吻合，混凝土浇入胎膜，即获得所要求的结构外形。

三、预制构件的成型

预制构件的浇筑与现浇构件基本相同，成型过程主要有准备模板、安放钢筋及预埋铁件、运送混凝土、浇筑混凝土、捣实及修饰构件表面等。而捣实是保证混凝土构件质量的关键工序之一。常用的捣实方法有振动法、挤压法、离心法等。

（一）振动法

用台座法制作构件，使用插入式振动器或表面振动器捣实。用机组流水法和传送带流水法制作构件则用振动台振实。

振动台是一个支承在弹性支座上的由型钢焊成的框架平台，平台下设振动机构。振动机构即在转轴上装置偏心块，通过偏心块数量和位置的变化，可得到不同的振幅。振动台有的只有一种振动频率，有的可改变频率。框架平台应有足够的刚度，以保证振幅的均匀一致，否则影响振动效果。

振动时须将模板牢固地固定在振动台上，否则模板的振幅和频率将小于振动台的振幅和频率，最方便的固定方法是利用电磁铁。

在振动成型过程中，如同时在构件上面施加一定压力，则可加速捣实过程，提高捣实效果，使构件表面光滑，这种生产方法叫"振动加压法"。加压的方法分为静态加压和动态加压。前者用一压板加压，后者是在压板上加设振动器加压。压力的数值取决于混凝土的硬度，常用压力约为 $1 \sim 3kN/m^2$。

（二）挤压法

采用螺旋挤压机生产预应力混凝土圆孔板的生产技术，目前已趋于完善，挤压机已定型。

挤压机的工作原理是用旋转螺旋铰刀把由料斗漏下的混凝土向后挤送，在挤送过程中，由于受到振动器的振动和已成型的混凝土空心板的阻力（反作用力）而被挤压密实，挤压机也在这一反作用力的作用下，沿着与挤压方向相反的方向被推动自行前进，在挤压机后面即形成一条连续的预应力混凝土空心板带。挤压机一般是沿着长线台座上的导轨行驶。但也可不设导轨，利用预应力钢丝导向，使机架上的梳子板沿预应力钢丝移动，在挤压机后面即形成一条连续的预应力混凝土空心板带。在利用预应力钢丝导向时，要求机身自重对称，螺旋铰刀送料均匀，否则易使挤压机行走偏向。

用挤压机连续生产空心板，有两种切断方法：一种是在混凝土达到可以放松预应力筋的强度时，用钢筋混凝土切割机整体切断；另一种是在混凝土初凝前用灰铲手工操作或用气割法、水冲法把混凝土切断，待混凝土达到可以放松预应力筋的强度时，再切断钢丝。目前，一般用后一种方法。

（三）离心法

用离心法制作构件是将装有混凝土的模板放在离心机上，使模板以一定转速绕自身的纵轴旋转，模板内的混凝土由于离心力作用而远离纵轴，均匀分布于模板内壁，并将混凝土中的部分水分挤出，使混凝土密实。用此法制作的构件，都须有圆形空腔，而外形可为各种形状，如管桩、电杆等。

离心机有滚轮式和车床式两类，都具有多级变速装置。离心成型过程分为两个阶段：第一阶段是使混凝土沿模板内壁分布均匀，形成空腔，此时转速不宜太高，以免造成混凝土离析现象；第二阶段是使混凝土密实的阶段，此时可提高转速，增大离心力，压实混凝土。

四、构建养护

目前预制构件的养护方法有自然养护、蒸汽养护、热拌混凝土热模养护、太阳能养护、远红外线养护等。自然养护成本低，但养护时间长，模板（或台座）周转慢，我国南方地区的台座法生产多用自然养护。近年来应用太阳能进行养护，取得较好的效果。

（一）蒸汽养护

蒸汽养护即将构件放在充满饱和蒸汽或蒸汽与空气混合物的养护坑（或窑）内，在较高的温度和湿度的环境中，加速混凝土的硬化，使之在较短时间内达到规定的强度。

蒸汽养护效果与蒸汽养护制度有关，它包括养护前静置时间、升温和降温速度、养护温度、恒温养护时间、相对湿度等。构件成型后要在常温下静置一定时间，然后再进行蒸汽养护，以减少不良的加热养护制度带来的不利影响。对普通硅酸盐水泥制作的构件至少应静置 1 ~ 2h；火山灰质硅酸盐水泥或矿渣硅酸盐水泥则不需静置。升温或降温都必须平缓地进行，不能骤然升降，否则构件表面与内部之间产生过大的温差而引起裂缝；还可能由于混凝土毛细管内的水分和湿空气的热膨胀，而引起混凝土内部组织破坏。对塑性混凝土的薄壁构件，升温速度每小时不得超过 25℃，其他构件不得超过 20℃。降温速度，每小时不得超过 10℃，出池后构件表面与外界温差不得大于 20℃。养护的温度取决于水泥品种，对普通硅酸盐水泥一般为 80℃，对矿渣硅酸盐水泥可达 85 ~ 95℃。对采用先张法施工的预应力混凝土构件，养护的最高允许温度应根据设计要求的允许温差（张拉钢筋的温度与台座温度之差）经计算确定。恒温养护时间根据混凝土在不同温度条件下的强度增长曲线来确定,一般为 3 ~ 8。养护时应保持适宜的湿度,以防构件内水分蒸发,在恒温阶段应保持 90% ~ 100% 的相对湿度。

蒸汽养护方法有坑窑、立窑和隧道窑三种。

1. 坑式蒸汽养护

为间歇式蒸汽养护室,有地下和半地下式。构件的装入和吊出利用起重机,坑内可堆放几层构件。坑盖应有良好的保温性能,坑盖与坑壁间的密封性靠水封来保证。因为养护是分几批进行,一个养护周期完毕,养护坑又冷却下来,故蒸汽消耗量大。

2. 立窑蒸汽养护

连续式蒸汽养护的生产工艺同传送带流水法。它是利用蒸汽比空气轻而自动上升的原理,使窑内温度自下而上逐渐增高。构件在窑内上升、横移和下降的过程,即升温、恒温和降温的过程。构件进窑后用顶升机将其逐步向上升起,到顶后用横移机将其横移,然后再使其逐渐下降,到达养护室底部便被送出养护室。每隔一定时间,随着左侧进入一个构件的同时,右侧也送出一个成品,进行连续生产。窑内蒸汽区分上下两部分,上部为恒温区,下部为升温区或降温区。

3. 隧道窑蒸汽养护室

隧道窑蒸汽养护可采用间歇式或连续式蒸汽养护室养护。它有水平直线形和折线形两类。前者端部易漏气,室内顶部之间温差较大。折线型隧道窑是利用蒸汽自动上升原理自然形成升温、恒温和降温区的,它具备立窑蒸汽养护室的热工特点,可连续生产,结构和设备简单,减少一次性投资。

(二)热拌混凝土热模养护

热拌热模即利用热拌混凝土浇筑构件,然后向钢模的空腔内通入蒸汽进行养护。此法与冷拌混凝土进行常压蒸汽养护比较,养护周期大为缩短,节约蒸汽。这是因为用此法养护时,构件不直接接触蒸汽。热量由模板传递给构件,使构件内部冷热对流加速,且因为利用热拌混凝土,使构件内部温差远比常压蒸汽养护时小,而且平衡较快,因而可省去静置工序,缩短升温时间,较快地进入高温养护

(三)远红外线养护

红外线是用热源(电能、蒸汽、煤气等)加热红外线辐射体而产生的。红外线被吸收到物体内部被吸收的能量就转变为热,目前常用的辐射体为铁铬铝金属网片、陶瓷板或在碳化硅板上涂远红外辐射材料等。对辐射体的要求是耐高温、不易氧化、辐射率大等。混凝土养护选择辐射体时,还要求其发射的红外线波长与水泥和其水化产物的吸收波长相一致或相近,这样可提高养护效率。

用红外线热辐射进行混凝土养护有许多优点,养护时间短、能量消耗低,有较好的经济效益。

五、预制构件模板拆除

预制构件拆模的混凝土强度，当设计无规定时，应按下列规定进行：

①侧面模板，应在混凝土强度能保证构件不变形，棱角完整时方可拆除。

②芯模或预留孔的内模，应在混凝土强度能保证构件和孔洞表面不发生坍塌和裂缝时，方可拆除。

六、预制构件的质量标准与验收方法

①预制构件应进行结构性能检验。结构性能检验不合格的预制构件不得用于混凝土结构

②预制构件应在明显部位标明生产单位、构件型号、生产日期和质量验收标志。构件上的预埋件、插筋和预留孔洞的规格、位置和数量应符合标准图或设计的要求。

③预制构件的外观质量不应有严重缺陷且不宜有一般缺陷。对已经出现的缺陷，应按技术处理方案进行处理，并重新检查验收。

④预制构件不应有影响结构性能和安装、使用功能的尺寸偏差。对超过尺寸允许偏差且影响结构性能和安装、使用功能的部位，应按技术处理方案进行处理，并重新检查验收。

第四章　建筑给排水施工技术

第一节　建筑室内给水系统

室内给水系统的基本任务，是根据室外给水管网的供水情况，结合室内给水管网的实际使用要求，采取适当的给水方式，将水经济合理而且安全可靠地提供给室内各种用水设备，以满足人们在生活、生产和消防方面对水质、水量和水压的要求。

一、建筑室内给水系统的分类与组成

（一）室内给水系统的分类

室内给水系统按其供水对象可分为生活给水系统、生产给水系统、消防给水系统及组合给水系统。

1. 生活给水系统

满足人们饮用、烹调、盥洗、洗涤、沐浴等生活用水的室内给水系统，称为生活给水系统。生活给水系统要求水质必须严格符合国家规定的生活饮用水水质标准。

2. 生产给水系统

满足生产过程中所需要的设备冷却水、原料和产品的洗涤水、锅炉用水及一些工业原料（如酿酒）用水的室内给水系统称为生产给水系统。生产给水系统必须满足生产工

艺对水质、水量、水压及安全方面的要求。

3. 消防给水系统

满足一切工业与民用建筑消防设备用水的室内给水系统，称为消防给水系统。消防给水系统对水质要求不高，但必须按建筑设计防火规范要求，保证供应足够的水量和水压。

4. 组合给水系统

上述三种给水系统，在实际工程中可以单独设置，也可根据建筑物内用水设备对水质、水压、水温的要求及室外给水系统的情况，经技术、经济和供水安全条件等综合比较，设置成组合各异的共用系统。如生活、生产给水系统，生产、消防给水系统，生活、消防给水系统，生活、生产、消防给水系统等。

（二）室内给水系统的组成

①水源：指城镇给水管网、室外给水管网或自备水源。

②引入管：指由室外给水管网引入建筑内水管网的那一段管段。

③水表节点：安装在引入管上的水表及其前后设置的阀门和泄水装置的总称，用以计量单幢建筑的总用水量。水表前后的阀门用于水表检修、拆换时关闭管路之用。泄水口主要用于室内管道系统检修时放空之用，也可用来检测水表精度和测定管道进户时的水压值。水表节点一般设在水表井中。

④给水管网：给水管网指的是建筑内水平干管、立管和支管。

⑤配水装置与附件：即配水龙头、消火栓、喷头与各类阀门（控制阀、减压阀、止回阀等）。

⑥增压和贮水设备：当室外给水管网的水量、水压不能满足建筑用水要求时，需要设置的各种设备，主要有水泵、气压给水装置、变频调速给水装置、水池、水箱等增压和贮水设备。

⑦给水局部处理设施：当建筑对给水水质要求超出我国现行生活饮用水卫生标准时，或其他原因造成水质不能满足要求时，就需要设置一些设备、构筑物进行给水深度处理。这些设备、构筑物就是给水局部处理设施。

二、建筑给水系统的给水方式

建筑给水系统的给水方式是指建筑内给水系统的具体组成与具体布置的实施方案。建筑给水系统的给水方式的选择，必须依据用户对水质、水量和水压的要求，室外管网所能提供的水质、水量和水压情况，卫生器具及消防设备在建筑物内的分布，以及用户对供水安全可靠性的要求等条件来确定。现将常用的给水方式的基本类型介绍如下：

（一）直接给水方式

当室外给水管网的水量、水压在任何时候都能满足室内给水管网的要求时，可采用直接给水方式。这种给水方式无须任何加压设备和储水设备，投资少，施工维修方便。

（二）单设水箱的给水方式

当室外给水管网的水质、水量能满足室内管网的要求但水压间断不足时，可采用设有水箱的给水方式。该方式在用水低峰时，利用室外给水管网水压直接供水并向水箱进水。高峰用水时，水箱出水供给给水系统，从而达到调节水压和水量的目的；但由于水在水箱中的滞留，存在二次污染的可能。

（三）设置贮水池、水泵和水箱的给水方式

当建筑的用水可靠性要求高，室外管网水量、水压经常不足，且不允许直接从外网抽水，或者是外网不能保证建筑的高峰用水，且用水量较大，或是要求储备一定容积的消防水量时，应采用这种给水方式。该方式的优点是由于贮水池、水箱都储存一定的水量，当停水停电时可延时供水，供水可靠，水压力稳定；缺点是水泵震动、有噪声。

（四）单设水泵和设水泵水箱的给水方式

当室外给水管网允许用水泵直接抽水时，也可以采用单设水泵的给水方式或采用设水泵水箱的给水方式。采用这两种给水方式有可能使外网水压力降低，影响外网上其他用户用水，严重的还可能形成外网负压，在管道接口不严密处，其周围的渗水会吸入管内，造成水质污染。因此，采用这两种方式，必须征得供水部门的同意，并在管道连接处采取必要的防护措施以防污染。

（五）分区给水方式

在多层、高层建筑物中，外网水压往往只能满足建筑物下面几层的供水压力。为了充分有效地利用室外管网的水压，常将建筑物分成上下两个或多个供水区。下区利用城市管网直接供水，上区则由贮水池、水泵、水箱联合供水。两区间可由一根或几根立管连通，在分区处装设阀门，必要时可使整个管网全由水箱供水或由室外管网直接向水箱充水。这种给水方式对建筑物低层设有洗衣房、浴室、大型餐饮业等用水量较大的建筑物尤有经济意义。

（六）设气压给水设备、变频调速给水设备的给水方式

当室外管网压力低于或经常不能满足室内所需水压，室内用水不均匀，且建筑物不宜设置高位水箱时，可采用气压给水设备给水方式。这种给水方式即在给水系统中设置气压给水设备，利用该设备气压水罐内气体的可压缩性，协同水泵共同增压供水。气压水罐的作用等同于高位水箱，但其位置可根据需要较灵活地设在高处或低处。

当室外供水管网水压经常不足、建筑内用水量较大且不均匀、要求可靠性较高、水压恒定时，或者建筑物顶部不宜设高位水箱时，可以采用变频调速给水设备进行供水。这种给水方式可省去屋顶水箱，水泵效率较高，但一次性投资较大。

（七）高层建筑给水方式

以上介绍的6种给水方式是最基本的给水方式，高层建筑给水方式就是用上述最基本的给水方式采取组合、并联、接力等方法而形成的。

1. 分区的原因

①不分区水压过高，打开水龙头会水花四溅，使用不便。

②不分区水压过高，开关水龙头时会产生水锤现象。由于水压波动，造成管道振动产生噪声，进而引起管道松动漏水，甚至损坏。

③不分区水压过高，使水龙头、阀门等容易磨损，缩短使用寿命，增加维修工作量。一般来说，最不利卫生器具配水点处的静水压力不宜大于 0.45MPa，且最大不得大于 0.55MPa。

2. 分区原则

①常用的住宅、旅馆、医院等，其最低卫生器具的静水压力为 0.3 ~ 0.35MPa。

②常用的办公楼、商业楼、教学楼等宜为 0.35 ~ 0.45MPa。

③高层建筑生活给水系统的竖向分区，应根据使用要求、设备材料性能、维护管理条件、建筑高度等综合因素合理确定。一般最低卫生器具配水点处的静水压力不宜大于 0.45MPa，且最大不得大于 0.55MPa。

3. 目前我国高层建筑常用的给水方式

（1）并联给水方式

并联水泵、水箱给水方式是每一分区分别设置一套独立的水泵和高位水箱向各区供水。其水泵一般集中设置在建筑的地下室或底层。

这种方式的优点是各区自成一体，互不影响；水泵集中，管理维护方便；运行动力费用较低。缺点是水泵数量多，耗用管材较多，设备费用偏高；分区水箱占用楼房空间多；有高压水泵和高压管道。

（2）串联给水方式

串联给水方式是水泵分散设置在各区的楼层之中，下一区的高位水箱兼作上一区的贮水池。

这种方式的优点是无高压水泵和高压管道；运行动力费用经济。其缺点是水泵分散设置，连同水箱所占楼房的平面空间较大；水泵设在楼层，对防振、隔音要求高，且管理维护不方便；若下部发生故障，将影响上部的供水。

（3）减压给水方式

减压水箱给水方式是由设置在底层（或地下室）的水泵将整幢建筑的用水量提升至屋顶水箱，然后再分送至各分区水箱，分区水箱起到减压的作用。

这种方式的优点是水泵数量少，水泵房面积小，设备费用低，管理维护简单；各分区减压水箱容积小。其缺点是水泵运行动力费用高；屋顶水箱容积大；建筑物高度大、分区较多时，下区减压水箱中浮球阀承压过大，易造成关闭不严的现象；上部某些管道部位发生故障时，将影响下部的供水。

减压阀给水方式的工作原理与减压水箱给水方式相同，不同之处是用减压阀代替减压水箱。

三、建筑给水系统常用管材

室内给水管材分为金属和非金属两大类，总的要求有三个方面：一是要有一定的机械强度和刚度；二是管材内外表面光滑，水力条件好；三是易加工，且有一定的耐腐蚀能力。在保证质量的前提下，应选择价格低廉、货源充足、供货近便的管材。

（一）塑料管给水管材

随着我国科学技术和生产工艺的不断提高，塑料类新型管材不断涌现，目前常用的有聚氯乙烯管（UPVC）、聚乙烯管（PE）[包括高密度聚乙烯管（HDPE）和交联聚乙烯管（PEX）]、聚丙烯管（PP）、改性聚丙烯管（PPR）、聚丁烯管（PB）和工程塑料管（ABS）。

塑料管具有良好的化学稳定性，耐腐蚀，不受酸、碱、盐、油类等物质的侵蚀；物理机械性能也很好，不燃烧、无不良气味、质轻且坚，比重仅为钢的五分之一，运输安装方便；管壁光滑，水流阻力小；容易切割，还可制造成各种颜色。当前，已有专供输送热水使用的塑料管，其使用温度可达 95℃。为防止管网水质污染、减轻劳动强度、节约钢材。

（二）给水铸铁管

给水铸铁管与钢管相比，有不易腐蚀、造价低、使用期长等优点。因此，在管径大于 75mm 的给水管中应用较广，常敷设于地下，其主要缺点是性脆、重量大、长度小。

我国生产的给水铸铁管有低压管（≤0.45MPa）、普压管（≤0.75MPa）、高压管（≤1.0MPa）三种。室内给水管道一般使用普压给水铸铁管，实际选用时应根据管道的工作压力来确定。其规格（按公称直径）有 75mm、125mm、150mm、200mm 等。

（三）其他管材

1. 铜管

铜管不易被污染，光亮美观、使用寿命长、配套齐全。我国几十年的使用情况验证其效果优良，但管材价格较高，现在多用于宾馆等较高级的建筑冷热水供应中。

2. 铝塑复合管

铝塑复合管是中间以铝合金为骨架、内外壁均为聚乙烯等塑料的管道。它除具有塑料管的优点外，还有耐压强度好、耐热、可挠曲、接口少、安装方便、美观等优点。目前，管材规格大多为 DN15～50，多用于建筑给水系统和热水系统中。

3. 钢塑复合管

钢塑复合管有衬塑和涂塑两类，兼有钢管强度高和塑料管耐腐蚀，保持水质的优点。它广泛应用于高层建筑中，但要特别注意钢、塑热胀冷缩问题。

四、管道附件及设备

管道附件分为配水附件和控制附件两类。它在系统中起调节水量、水压，控制水流方向和关断水流等作用。

（一）配水附件

配水附件的作用是开启、关闭水流和部分调节水流量。

1. 普通水龙头

截止阀式配水龙头，一般安装在洗涤盆、污水盆、盥洗槽上。该龙头阻力较大，其橡胶衬垫容易磨损而漏水。铸铁式该种水龙头属逐步淘汰队列。瓷片式配水龙头，采用陶瓷片阀芯代替橡胶衬垫，解决了普通水龙头的漏水问题，是铸铁式配水龙头的替代产品。

旋塞式配水龙头，该龙头旋转 90° 即完全开启，可在短时间内获得较大流量，阻力也较小；缺点是易产生水击，适用于用水量较大的浴池、洗衣房、开水间等处。

2. 盥洗龙头

盥洗龙头装设在洗脸盆上用于开闭冷热水，有莲蓬头式、鸭嘴式、角式、长脖式等多种形式。

3. 混合龙头

混合龙头以冷热水调节为目的，供盥洗、洗涤、沐浴等使用。该类产品式样繁多，质量、价格悬殊较大。

（二）控制附件

控制附件是指系统中的各种阀门，主要用于管道中的流量调节、开闭水流和控制水流方向等。

室内给水工程中常用的阀门如下：

1. 截止阀

截止阀是最常用的阀门之一，一般用于 DN ≤ 50mm 的管道上。它具有方向性，因此，安装时应使阀门上的"箭头"与管道水流方向一致，即"低进高出"。截止阀结构简单，密封性能好，检修方便；但水流通过时，阻力较大。

2. 闸阀

闸阀又称"水门"，属全开全闭型阀门，应尽量不作调节流量之用。这是最常用的阀门之一，一般用于 DN ≥ 70mm 的管道上。闸阀流体阻力小，安装没有方向性的要求，但闸板易擦伤而影响密封性能，还易被杂质卡住造成开闭困难。

3. 止回阀

止回阀又称单向阀、逆止阀，用来阻止水流的逆向流动。如用于水泵出口的压水管路上，防止停泵时水倒流造成对水泵、电机的损害。常用的止回阀主要有升降式和旋启式两种类型。前者水流阻力较大，宜用于小管径的水平管道上；后者在水平、垂直管道上均可设置，它启闭迅速，但易引起水击，不宜在压力大的管道系统中采用。

4. 浮球阀

浮球阀是一种用以自动控制水池、水箱水位的阀门，防止溢流浪费的设备。其缺点是体积较大，阀芯易卡住引起关闭不严而溢水。与浮球阀功用相同的还有液压水位控制阀，它克服了浮球阀的弊端，是浮球阀的升级换代产品。

5. 减压阀

减压阀的作用是降低水流压力。在中高层建筑中使用它，可以简化给水系统，减少水泵数量或减压水箱，可增加建筑的使用面积，降低投资，防止水质的二次污染。常用的有弹簧式减压阀和活塞式减压阀（也称比例式减压阀）。

减压阀选用注意事项：

①蒸汽减压阀的阀前与阀后压力之比不应超过 5 ~ 7，超过时应串联安装 2 个。

②如阀后蒸汽压力较小，通常宜采用两级减压，以减少噪声和振动。

③活塞式减压阀的阀后压力不应小于 100kPa，如必须减至 70kPa 以下时，应在活塞式减压阀后增设波纹管式减压阀或截止阀进行两次减压。

④当阀前与阀后的压差值为 100 ~ 200kPa 时，可串联安装两个截止阀进行减压。

⑤减压阀产品样本中列出的阀孔面积值，一般指其最大截面积，实际流通面积将小于此值，故按计算（或查表）得出的阀孔面积选用减压阀时，应适当留有余地。

⑥选用蒸汽或压空减压阀时，除注明其型号、规格外，还应注明阀前后压差值及安全阀的开启压力，以便厂家合理配备弹簧。

（三）水表

水表是一种计量建筑物用水量的仪表。室内给水系统中广泛采用流速式水表。流速式水表是根据管径一定时，通过水表的水流速度与流量成正比的原理来测量的。水流通过水表时推动翼轮旋转，翼轮轴传动一系列联动齿轮（减速装置），再传递到记录装置，在刻度盘指针指示下便可读到流量的累积值。

流速式水表按叶轮构造不同，分为旋翼式和螺翼式。旋翼式的翼轮转轴与水流方向垂直，水流阻力较大，多为小口径水表，宜用于测量小的流量。螺翼式的翼轮转轴与水流方向平行，阻力较小，适用于测量大流量，为大口径水表。复式水表是旋翼式和螺翼式的组合形式，在流量变化很大时采用。流速式水表按计数机件所处的状态又分为干式和湿式两种。

水表的特性参数如下：

①流通能力：水流通过水表产生 10kPa 水头损失时的流量。

②特性流量：水表中产生 100kPa 水头损失时的流量值。

③最大流量：只允许水表在短时间内承受的上限流量值。

④额定流量：水表可以长时间正常运转的上限流量值。

⑤最小流量：水表能够开始准确指示的流量值，是水表正常运转的下限值。

⑥灵敏度：水表能够开始连续指示的流量值。

确定水表类型应当考虑的因素有水温、工作压力、水量大小及其变化幅度、计量范围、管径、工作时间、单向或正逆向流动、水质等。一般管径≤50mm时，应采用旋翼式水表；管径＞50mm时，应采用螺翼式水表；当流量变化幅度很大时，应采用复式水表；计量热水时，宜采用热水水表；一般情况下，应优先采用湿式水表。

（四）水泵

水泵是给水工程中最主要的增压设备，一般采用离心泵。离心泵具有结构简单、体积小、效率高、运转平稳等优点，故在建筑设备工程中得到广泛应用。离心泵装置由泵壳、泵轴、叶轮、吸水管、压水管等部分组成。

1. 离心泵的工作过程

首先从加水漏斗处向水泵内充满水，启动水泵叶轮高速转动，在离心力的作用下，叶片槽道中的水从叶轮中心被甩向泵壳，使水获得动能。由于泵壳的断面是逐渐扩大的，所以水进入泵壳后流速逐渐减小，部分动能转化为压能，因而泵出口处的水便具有较高的压力，流入压水管路。在水被甩走的同时，水泵中心及进口处形成真空，由于大气压力的作用，将吸水池中的水通过吸水管压向水泵进口，进而流入泵体。由于电动机带动叶轮连续地运转，即可不断地将水压送到各用水点或高位水箱。

2. 水泵流量的确定

在生活、生产给水系统中，当无水箱调节时，其流量均应按设计秒流量确定；当有水箱调节时，水泵流量应按最大小时流量确定；当调节水箱容积较大且用水量均匀时，水泵流量可按平均小时流量确定。消防水泵的流量应按室内消防设计水量确定。

3. 水泵机组的布置

①水泵机组一般设置在水泵房内，泵房要求防震、防噪声，并有良好的通风、采光、防冻和排水条件；其布置要便于起吊设备，布置间距要便于检修时拆卸和放置泵体、电机。

②每台水泵一般应设独立的吸水管，且应管顶平接；水泵装置宜设计成自控运行方式，消防泵应设计成自灌式，生活、生产水泵尽可能设计成自灌式。自灌式水泵的吸水管上应装设阀门。在不可能设计成自灌式时，水泵均应设置引水装置；每台水泵的出水管上应装设阀门、止回阀和压力表，并宜有防水击措施。

水泵正常运行对于吸水管路的基本要求是不漏气、不积气、不吸气，但在实际管路布置及施工时往往忽视了某些局部做法，导致水泵不能完全正常运行。

③水泵基础应高出地面0.1～0.3m；与水泵连接的管道应力求短、直，吸水管内的流速宜控制在1.1～1.2m/s范围内，出水管内的流速宜控制在1.5～2.0m/s范围内，且应在出水管上安装闸阀和止回阀。

④应尽量选用低噪声水泵，水泵基座下宜安装橡胶隔振垫、橡胶隔振器、橡胶减振

器、弹簧减振器等隔振减振装置。在水泵进出水管上宜安装可曲挠橡胶接头。管道支架宜采用弹性吊架、弹性托架。基础隔振、管道隔振和支架隔振三者必须配齐，其中，隔振垫的面积、层数、个数和可曲挠接头的数量必须经过计算。管道穿墙或楼板处，应有防振措施，其孔口外径与管道间宜填以玻璃纤维。隔振为主、吸音为辅是水泵隔振的原则；但在有条件和必要时，建筑上可采取隔振和吸音措施。如泵房采用双层玻璃窗，门和墙面、顶棚安装多孔吸音板等。

（五）气压给水设备

气压给水设备是利用密闭贮罐内空气的可压缩性，将其设计放置在给水系统中，进行贮存、调节、压送水量和保持水压的装置，其作用相当于高位水箱或水塔。

气压给水设备一般由气压罐、水泵、空气压缩机、控制系统、管路系统等组成。

1. 补气变压式气压给水设备

当用户允许供水压力有一定波动时，宜采用这种方式，这也是给水系统中常用的一种方式。

当罐内压力较小时，水泵向室内给水系统加压供水。水泵出水除供用户使用外，多余部分进入气压罐，罐内水位上升，空气被压缩。当压力达到较大时，水泵停止工作，用户所需的水由气压罐提供。随着罐内水量的减少，空气体积膨胀，压力逐渐降低，当压力降至较小时，水泵再次启动。如此往复，实现供水目的。

2. 补气定压式气压给水设备

在用户要求水压稳定时，可在变压式气压给水装置的供水管上安装压力调节阀。调节后，水压维持在要求范围内，使管网在恒压下工作。

上述两种补气装置的进气口均应设空气过滤装置，以防水质污染。

3. 隔膜式气压给水设备

隔膜式气压给水设备是在气压水罐中设置胶质弹性隔膜，将气水分离，既使气体不会溶于水中，又使水质不易被污染，补气装置也就不需设置，从而减少了机房面积，节约了基建投资。

（六）贮水池

贮水池可布置在室内地下室或室外泵房附近，但必须远离化粪池、厕所、厨房等卫生环境不良的房间，且应有防污染的技术措施；消防用水与生活、生产用水合用一个贮水池时，应有保证消防贮水不被动用的措施；昼夜用水的建筑物贮水池和贮水池容积大于 500m3 时，应分成两格，以便清洗、检修。建筑物内的生活用贮水池应采用独立结构形式，且要满足不得利用建筑物的本体结构作为水池（箱）的壁板、底板及顶盖。

贮水池进出水管设计应使水池内水经常流动，无死水区；溢流管宜比进水管大一号；贮水池的设置高度应有利于水泵自吸；贮水池还应设置放空管、人孔、通气管和水位信号装置，但必须保证避免污物、飞虫、小动物进入池内，造成水质污染。

（七）吸水井

当不需要设置贮水池而室外管网又不允许直接抽水时，宜设置吸水井。吸水井的容积应大于最大一台水泵 3 分钟的出水量。吸水井可设在室内底层或地下室，也可设在室外地下或地上，对于生活用吸水井，应有防污染的措施。吸水井的尺寸应满足吸水管的布置、安装和水泵正常工作的要求。

（八）水箱

水箱按用途分为高位水箱、减压水箱、冲洗水箱、断流水箱等多种类型，每种又有圆形、矩形两种。水箱按材质分为钢筋混凝土、钢板、不锈钢、玻璃钢和塑料等多种材质水箱。这里主要介绍常用的高位水箱。

1. 水箱的配管与附件

进水管：进水管一般由水箱侧壁接入。当水箱直接利用室外管网压力进水时，进水管出口应装设液压水位控制阀或浮球阀，进水管上还应装设检修用的阀门。当管径 ≥ 50mm 时，液压水位控制阀（或浮球阀）不少于 2 个。从侧壁进入的进水管其中心距箱顶应有 150 ~ 200mm 的距离。当水箱由水泵供水，并利用水位升降自动控制水泵运行时，不应装设液压水位控制阀或浮球阀。进水管的管径可按水泵出水量或管网设计秒流量确定。

出水管：出水管可从侧壁或底部接出，出水管内底或管口应高出水箱内底 50mm 以上；出水管不宜与进水管在同一侧面；水箱进出水管宜分别设置；如合用一根管道则应在出水管上装设阻力较小的旋启式止回阀，止回阀的标高应低于水箱最低水位 1.0m 以下；消防和生活合用的水箱除了确保具有消防贮备水量不作他用的技术措施外，还应尽量避免产生死水区。出水管管径应按设计秒流量确定。

溢流管：水箱溢流管可从水箱底部或侧壁接出，溢流管的进水口应高出水箱最高水位 20 ~ 30mm，溢流管上不允许设置阀门，溢流管出口应设网罩，管径应比进水管大一级。

泄水管：也叫放空管，主要是为了检修、清洗水箱之用。泄水管应自底部接出，管上应装设闸阀，其出口可与溢水管相接，但不得与排水系统直接相连，其管径为 40 ~ 50mm。

水位信号装置：该装置是反映水位控制阀失灵报警的装置。可在溢流管口下 10mm 设信号管，一般自水箱侧壁接出，常用管径为 15 ~ 20mm，其出口接至经常有人值班的房间内的洗涤盆上。

通气管：供生活饮用贮水的水箱，当贮量较大时，宜在箱盖上设通气管，以便箱内空气流通。其管径一般 > 50mm，管口应朝下并设网罩。

人孔：为便于清洗、检修，箱盖上应设人孔。

2. 水箱容积

水箱容积应根据水箱进出水量变化曲线确定，但此曲线资料获取很难，一般按经验估算。对于生活用水的调节水量，如水泵自动运行时，可按最高日用水量的 5% ~ 10%

计算，如水泵为人工操作时，可按最高日用水量的 12% 计算；单设水箱的给水方式，生活用水的调节水量可按最高日用水量的 50% ~ 100% 计算（最高日用水量小的建筑物）或 25% ~ 30% 计算（最高日用水量大的建筑物）；生产事故备用水量应按工艺要求确定；当生活和生产调节水箱兼作消防用水贮备时，水箱的有效容积除包括生活或生产调节水量外，还应包括 10 分钟的室内消防设计流量（这部分水量平时不能动用）。

水箱内的有效水深一般采用 0.70 ~ 2.50m。水箱的保护高度一般为 200m。

3. 金属水箱的安装

用槽钢梁或钢筋混凝土支墩支承。为防止水箱底与支承的接触面腐蚀，要在它们之间垫以石棉橡胶板、橡胶板或塑料板等绝缘材料。水箱底距地面宜有不小于 800mm 的净空高度以便安装管道和进行检修。

第二节　建筑给水系统施工技术

一、室内给水管道的布置与敷设

给水管道的布置与敷设，除须满足自身要求外，还要充分了解该建筑物的建筑功能和结构情况，做好与建筑、结构、暖通及电气等专业的配合，避免管线的交叉、碰撞，以便于工程施工和今后的维修管理。

（一）室内给水管道的布置

1. 给水管道的布置原则

①满足良好的水力条件，确保供水的可靠性，力求经济合理。要求干管应尽可能靠近大用水户，管道的布置应力求短而直，尽可能与墙、梁、柱、桁架平行。

②保证建筑物的使用功能和生产安全。要求管道布置不能妨碍生产安全，管道不得穿过配电间，不得布置在遇水易燃、爆、损的设备和原材料上方。

③保证给水管道的正常使用。

④便于管道的安装与维修。

2. 给水管道的布置形式

给水管道的布置按供水可靠程度要求可分为枝状和环状两种形式。前者单向供水，供水安全可靠性差，但节省管材，造价低；后者管道相互连通，双向供水，安全可靠，但管线长，造价高。一般建筑内给水管网宜采用枝状布置，高层建筑采用环状布置。按水平干管的敷设位置又可分为上行下给、下行上给和中分式三种形式。干管设在顶层天花板下、吊顶内或技术夹层中，由上向下供水的为上行下给式，适用于设置高位水箱的居住与公共建筑和地下管线较多的工业厂房；干管埋地、设在底层或地下室中，由下向上供水的为下行上给式，适用于利用室外给水管网水压直接供水的工业与民用建筑；水平干管设在中间技术层内或中间某层吊顶内，由中间向上、下两个方向供水的为中分式，适用于屋顶用作露天茶座、舞厅或设有中间技术层的高层建筑。同一幢建筑的给水管网也可同时兼有以上两种形式。

（二）给水管道的敷设

1. 给水管道的敷设形式

给水管道的敷设有明装、暗装两种形式。明装即管道外露，其优点是安装维修方便，造价低；但外露的管道影响美观，表面易结露、积尘。明装一般用于对卫生、美观没有特殊要求的建筑。暗装即管道隐蔽，如敷设在管道井、技术层、管沟、墙槽、顶棚或夹壁墙中，直接埋地或埋在楼板的垫层里。其优点是管道不影响室内的美观、整洁，但施工复杂、维修困难，造价高，适用于对卫生、美观要求较高的建筑，如宾馆、高级公寓和要求无尘、洁净的车间、实验室、无菌室等。

2. 给水管道的敷设要求

（1）引入管

引入管宜从建筑物用水量最大处引入，如为建筑采暖地区可考虑从采暖地沟引入。否则引入管进入建筑内有两种情况：一种是从建筑物的浅基础下通过；另一种是穿越承重墙或基础，预留洞口应大于引入管直径 200mm。在地下水位高的地区，引入管穿地下室外墙或基础时，应采取防水措施，如设防水套管等。

室外埋地引入管要防止地面活荷载和冰冻的影响，其管顶覆土厚度不宜小于 0.7m. 并应敷设在冰冻线以下 0.2m 处，建筑内埋地管在无活荷载和冰冻影响时，其管顶离地面高度不宜小于 0.3m。引入管与其他进出建筑物的管线应保持一定的水平距离。

（2）室内管道

给水横管穿承重墙或基础、立管穿楼板时均应预留孔洞。暗装管道在墙中敷设时，也应预留墙槽，以免临时打洞、刨槽，影响建筑结构强度。管道预留洞和墙槽的尺寸详见相关设计手册。横管穿过预留洞时，管顶上部净空不得小于建筑物的沉降量，以保护管道不致因建筑沉降而损坏，其净空一般不小于 0.15m。

横管宜有 0.002 ~ 0.005 的坡度坡向泄水装置；给水管道与其他管道同沟或共架敷设时，宜敷设在排水管、冷冻管的上面或热水管、蒸汽管下面。

管道在空间敷设时，必须采取固定措施，以确保施工方便与安全供水。

明装的复合管管道、塑料管管道也需安装相应的固定卡架，塑料管道的卡架相对密集一些。各种不同的管道有不同的要求，使用时，请按生产厂家的施工规程进行安装。

（三）给水管道防护

1. 防腐蚀

金属管道都要进行防腐蚀处理，以延长管道的使用寿命。常见的防腐做法是管道除锈后，在外壁涂刷防腐涂料。明装的非镀锌钢管、铸铁管除锈后，外刷防锈漆二遍、银粉漆二遍；镀锌钢管外刷银粉漆二遍；暗装和埋地金属管外刷冷底子油一遍、沥青漆二遍。对防腐要求高的金属管做沥青防腐层处理。

2. 防冻害

管道中充满了水，当明装或部分暗装的管道处在0℃以下的环境中时，由于水结冰膨胀，极易冻裂管道，为保证使用安全，应当采取保温措施。一般的做法是在做好防腐处理后，再包扎岩棉、玻璃棉、矿渣棉、珍珠岩、石棉和水泥蛭石等一定厚度的保温材料做保温层，外面再做防潮层和保护层。

3. 防结露

在夏季，当空气中的湿度较大或在空气湿度较大的房间内，空气中的水分会在温度较低的管道上凝结成水，附着在管道表面，严重时会产生滴水，造成管道腐蚀、墙地面潮湿等危害。因此，在这种场所就应当采取防腐措施（具体做法与保温做法相同）。

二、建筑给水系统管道的施工安装

建筑内部给水排水管道及卫生器具的施工一般在土建主体工程完成、内外墙装饰前进行。为了保证施工质量，加快施工进度，施工前应熟悉和会审施工图纸及制订各种施工计划。要密切配合土建部门，做好预留各种孔洞、支架预埋、管道预埋等施工准备工作。

（一）施工准备与配合土建施工

1. 建筑给水系统管道的施工准备

建筑给排水管道工程施工的主要依据是施工图纸及全国通用给排水标准图，在施工中还必须严格执行现行国家标准的操作规程和质量标准。施工前必须熟悉施工图纸，由设计人员向施工技术人员进行技术交底，说明设计意图、设计内容和对施工质量的要求等。应使施工人员了解建筑结构及特点、生产工艺流程、生产工艺对给排水工程的要求，管道及设备布置要求，以及有关加工件和特殊材料等。

设计图纸包括给排水管道平面图、剖面图、给排水系统图、施工详图及节点大样图等。在熟悉图纸的过程中，必须弄清室内给排水管道与室外给排水管道连接情况，包括室外给排水管道走向、给水引入管和排水排出管的具体位置、相互关系、管道连接标高、水表井、阀门井和检查井等的具体位置，以及管道穿越建筑物基础的具体做法；弄清室内给排水管道的布置，包括管道的走向、管径、标高、坡度、位置及管道与卫生器具或生产设备的连接方式；搞清室内给排水管道所用管材、配件、支架的材料和形式，卫生器具、消防设备、加热设备、供水设备、局部污水处理设施的型号、规格、数量和施工要求；还要搞清建筑的结构、楼层标高、管井、门窗洞槽的位置等。

施工前，要根据工程特点、材料设备到货情况、劳动机具和技术状况，制订切实可行的施工组织设计，用以指导施工。

施工班组根据施工组织设计的要求，做好材料、机具以及现场临时设施及技术上的准备，必要时到现场根据施工图纸进行实地测绘，画出管道预制加工草图。管道预制加工草图一般采用轴测图形式，在图上要详细标注管道中心线间距、各管配件间的距离、管径、标高、阀门位置、设备接口位置、连接方法，同时画出墙、柱、梁等的位置。根据管道加工草图可以在管道预制场或施工现场进行预制加工。

2. 配合土建施工

建筑给排水管道施工与土建关系非常密切，尤其是高层建筑给排水管道的施工，配合上建施工更为重要。为了保证整个工程的质量，加快施工进度，减少安装工程打洞及土建单位补洞工作量，防止破坏建筑结构，确保建筑物安全，在土建施工过程中，宜密切配合土建施工进行预埋支架或预留孔洞，减少现场穿孔打洞工作。

（1）现场预埋法

现场预埋的优点是可以减少留洞、留槽或打洞的工作量，但对施工技术要求较高，施工时必须弄清楚建筑物各部尺寸，预埋要准确。适合于建筑物地下管道、各种现浇钢筋混凝土水池或水箱等的管道施工。

（2）现场预留法

现场预留的优点是避免了土建与安装施工的交叉作业以及安装工程面狭窄所造成的窝工现象。它是建筑给排水管道工程施工中常用的一种方法。

为了保证预留孔洞的正确，在土建施工开始时，安装单位应派专人根据设计图纸的要求，配合土建预留孔洞，土建在砌筑基础时，可以按设计图纸给出的尺寸预留孔洞。土建浇筑楼板之前，较大孔洞的预留应用模板围出；较小孔洞一般用短圆木或竹筒牢牢固定在楼板上；预埋的铁件可用电焊固定在图纸所设计的位置。无论采用何种方式预留预埋，均须固定牢靠，以防浇捣混凝土时移动错位，确保孔洞大小和平面位置的正确。立管穿楼板预留孔洞尺寸可按有关规定进行预留。给水排水立管距墙的距离可根据卫生器具样本以及管道施工规范确定。

（3）现场打洞法

这种施工方法的优点是方便管道工程的全面施工，避免了与土建施工交叉作业，通过运用先进的打洞机具，如冲击电钻（电锤），使得打洞工作既快又准确。它是一般建筑给排水管道施工的常用方法。

施工现场是采取管道预埋、孔洞预留还是现场打洞方法，一般根据建筑结构要求、土建施工进度和工期、安装机具配置、施工技术水平等确定。施工时，可视具体情况，决定采用哪种方式。

（二）建筑给水系统管道安装

建筑给水管道所用的管材、配件、阀门等应根据施工图的设计选用。

建筑给水管道安装顺序：引入管→干管→立管→支管→水压试验合格→卫生器具或用水设备或配水器具→竣工验收。

1. 引入管的安装

建筑物的引入管一般只设一条管，布置的原则是引入管应靠近用水量最大或不允许间断供水的地方，这样可以使大口径管道最短，供水比较可靠；当用水点分布比较均匀时，可从建筑物的中部引入，这样可使水压平衡。当建筑物内用水设备不允许间断供水或消火栓设置总数在 10 个以上时，可设置两条引入管，一般应从室外管网的不同侧引入。

引入管安装时，应尽量与建筑物外墙轴线相垂直，这样穿过基础或外墙的管段最短。引入管的安装，大多为埋地敷设，埋设深度应满足设计要求，如设计无要求，须根据当地土壤冰冻深度及地面载荷情况，参照室外给水接管点的埋深而定。

引入管穿过承重墙或基础时，必须注意对管道的保护，防止基础下沉而破坏管子。引入管安装宜采取管道预埋或预留孔洞的方法。引入管敷设在预留孔洞内或直接进行引入管预埋，均要保证管顶距孔洞壁距离不小于 150mm。预留孔与管道间空隙用黏土填实，两端用水泥砂浆封口。

引入管上设有阀门或水表时，应与引入管同时安装，并做好防护设施，防止损坏。

引入管敷设时，为便于维修时将室内系统中的水放空，其坡度应不小于 0.003，坡向室外。

当有两条引入管在同一处引入时，管道之间净距应不小于 0.1m，以便安装和维修。

2. 建筑内部给水管道的安装

建筑内部给水管道的安装方法有直接施工和预制化施工两种。直接施工是在已建建筑物中直接实测管道、设备安装尺寸，按部就班进行施工的方法。这种施工方法较落后，施工进度较慢。但由于土建结构尺寸不甚严密，安装时宜在现场根据不同部位实际尺寸测量下料，建筑物主体工程用砌筑法施工时常采用这种方法。预制化施工是在现场安装之前，按建筑内部给水系统的施工安装图和土建有关尺寸预先下料、加工、部件组合的施工方法。这种方法要求土建结构施工尺寸准确，预留孔洞及预埋套管、铁件的尺寸和位置无误（为此现在常采用机械钻孔而不必留孔）。这种方法还要求施工安装人员下料、加工技术水平高，准备工作充分。这种方法可提高施工的机械化程度，加快现场安装速度，保证施工质量，降低施工成本，是一种比较先进的施工法。随着建筑物主体工程采用预制化、装配化施工以及整体式卫生间等的推广使用，给排水系统实行预制化施工会越来越普遍。

这两种施工方法都需进行测线，只不过前者是现场测线，后者是按图测线。给水设计图只给出了管道和卫生器具的大致平面位置，所以测线时必须有一定的施工经验，除了熟悉图纸外，还必须了解给水工程的施工及验收规范、有关操作规程等，才能使下料尺寸准确，安装后符合质量标准的要求。

测线计量尺寸时经常要涉及下列几个尺寸概念：

①构造长度管道系统中两零件或设备中心线之间（轴）的长度。如两立管之间的中心距离，管段零件与零件之间的距离等。

②安装长度零件或设备之间管子的有效长度。安装长度等于构造长度减去管子零件或接头装配后占去的长度。

③预制加工长度管子所需实际下料尺寸。对于直管段，其加工长度就等于安装长度。

对于有弯曲的管段，其加工长度不等于安装长度，下料时要考虑煨弯的加工要求来确定其加工长度。法兰连接时确定加工长度应注意扣去垫片的厚度。

安装管子主要解决切断与连接、调直与弯曲两对矛盾。将管子按加工长度下料，通过加工连接成符合构造长度要求的管路系统。

测线计量尺寸首先要选择基准，基准选择正确，配管才能准确。建筑内部给排水管道安装所用的基准为水平线、水平面和垂直线、垂直面。水平面的高度除可借助土建结构，如地坪标高、窗台标高外，还须用钢卷尺和水平尺，要求精度高时用水准仪测定。角度测量可用直角尺，要求精度高时用经纬仪。决定垂直线一般用细线（绳）或尼龙丝及重锤吊线，放水平线时用细白线（绳）拉直即可。安装时应弄清管道、卫生器具或设备与建筑物的墙、地面的距离以及竣工后的地坪标高等，保证竣工时这些尺寸全面符合质量要求。如墙面未抹灰就安装管道时，则应留出抹灰厚度。

通过实测确定了管道的构造长度，可以用计算法和比量法确定安装长度。根据管配件、阀门的外形尺寸和装入管配件、阀门内螺纹长度，计算出管段的安装长度，此为计算法。比量下料法是在施工现场按照测得的管道构造长度，用实物管配件或阀门比量的方法直接决定管子的加工长度，在管上做好记号，然后进行下料。

3. 室内给水管道的安装

室内给水管道，根据建筑物的结构形式、使用性质和管道工作情况，可分为明装和暗装两种安装形式。

明装管道在安装形式上，又可分为给水干管、立管及支管均为明装，以及给水干管、立管及支管部分明装两种。暗装管道就是给水管道在建筑物内部隐蔽敷设。在安装形式上，常将暗装管道分为全部管道暗装和供水干管、立管及支管部分暗装两种。

（1）给水干管安装

明装管道的给水干管安装位置，一般在建筑物的地下室顶板下或建筑物的顶层顶棚下。给水干管安装之前应将管道支架安装好。管道支架必须装设在规定的标高上，一排支架的高度、形式、离墙距离应一致。为减少高空作业，管径较大的架空敷设管道，应在地面上进行组装，将分支管上的三通、四通、弯头、阀门等装配好，经检查尺寸无误，方可进行吊装。吊装时，吊点分布要合理，尽量不使管子过分弯曲。在吊装中，要注意操作安全。各段管子起吊安装在支架上后，立即用螺栓固定好，以防坠落。

架空敷设的给水管，应尽量沿墙、柱子敷设，大管径管子装在里面，小管径管子装在外面，同时管道应避免对门窗的开闭产生影响。干管与墙、柱、梁、设备以及另一条干管之间应留有便于安装和维修的距离，通常管道外壁距墙面不小于100mm，管道与梁、柱及设备之间的距离可减少到50mm。

暗装管道的干管一般设在设备层、地沟或建筑物的顶棚里，或直接敷设于地面下。当敷设在顶棚里时，应考虑冬季的防冻、保温措施；当敷设在地沟内时，不允许直接敷设在沟底，应敷设在支架上。直接埋地的金属管道，应进行防腐处理。

管道穿越结构伸缩缝、抗震缝及沉降缝敷设时，应根据情况采取保护措施。

（2）给水立管安装

给水立管安装之前，应根据设计图纸弄清各分支管之间的距离、标高、管径和方向，应十分注意安装支管的预留口的位置，确保支管方向坡度的准确性。明装管道立管一般设在房间的墙角或沿墙、梁、柱敷设。立管外壁至墙面净距：当管径 DN ≤ 32mm 时，应为 25 ~ 35mm；当管径 DN > 32mm 时，应为 30 ~ 50mm。明装立管应垂直，其偏差每米不得超过 2mm；高度超过 5m 时，总偏差不得超过 8mm。

给水立管管卡安装，层高小于或等于 5m，每层须安装 1 个；层高大于 5m，每层不得少于 2 个。管卡安装高度，距地面为 1.5 ~ 1.8m，2 个以上管卡可均匀安装。

立管穿楼板应加钢制套管，套管直径应大于立管 1 ~ 2 号，套管可采取预留或现场打洞安装。安装时，套管底部与楼板底部平齐，套管顶部应高出楼板地面 10 ~ 20mm，立管的接口不允许设在套管内，以免维修困难。

如果给水立管出地坪设阀门时，阀门应设在地坪 0.5m 以上，并应安装可拆卸的连接件（如活接头或法兰），以便于操作和维修。

暗装管道的立管，一般设在管道井内或管槽内，采用型钢支架或管卡固定，以防松动。设在管槽内的立管安装一定要在墙壁抹灰前完成，并应做水压试验，检查其严密性。各种阀门及管道活接件不得埋入墙内，设在管槽内的阀门，应设便于操作和维修的检查门。

（3）横支管安装

横支管的管径较小，一般可集中预制、现场安装。明装横支管，一般沿墙敷设，并设 0.002 ~ 0.005 的坡度坡向泄水装置。横支管安装时，要注意管子的平直度，明装横支管绕过梁、柱时，各平行管上的弧形弯曲部分应平行。水平横管不应有明显的弯曲现象，其弯曲的允许偏差为：管径 DN ≤ 100mm，每 10m 为 5mm；管径 DN > 100mm 时，每 10m 为 10mm。

冷、热水管上下平行安装，热水管应在冷水管上面；垂直并行安装时，热水管应装在冷水管左侧，其管中心距为 80mm。在卫生器具上安装冷、热水龙头时，热水龙头应装在左侧，冷水龙头应装在右侧。

横支管一般采用管卡固定，固定点一般设在配水点附近及管道转弯附近。

暗装的横支管敷设在预留或现场剔凿的墙槽内，应按卫生器具接口的位置预留好管口，并应加临时管堵。

（三）给水系统水压试验

建筑内部给水系统，一般要进行水压试验。试压的目的，一是检查管道及接口强度，二是检查接口的严密性。建筑内部暗装、埋地给水管道应在隐蔽或填土之前做水压试验。

1. 试压设备与装置

水压试验设备按所需动力装置分为手摇式试压泵与电动式试压泵两种。给水系统较小或局部给水管道试压，通常选择手摇式试压泵；给水系统较大，通常选择电动式试压泵。水压试验采用的压力表必须校验准确；阀门要启闭灵活，严密性好；保证有可靠的水源。

试验前，应对给水系统上各放水处（即连接水龙头、卫生器具上的配水点）采取临时封堵措施，系统上的进户管上的阀门应关闭，各立管、支管上阀门打开。在系统上的最高点装设排气阀，以便试压充水时排气。排气阀有自动排气阀、手动排气阀两种类型。在系统的最低点设泄水阀，当试验结束后，便于泄空系统中的水。

给水管道试压前，管道接口不得做油漆和保温施工，以便进行外观检查。

2. 水压试验压力

建筑内部给水管道系统水压试验压力如设计无规定，按以下规定执行。

给水管道试验压力不应小于 0.6MPa；生活饮用水和生产、消防合用的管道，试验压力应为工作压力的 1.5 倍，但不得超过 1.0MPa。对使用消防水泵的给水系统，以消防泵的最大工作压力作为试验压力。

经验方法：

金属及复合管给水管道系统，在试验压力下观测 10min 内压力降不大于 0.02MPa，然后降至工作压力进行检查，应不渗不漏。

塑料管给水系统，应在试验压力下稳压 1h，压力降不得超过 0.05MPa，然后在工作压力的 1.15 倍状态下稳压 2h，压力降不得超过 0.03MPa，同时检查各连接处，不得渗漏。

（四）冲洗与消毒试验

水压试验合格后，应对系统进行冲洗以清除管道内的铁屑、铁锈、焊渣、尘土及其他污物。冲洗一般使用清洁水，如管道分支较多可分段冲洗。在冲洗管段的最底部设排污口，排污口的截面积不应小于被冲洗管截面积的 60%，排水管应接入可靠的排水井或沟中。冲洗时，以系统内可能达到的最大流量或不小于 1m/s 的流速进行。

冲洗消毒的合格标准如下：

①当设计无规定时，以出口的水色和透明度与入口处目测一致为合格。

②管道第一次冲洗应用清洁水冲洗至出水口水样浊度小于 3NTU（浊度：1L 的水中含 1mg 的 SiO_2）。

③管道第二次冲洗应在第一次冲洗后，用有效氯离子含量不低于 20mg/L 的清洁水（消毒常用的药剂有漂白粉、漂白精和液氯）浸泡 24h 后，再用清洁水进行第二次冲洗，直至水质检测管理部门取样化验合格为止。

三、阀门附件及给水设备安装

（一）安装准备及注意事项

①一般阀门安装前检查：型号、规格应符合设计要求，并有合格证；启闭灵活，阀杆无歪斜；对安装于主干管上的阀门，应逐个做强度和严密性试验，强度和严密性试验压力为阀门出厂规定的压力；非主干管上阀门应每批（同牌号、同规格、同型号）抽查

总数的 10%，且不少于一个，做耐压强度试验，如有漏、裂不合格的应再抽查 20%，仍有不合格的则须逐个试验。

②阀门搬运时，不得随手抛掷。吊装时，严禁绳索拴在手轮或阀杆上。现场保管时，应按型号、规格整齐排列，不得叠压。阀瓣应处于关闭状态，两端敞口应用塑料板或纸板封堵。

③明杆阀门不宜埋地安装。水平管上安装阀门的阀杆应向上或水平安装。立管安装阀门的阀杆朝向和高度应便于巡视、操作和维修。成排阀门安装，阀杆应成一直线，允许偏差 ±3mm。分汽缸、集水罐等处安装的成排阀门，以缸（罐）体上法兰为准。

（二）阀门安装

1. 应注意介质流向

截止阀、升降式止回阀、蝶阀，以阀体箭头所示流向为准；瓣式止回阀在阀瓣旋转轴一端为介质流入口；闸阀、旋塞、球阀等无流向规定。

2. 螺纹连接的阀门

要求管道螺纹为锥形螺纹，且螺纹有效长度稍短；螺纹填料应符合介质性能要求；并在阀门出口后安装活接头；阀门安装时，应用扳手卡住六角体旋转，不可用管子钳。

3. 法兰连接的阀门

相配的法兰类别、规格应与阀门符合；螺栓规格与法兰类别、规格相符；螺栓六角必须均在相配法兰一侧，螺母在阀门法兰一侧；法兰垫片符合介质性能和压力等级要求；紧固螺栓时，必须十字交叉、对称、均匀地分 2 或 3 次拧紧螺母（保证组对法兰的密封面平行和同心；对于铸铁等质脆材料，必须避免强力连接和各螺栓受力不均引起的损坏）。

4. 带操作机构和传动装置的阀门

应在阀门安装好后，再安装操作机构和传动装置，并应进行运行调整，使动作灵活，指示正确。

5. 减压阀安装

应根据设计规定以立式或水平安装。安装应符合如下要求：安装位置，设计无明确规定时，应设置在振动较小，便于操作和检修的地方；减压阀应垂直安装于水平管道上，不得倾斜，并与介质流向一致；介质为蒸汽时，减压阀前泄水短路应接疏水装置排放凝结水；减压阀前后管径、旁通阀管径无设计规定时，应按规定施工，不得任意更改；减压阀安装高度，沿墙设置的离地面 1.2m。若需安装在高处时，应设置永久性操作平台；减压阀介质流入入口前一般均应加装过滤器，以防堵塞失灵。

6. 安全阀安装

安全阀应安装在设计规定的管道或设备上。安装应符合如下要求：安全阀应设置在振动较小，便于检修的地方；安全阀应垂直安装，不得倾斜；与安全阀连接的管道应畅通，进、出口管道的公称管径应不小于安全阀连接口的公称直径。安全阀排出管，介质为蒸汽时，应向上排至室外，离地面2.5m以上；介质为液体时，应向下排放至排水沟或冷却池；安全阀向上排出管内积水时，应在排出管底部接泄水管排至排水沟。安全阀排出管和泄水管上不得安装阀门。

7. 安全阀调试定压要求

安全阀的开启压力、回座压力应由当地有关机构调试定压，并出具调试合格证后方可安装。若需现场调试，开启压力、回座压力按设计规定或有关安全技术监察规程执行。调压时，压力应稳定，启闭试验不少于三次，经当地有关机构检验认可后，重新铅封，并及时填写安全阀调整试验记录。安全阀未调试合格或未经有关部门认可的，不得投入运行。

8. 调压孔板径和安装位置

应按设计规定执行，孔板应平放贴在凹面法兰的内凹平面内，也可安装在活接头中、水嘴和消火栓前，孔板按流向要求，孔板和法兰或其他密封面均应清洗干净，无污垢等影响密封面。

（三）不锈钢水箱安装

1. 水箱的运输

由于单块水箱板的规格为 1000mm × 1000mm、1000mm × 500mm、500mm × 500mm，1000mm × 1000mm 的单块水箱板重量为 20 ～ 25kg，故考虑组合装配式水箱运输采用单块运输、集中组装的方式，利用人工和特制车辆将单块水箱板从汽车坡道、施工电梯运至每个水箱间，运输途中考虑进行必要的成品保护措施。

2. 安装工艺流程

设备基础的确定必须在设备选型之后进行，主要依据设备厂家技术要求进行基础施工。

3. 水箱基础

设备全部选定型后，进行设备基础的设计和施工。

用地脚螺栓把钢架固定在基础上，螺栓直径及个数根据抗震要求来计算，尽量采用埋入式。

4. 装配式水箱的安装

可按照厂家提供的水箱装配图进行安装施工，步骤如下：

①钢架放在基础上，用地脚螺栓固定。

②组装底面板，然后放在钢架上，用装配零件固定在钢架上。

③组装侧面板，安装内部加强件，组装顶部面板。

5. 水箱周围管道的安装

水箱和水管的连接处采用挠性接头，泄水管应安装在水箱底部，溢出管不应直接与排放管连接（中间应有间隔），浮球阀等阀门附件为了检修方便应集中安装在检修工作口附近。

在水箱的内外侧应安装不锈钢梯子，人孔尺寸不小于 600mm×600mm，水箱外部应安装液位计，具有水位标尺及液位传输功能。

6. 水箱满水试验

敞口水池（箱）安装完毕后应做满水试验，静置 24h 观察，不渗不漏为合格。在满水试验准备完成后报总包及监理工程师验收。为保证满水试验的有效性要做好影像记录及监理工程师过程监察。

生活饮用水系统在试压和冲洗合格后、交付使用前必须进行消毒，并经有关部门取样检验，符合国家生活饮用水标准后方可使用。

水箱在试压合格后，宜采用 0.03% 高锰酸钾消毒液灌满进行消毒。消毒液在管道中应静置 24h，排空后，再用饮用水冲洗，饮用水的水质应达到现行的国家标准。

第三节　建筑室内排水系统

一、建筑室内排水系统的分类、体制和组成

（一）室内排水系统的分类

按系统排除的污、废水种类的不同，可将建筑内排水系统分为以下几类。

1. 粪便污水排水系统

排除大便器（槽）、小便器以及与此相似的卫生设备排出的污水。

2. 生活废水排水系统

排除洗涤盆（池）、淋浴设备、洗脸盆、化验盆等卫生器具排出的洗涤废水。

3. 生活污水排水系统

排除粪便污水和生活污水的排水系统。

4. 生产污水排水系统

排除生产过程中污染较重的工业废水的排水系统。生产污水经过处理后才允许回收利用或排放，如含酚污水、含氰污水、酸、碱污水等。

5. 生产废水排水系统

排除生产过程中只有轻度污染或水温较高，只需要经过简单处理即可循环或重复使用的较洁净的工业废水的排水系统。如冷却废水、洗涤废水等。

6. 屋面雨水排水系统

排除降落在屋面的雨、雪水的排水系统。

（二）排水体制

建筑内部排水体制也分为分流制和合流制两种，分别称为建筑内部分流排水和建筑内部合流排水。

建筑内部分流排水是指居住建筑和公共建筑中的粪便污水和生活废水；工业建筑中的生产污水和生产废水各自由单独的排水管道系统排除。

建筑内部合流排水，是指建筑中两种以上的污水、废水合用一套排水管道系统排除。

建筑内部排水体制确定时，应根据污水性质、污染程度、结合建筑外部排水系统体制、有利于综合利用、污水的处理和中水开发、经济合理性等方面的因素考虑决定。

建筑物宜设置独立的屋面雨水排水系统，迅速、及时地将雨水排至室外雨水管渠或地面。在缺水或严重缺水地区宜设置雨水贮存池。

（三）建筑内部排水系统的组成

建筑内部排水系统设计的质量不仅体现在能否迅速安全地将污水、废水排到室外，而且还在于能否减小管道内的压力波动，使其尽量稳定，从而防止系统中接存水弯的水封被破坏而使室外排水管道中的有毒或有害气体进入室内。因此，在进行建筑排水系统的设计时，应明确建筑内部排水系统的组成，从而保证设计质量。

完整的建筑内部排水系统一般由下列部分组成。

1. 污废水收集器

它是建筑内部排水系统的起点，污水、废水从器具排水栓经器具内的水封装置或器具排水管连接的存水弯排入排水管道。

2. 排水管道

由器具排水管（连接卫生器具和横支管之间的一段短管，除坐式大便器、地漏外，其间包括存水弯）、有一定坡度的横支管、立管、横干管和排出到室外的排出管等组成。

3. 通气管

绝大多数排水管道系统内部排水的流动是重力流，即管道系统中的污水、废水是依靠重力的作用排出室外的。因此，排水管道系统必须和大气相通，从而保证管道系统内气压恒定，维持重力流状态。

4. 清通设备

指检查口、清扫口、检查井以及带有清通盖板的 90° 弯头或三通等设备作为疏通排水管道之用。

5. 抽升设备

民用建筑中的地下室、人防建筑物、高层建筑的地下层、某些工业企业车间地下室或半地下室、地下铁道等地下建筑物内的污水、废水不能自流排至室外时，必须设置污水抽升设备。

6. 污水局部处理构筑物

当建筑内部污水未经处理不能排入其他管道或市政排水管网和水体时，须设污水局部处理构筑物。

二、室内排水管材（件）及附件

（一）排水管材和管道接口

建筑物内排水管道应采用建筑排水塑料管及管件或柔性接口机制排水铸铁管及相应管件。工业废水排水管道则应根据污、废水的性质，管材的机械强度及管道敷设方法，并结合就地取材原则选用管材。

1. 塑料管

塑料管包括 PVC-U（硬聚氯乙烯）管、UPVC 隔音空壁管、UPVC 芯层发泡管、ABS 管等多种管道，适用于建筑高度不大于 100m、连续排放温度不大于 40℃、瞬时排放温度不大于 80℃的生活污水系统、雨水系统，也可用作生产排水管。常用胶粘剂承插连接，或弹性密封圈承插连接。优点是耐腐蚀、重量轻、施工简单、水力条件好、不易堵塞；但有强度低、易老化、耐温性差、普通 PVC-U 管噪声大等缺点。目前最常用的是 PVC-U（硬聚氯乙烯）管。

在使用 PVC-U（硬聚氯乙烯）排水管时，应注意以下几个问题：

① PVC-U（硬聚氯乙烯）管的水力条件比铸铁管好，泄流能力大，确定管径时，应使用塑料排水管的参数进行水力计算或查看相应的水力计算表。

②消除 PVC-U（硬聚氯乙烯）管道受温度影响引起的伸缩量，通常采用设置伸缩节的办法予以解决。排水立管、通气立管应每层设一个伸缩节；横支管上汇流配件至立管的直线管段大于 2m 时应设置伸缩节，但伸缩节之间最大间距不得超过 4m；伸缩节应设置在汇合配件处，横干管伸缩节应设置在汇合配件上游端；横管伸缩节应采用承压橡胶密封圈或横管专用伸缩节。

2. 排水铸铁管

排水铸铁管的管壁较给水铸铁管薄，不能承受高压，常用于建筑生活污水管、雨水管等，也可用作生产排水管。排水铸铁管的优点是耐腐蚀、具有一定的强度、使用寿命长和价格便宜等；缺点是性脆、自重大，每根管的长度短，管接口多，施工复杂。

排水铸铁管连接方式多为承插式，常用的接口材料有普通水泥接口、石棉水泥接口、膨胀水泥接口等。

柔性抗震排水铸铁管，广泛应用于高层和超高层建筑室内排水，它采用橡胶圈密封、螺栓紧固，具有较好的挠曲性、伸缩性、密封性及抗震性能，且便于施工。

（二）管件

室内排水管道是通过各种管件来连接的，管件种类很多，常用的有以下几种。

1. 弯头

弯头用在管道转弯处，使管道改变方向。常用弯头的角度有 90°，45° 两种。

2. 乙字管

排水立管在室内距墙比较近，但基础比墙要宽，为了到下部绕过基础需设乙字管.或高层排水系统为消能而在立管上设置乙字管。

3. 存水弯

存水弯也叫水封，设在卫生器具下面的排水支管上。使用时，由于存水弯中经常存有水，可防止排水管道中的有毒有害气体或虫类进入室内，保证室内的环境卫生。水封高度通常为 50 ~ 100mm。存水弯有 S 形和 P 形两种。

4. 三通或四通

三通或四通用在两条管道或三条管道的汇合处。三通有正三通、顺流三通和斜三通。四通有正四通和斜四通。

5. 管箍

管箍也叫套袖，它的作用是将两段排水铸铁直管连在一起。

（三）管道附件

1. 检查口和清扫口

检查口和清扫口属于清通设备，室内排水管道一旦堵塞利用它们可以方便疏通，因此在排水立管和横支管上的相应部位都应设置清通设备。

（1）检查口

检查口设置在立管上，铸铁排水立管与检查口之间的距离不宜大于 10m，塑料排水立管宜每六层设置一个检查口。但在立管的最底层和设有卫生器具的二层以上建筑的最高层应设置检查口，当立管水平拐弯或有乙字管时，在该层立管拐弯处和乙字管的上部应设检查口。检查口设置高度一般距地面 1m，检查口向外，方便清通。

（2）清扫口

清扫口一般设置在横管上，横管上连接的卫生器具较多时，横管起点应设清扫口（有时用可清掏的地漏代替）。在连接 2 个或 2 个以上的大便器或 3 个及 3 个以上的卫生器具的铸铁排水横管上，宜设置清扫口。在连接 4 个及 4 个以上的大便器塑料排水横管上宜设置清扫口。在水流偏转角大于 45° 的排水横管上，应设检查口或清扫口。

2. 地漏

地漏一般设置在经常有水溅出的地面、有水需要排除的地面和经常需要清洗的地面最低处（如淋浴间、盥洗室、厕所、卫生间等），其地漏算子应低于地面 5 ~ 10mm。带水封的地漏水封深度不得小于 50mm。地漏的选择应符合下列要求：①应优先采用直通式地漏，直通式地漏下必须设置存水弯；②卫生要求高或非经常使用地漏排水的场所，应设置密闭地漏；③食堂、厨房和公共浴室等排水宜设置网框式地漏。

三、排水通气管系统

排水通气管系统有三个作用：①向排水管道补给空气，使水流畅通，更重要的是减小排水管道内的气压变化幅度，防止卫生器具水封破坏；②使室内外排水管道中散发的臭气和有害气体能排到大气中去；③管道内经常有新鲜空气流通，既增加了管道排水能力又可减轻管道内废气对管道的锈蚀，延长使用寿命；④减少排水系统的噪声。

（一）通气管系统的类型

1. 伸顶通气管

伸顶通气管是排水立管与最上层排水横支管连接处向上垂直延伸至室外作通气用的管道。

2. 专用通气管

专用通气管是仅与排水立管相连接，为排水立管内空气流通而专门设置的垂直通气管道。

3. 主通气立管

主通气立管是连接环形通气管和排水立管，并为排水横支管和排水立管内空气流通而设置的专用于通气的立管。

4. 副通气立管

副通气立管是仅与环形通气管连接，使排水横支管内空气流通而设置的专用于通气的管道。

5. 结合通气管

结合通气管是排水立管与通气立管的连接管段。

6. 环形通气管

环形通气管是在多个卫生器具的排水横支管上，从最始端卫生器具的下游端至通气立管的一段通气管段。

7. 器具通气管

器具通气管是卫生器具存水弯出口端接至主通气立管的管段。

8. 汇合通气管

连接数根通立管或排水立管顶端通气部分，并延伸至室外大气的通气管段。

（二）通气管的设置

1.通气管管道的设置

生活排水管道的立管顶端，应设置伸顶通气管。生活排水立管承担的卫生器具排水设计流量，建筑标准要求较高的多层住宅和公共建筑、10层及10层以上高层建筑的生活立管宜设置专用通气立管。建筑物各层的排水管道上设有环形通气管时，应设置连接各层环形通气管的主通管立管或副通气立管。凡设有专用通气立管或主通气立管时，应设置连接排水立管与专用通气立管或主通气管的结合通气管。连接4个及4个以上卫生器具并与立管的距离大于12m的排水横支管、连接6个及6个以上大便器的污水横支管、设有器具通气管的排水管道上，应设置环形通气管。对卫生、安静要求较高的建筑物内，生活排水管道宜设置器具通气管。伸顶通气管不允许或不可能单独伸出屋面时，可设置汇合通气管。通气立管不得接纳器具污水、废水和雨水，不得与风道和烟道连接。在建筑物内不得设置吸气阀替代通气管。

2.通气管管径的确定

通气管的管径应根据排水管的排水能力、管道长度确定。

排水立管上部的伸顶通气管的管径可与排水立管的管径相同。但在最冷月平均气温低于 -13℃的地区，应在室内平顶或吊顶以下0.3m处将管径放大一级，以免管口结霜减少断面积。

通气立管长度在50m以上时，其管径应与排水立管管径相同。通气立管长度小于等于50m且两根或两根以上排水立管同时与一根通气立管相连时，应以最大一根排水立管确定通气立管管径，且其管径不宜小于其余任何一根排水立管的管径。结合通气管的管径不宜小于通气立管的管径。

汇合通气管的断面积应为最大一根通气管的断面积加其余通气管断面积之和的0.25倍。

第四节　建筑室内排水系统的施工技术

一、室内排水管道的安装

（一）管道布置

管道布置有以下4点要求：①满足最佳排水水力条件；②满足美观要求及便于维护管理；③保证生产和使用安全；④保护管道不易受到损坏。

其布置原则如下：

①污水立管应设置在靠近杂质量多、最脏及排水量最大的排水点处，以便尽快地接

纳横支管的污水而减少管道堵塞的机会；污水管的布置还应尽量减少不必要的转角及曲折而作直线连接。横管与横管、横管与立管之间的连接，宜采用45°三通或45°四通和90°斜三通或90°斜四通，或直角顺水三通水四通；横支管接入横干管、立管接入横干管时，应在横干管管顶或其两侧各45°范围内接入；排水管若需轴线偏置，宜用乙字管或两个45°弯头连接。

②排水立管与排出管端部的连接，宜采用两个45°弯头或弯曲半径不小于4倍管径的90°弯头。排出管宜以最短距离通至室外，因排水管较易堵塞，如埋设在室内的管道太长，则清通检修不方便；此外，管道长则坡度大，必然造成室外管道的埋设深度加深。

③在层数较多的建筑物内，为防止底层卫生器具因受立管底部出现过大的正压等原因而造成污水外溢现象，底层的生活污水管道应考虑采取单独排出方式。

④不论是立管或横支管，不论是明装或暗装，其安装位置应有足够的空间以利于拆换管件和清通维护工作的进行。

⑤当排出管与给水引入管布置在同一处进出建筑物时，为方便维修，避免或减轻因排水管渗漏造成土壤潮湿腐蚀和污染给水管道的现象，给水引入管与排出管管外壁的水平距离不得小于1.0m。

⑥管道应避免布置在有可能受设备震动影响或重物压坏处，因此管道不得穿越生产设备基础；若必须穿越时，应与有关专业人员协商作技术上的特殊处理。

⑦管道应尽量避免穿过伸缩缝、沉降缝；若必须穿过时，应采取相应的技术措施，以防止管道因建筑物的沉降或伸缩而受到破坏。

⑧排水架空管道不得敷设在有特殊卫生要求的生产厂房以及贵重商品仓库、通风小室和变、配电间内。

⑨污水立管的位置应避免靠近与卧室相邻的内墙。

⑩明装的排水管道应尽量沿墙、梁、柱而作平行设置，保持室内的美观；当建筑物对美观要求较高时，管道可暗装，但应尽量利用建筑物装饰使管道隐蔽，这样既美观又经济。

硬聚氯乙烯排水立管（UPVC管）应避免布置在易受机械撞击处，如不能避免时，应采取保护措施；同时应避免布置在热源附近；如不能避免，且管道表面受热温度大于60℃时，应采取隔热措施；立管与家用灶具边净距不得小于0.4m，硬聚氯乙烯排水管应按规定设置阻火圈或防火套管。

（二）管道敷设

排水管的管径相对于给水管管径较大，又常需要清通修理，所以排水管道应以明装为主。在工业车间内部甚至采用排水明沟排水（所排污水、废水不应散发有害气体或大量蒸汽）。明装方式的优点是造价低；缺点是不美观，易积灰、结露、不卫生。

对室内美观程度要求较高的建筑物或管道种类较多时，应采用暗装方式。立管可设置在管道井内，或用装饰材料镶包掩盖，横支管可镶嵌在管槽中，或利用平吊顶装修空间隐蔽处理。大型建筑物的排水管道应尽量利用公共管沟或管廊敷设，但应留有检修位置。

排水管多为承插管道，无须留设安装或检修时的操作工具位置，所以排水立管的管壁与墙壁、柱等的表面净距有 25 ～ 35mm 就可以。排水管与其他管道共同埋设时的最小距离，水平向净距为 1.0 ～ 3.0m，竖直向净距为 0.15 ～ 0.20m，且给水管道布置在排水管道上面。

为防止埋设在地下的排水管道受到机械损坏，按照不同的地面性质，规定各种材料管道的最小埋深为 0.4 ～ 1.0m。

排水管道的固定措施比较简单，排水立管用管卡固定，其间距最大不得超过 3m；在承插管接头处必须设置管卡。横管一般用吊箍吊设在楼板下，间距视具体情况不得大于 1.0m。

排水管道尽量不要穿越沉降缝、伸缩缝，以防止管道受到影响而漏水。在不得不穿越时，应采取有效措施，如软性接口等。

排水管道穿越建筑物基础时，必须在垂直通过基础的管道部分外套较其直径大 20mm 的金属套管，或设置在钢筋混凝土过梁的壁孔内（预留洞），管顶与过梁之间应留有足够的沉降间距以保护管道不因建筑物的沉降而受到破坏，一般不宜小于 0.15m。

（三）室内排水管安装

室内排水管一般先安装出户管，然后安装排水立管和排水支管，最后安装卫生器具。

1. 普通铸铁排水管安装

（1）普通铸铁排水管出户管安装

出户管的安装宜采取排出管预埋或预留孔洞方式。当土建砌筑基础时，将出户管按设计坡度，承口朝来水方向敷设，安装时一般按标准坡度，但不应小于最小坡度，坡向检查井。为了减小管道的局部阻力和防止污物堵塞管道，出户管与排水立管应采用两个 45° 弯头连接。排水管道的横管与横管、横管与立管的连接应采用 45° 三通或 45° 四通和 90° 斜三通或 90° 斜四通。预埋的管道接口处应进行临时封堵，防止堵塞。

管道穿越房屋基础的应作防水处理。排水管道穿过地下室外墙或地下构筑物的墙壁处，应设刚性或柔性防水套管。

排出管的埋深：在素土夯实地面，应不小于排水铸铁管管顶至地面的最小覆土厚度 0.7m；在水泥等路面下，最小覆土厚度不小于 0.4m。

（2）普通铸铁排水管排水立管安装

排水立管在施工前应检查楼板预留孔洞的位置和大小是否正确，未预留或留的位置不对，应重新打洞。

立管通常沿墙角安装，立管中心距墙面的距离应以不影响美观、便于接口操作为适宜。一般立管管径 DN50 ～ 75 时，距墙 110mm 左右；主管管径 DN100 时，距墙 140mm；主管管径 DN150 时，距墙 180mm 左右。

排水立管安装宜采取预制组装法，即先实测建筑物层高，以确定立管加工长度，然后进行立管上管件预制，最后分楼层由下而上组装。排水立管预制时，应注意下列管件所在位置：

①检查口设置及标高。排水立管每两层设置一个检查口，但最底层和有卫生器具的最高层必须设置。检查口中心距地面的距离为 1m，允许偏差 ±20mm，并且至少高出该层卫生器具上边缘 0.15m。

②三通或四通设置及标高。排水立管上有排水横支管接入时，须设置三通或四通管件。当支管沿楼层地面安装时，其三通或四通口中心至地面距离一般为 100mm 左右；当支管悬吊在楼板下时，三通或四通口中心至楼板底面距离为 350～400mm。此间距太小不利于接口操作；间距太大影响美观，且浪费管材。

立管在分层组装时，必须注意立管上检查口盖板向外，开口方向与墙面成 45° 夹角；设在管槽内立管检查口处应设检修门，以便对立管进行清通。还应注意三通口或四通口的方向要准确。

立管必须垂直安装，安装时可用线锤校验检查，当达到要求再进行接口。立管的底部弯管处应设砖支墩或混凝土支墩。

安装立管应由 2 人上下配合，一人在上一层的楼板上，由管洞投下一个绳头，下面的人将预制好的立管上部拴牢，可上拉下托，将管子插口插入其下的管子承口内。在下层操作的人可把预留分支管口及立管检查口方向找正，上层的人用木楔将管子在楼板洞处临时卡牢，并复核立管的垂直度，确认没问题后，再在承口内充塞填料，并填灰打实。管口打实后，将立管固定。

立管安装完毕后，应配合土建在立管穿越楼层处支模，并采用 c20 细石混凝土分三次浇捣密实。浇筑结束后，结合地平层或面层施工，并在管道周围筑成厚度不小于 20mm、宽度不小于 30mm 的阻水圈。

伸顶通气管应高出屋面 0.3m，并且应大于最大积雪厚度。经常有人活动的平屋顶，伸顶通气管应高出屋面 2m。通气口上应有网罩，以防落入杂物。伸顶通气管伸出屋面应作防水处理。

（3）普通铸铁排水管排水横支管安装

立管安装后，应按卫生器具的位置和管道规定的坡度敷设排水支管。排水支管通常采取加工场预制或现场地面组装预制，然后现场吊装连接的方法。排水支管预制过程主要有测线、下料切断、连接、养护等工序。

测线要依据卫生器具、地漏、清通设备和立管的平面位置，对照现场建筑物的实际尺寸，确定各卫生器具排水口、地漏接口和清通设备的确切位置，实测出排水支管的建筑长度，再根据立管预留的三通或四通高度与各卫生器具排水口的标准高度，并考虑坡度因素求得各卫生器具排水管的建筑高度。

在实测和计算卫生器具排水管的建筑高度时，必须准确地掌握上建实际施工的各楼层地坪高度和楼板实际厚度，根据卫生器具的实际构造尺寸和国标大样图准确地确定其建筑尺寸。

测线工作完成后，即可进行下料，此步骤关键在于计算是否正确。计算下料先要弄清管材、管件的安装尺寸，再按测线所得的构造尺寸进行计算。

排水支管连接时要算好坡度，接口要直，排水支管组装完毕后，应小心靠墙或贴地坪放置，不得绊动，接口湿养护时间不少于48h。

排水支管吊装前，应先设置支管吊架或托架，吊架或托架间距一般为1.5mm左右，宜设在支管的承口处。

吊装方法一般用人工绳索吊装，吊装时应不少于两个吊点，以便吊装时使管段保持水平状态。卫生器具排水管穿过楼板调整好，待整体到位后将支管末端插入立管三通或叫通内，用吊架吊好，采取水平尺测量并调整吊杆顶端螺母以满足支管所需坡度。最后，进行立管与支管的接口，并进行养护。在养护期，吊装的绳索若要拆除，则须用不少于两处吊点的粗钢丝固定支管。

伸出楼板的卫生器具排水管，应进行有效的临时封堵，以防施工时杂物落入堵塞管道。

2. 建筑排水柔性接口铸铁管安装

建筑排水柔性接口铸铁管，是以柔性接头连接的灰口铸铁管及其配套管件的统称，按连接方式可分为承插式柔性接头和卡箍式柔性接头两种形式。

（1）系统选用

①建筑排水柔性接口铸铁管管道系统宜在下列情况和场所中使用：要求管道系统的使用年限与建筑物的使用年限相当时。高层和超高层建筑。要求管道系统具有适应建筑物较大横向和竖向变位能力时。管道系统易受人为损坏的场所（如拘留所、精神病院病房等）。瞬间排水温度高或系统运行中经常出现较高内压的场所。防火等级要求较高的建筑。

②承插式柔性接口排水铸铁管宜在下列情况下采用：要求管道系统接口具有较大的轴向转角和伸缩变形能力。对管道接口安装误差的要求相对较低时。对管道的稳定性要求较高时。

③卡箍式柔性接口排水铸铁管宜在下列情况下采用：安装要求的平面位置小，排水管道需设置在尺寸较小的管道井内或需紧贴墙面安装时。需分层同步安装和快速施工时。需分期修建或有改建、扩建要求的建筑。

（2）建筑排水柔性接口排水铸铁管的设置

①建筑排水柔性接口排水铸铁管宜在地面上、楼板下明设。当建筑有专门要求时，可在管槽、管道井或吊顶内暗设。明敷设的管道与墙、楼板的距离不得小于装卸管道及接头紧固螺栓操作时需要的最小距离。暗敷设应满足安装、维护、检修的需求，且不得影响建筑结构的安全。

②接入柔性接口排水铸铁管管道系统的卫生器具和设施，必须牢固地安装在建筑物的墙和楼板上；不得将其重量和载荷作用在管道上。

③管道穿越楼板、梁和墙时，管道不得作用在任何建筑结构上。管道穿承重墙或基础时，必须设置防护套管，套管内径较排水铸铁管外径大50mm。套管与被套管之间应

用柔性材料填塞后，再用防水油膏封口。穿越防火墙时应用防火材料填塞和封口。穿墙套管的长度不得小于墙厚，穿楼板的套管应高出地面 50mm。

④管道接口不得设置在楼板、梁、墙等建筑结构内。接头与板、梁、墙的净距不得小于 150mm。若因穿管道敷设打洞或开槽而影响结构安全时，必须进行加固，使结构达到设计要求的安全强度。

⑤排水管道埋地敷设时，管顶与室内地坪的净距不得小于 300mm，不宜大于 600mm。平行于建筑外墙的室外埋地管道，当管底高于墙基底时，管道与墙外皮的净距不得小于 1000mm，管顶覆土厚度不应小于 500mm。当管底低于墙基底时，管道必须设置在基底外向下 45° 分布线范围以外。

⑥建筑物内部的埋地排水管道和排出室外的管道，均不得在墙基础下面穿越。当建筑物无地下室时，立管底部与排出管的连接处必须加设支墩。支墩可采用强度不低于 C15 的混凝土浇筑或强度不低于 Mu10 的砖砌筑。弯头底部应设置配套支座并锚固在支墩上。

⑦建筑排水柔性接口排水铸铁管管道系统，允许不设位移补偿装置。当管道系统需要折线安装时，承插式柔性接口的转角不得大于 5°，卡箍式柔性接口的转角不得大于 3°。

（3）柔性接口排水铸铁管的连接

①管道连接前应对管材和管件进行检查和检验，检验管材外观和接头配合公差是否满足连接需求。卡箍式连接平口铸铁管相邻两端接头部位的外径应一致。

②建筑排水用柔性接口承插铸铁管连接的步骤如下：

安装前，应将直管和管件内外污物和杂质清除，承口、插口、法兰压盖工作面上的泥沙等附着物应清除干净。

连接前，应按插入长度在插口外壁上画出安装线。插入承口内的深度应比承口实际深度小 5mm，安装线所在的平面应与管的轴线垂直。

插入前，先将法兰压盖套在插口端，再套入橡胶圈，橡胶圈右侧与安装线对齐。

在插入的过程中，插入管的轴线与承口管的轴线应在同一直线上，橡胶密封圈应均匀紧贴在承口的倒角上。

拧紧螺栓时，三耳压盖的三个角应交替拧紧。四耳和四耳以上的压盖应按对角位置对称拧紧。拧紧应分多次交替进行，以使橡胶圈均匀受力。

③无承口（卡箍式）排水铸铁管连接。卡箍式连接方法步骤如下：

安装前，应将直管和管件内外污物杂质清除干净，接口处不得有油污、泥沙、灰土等杂质。

连接时，取出卡箍内橡胶密封套。卡箍为整圈不锈钢套环时，可将卡箍先套在接口一端的管材（管件）上。

在接口相邻管端的一端套上橡胶密封套，使管口达到并紧贴在橡胶密封套中间肋的侧边上。将橡胶圈密封套的另一端向外翻转。

将连接的管端固定，并紧贴在橡胶套中间肋的另一侧边上，再将橡胶密封套翻回套在连接管的管端上。

安装卡箍前,应将橡胶密封圈擦拭干净。当卡箍件要求在橡胶密封套上涂润滑剂时,应按产品要求在橡胶密封套上涂抹润滑剂(润滑剂一般由生产厂配套提供)。

卡箍上的螺栓紧固前应校准接头轴线,使两管轴线在同一直线上。螺栓拧紧应对称交替进行,使橡胶密封套均匀受力,起到良好的密封作用。

④加强型卡箍的使用。钢带型卡箍可用于高、低层建筑物的平口铸铁管排水管道系统。管道系统在下列情况下宜采用加强型卡箍:

生活排水管道系统立管管道的拐弯处。

屋面雨水排水系统的雨水斗接口处和管道转弯处。

管道末端堵头处。

无支管接入的排水立管和雨落管,且管道不允许出现偏转角时。

⑤其他管道与柔性接口排水管的连接。卫生器具的塑料排水管、金属管等与柔性接口排水铸铁管连接时,可按相应管径采用插入式或套筒式连接。连接接头采用的密封材料、填缝材料、嵌缝材料应满足接头的密封要求。

(4)柔性接口排水铸铁管道支吊架安装

柔性接口排水管道支吊架(管卡)必须锚固在墙体或钢筋混凝土结构内。当房屋结构为非承重墙体时,应在立管位置设置安装和锚固支架用的承重构件。横管吊架可锚固在楼板、梁和屋架上,横管托架应锚固在墙体内。

①承插式柔性接口排水铸铁管道支吊架安装应满足以下要求:

立管支架(管卡)。立管支架(管卡)的支承强度应大于所支承管段重量,多层建筑内,立管重量不得全部作用在底层的立管支承上。立管的管材长度大于1.2m时,每根立管上安装一个支架。支架宜安装在立管接头以及立管与弯头、三通、四通连接处,与接头间的净距不宜大于300mm。

立管的支承间距应满足立管的垂直度要求。

横管吊架(托架)的安装。当管材长度大于1.2m时,每根管材上必须安装一个吊架(托架);当管材长度小于等于1.2m时,可隔段安装。横管与弯头、三通、四通等管件的连接处应安装吊架(托架),吊架(托架)与接头的间距不得大于300mm。排水横管上,两个吊架(托架)之间的间距不得大于3.0m。

②卡箍连接的排水铸铁管道支吊架安装应满足以下要求:

直线管段的每个卡箍处均应设置支吊架,支吊架与卡箍的距离应小于等于0.45m,且支吊架间距不得超过3m。

当横管较长且由多个管配件组对时,在每一个配件处应设置支吊架。

悬吊在楼板下的横管与楼板的距离大于0.45m时,应在梁或楼板下设置刚性吊架,不能设置刚性支吊架时,应设置防晃支架。

卡箍式排水铸铁管,在横管转弯处应设置拉杆装置,在立管转弯处应设置固定装置,固定装置可做成固定支墩,也可用型钢支承。

建筑层数超过6层的建筑,立管采用卡箍连接的排水铸铁管时,从底层(或地下室)

往上每隔 5 层宜在立管上安装一节承重短管。承重短管应采用配套支架并锚固在墙上或立柱上。

③当横管长度超过 12m 时，每 12m 必须设置一个防止水平位移的斜撑式吊架或用管卡固定的托架。

④吊架不得安装在卡箍上，也不得安装在连接件上。

二、潜水泵安装

（一）潜水泵安装方法

每台潜水泵的安装需配备上升导杆及提升链条，排水管与潜水泵的连接为自动耦合，利用耦合装置将泵与出水管路相连，泵和出水管路相互独立，其间不用紧固件联结。

导杆只起导向作用，用普通水管或钢管，提升链条为不锈钢制造。

安装时，把底座固定在池底，将导杆支架固定于池顶部侧壁；用螺栓将泵体与耦合接口相连，将耦合接口半圆孔导入导杆，把泵沿导杆向下滑到底，耦合支架就会把泵体的出水口和排水底座入口自动对准，依靠泵的自重使两法兰面自动贴紧。

（二）潜水泵维护

为了保证潜水泵的正常使用和延长使用寿命，应该进行定期的检查和保养。

在污水介质中长期使用后，潜水泵的叶轮与密封环之间的间隙可能增大，造成水泵流量和效率下降，应关掉电闸，将潜水泵吊起，拆下底盖，取下密封环，按叶轮口环实际尺寸配密封环，间隙一般在 0.5mm 左右。

潜水泵长期不用时，应清洗并吊起置于通风干燥处，注意防冻；若置于水中，每15 天至少运转 30min（不能干磨），以检查其功能和适应性。

电缆每年至少检查一次，若破损应给予更换。

每年至少检查一次电机绝缘及紧固螺栓。

潜水泵在出厂前已注入适量的机油，用以润滑机械密封，该机油应每年检查一次。如果发现机油中有水，应将其放掉，更换机油，更换密封垫，旋紧螺塞。

三、排水系统试验

建筑内部排水管道为重力流管道，一般作闭水（灌水）试验，以检查其严密性。同时，为了防止管道堵塞还要求作通球试验。

（一）闭水（灌水）试验

建筑内部暗装或埋地排水管道，应在隐蔽或回填土之前作闭水试验，其灌水高度应不低于底层地面高度。确认合格后方可进行回填土或进行隐蔽作业。

对生活和生产排水管道系统，管内灌水高度一般以一层楼的高度为准；雨水管的灌水高度必须到每根立管最上部的雨水斗。

灌水试验以满水 15min 后，再灌满延续 5min，液面不下降为合格。

灌水试验时，除检查管道及其接口有无渗漏现象外，还应检查是否有堵塞现象。

排水系统的灌水试验可采用排水管试漏胶囊。试验方法如下：

①立管和支管（横管）砂眼或接口试漏。先将试漏胶囊从立管检查口处放至立管适当部位，然后用打气筒充气，从支管口灌水；如管道有砂眼或接口不良，即会发生渗漏。

②大便器胶皮碗试验。胶囊在大便器下水口充气后，通过灌水试验如胶皮碗绑扎不严，水在接口处渗漏。

③地漏、立管穿楼板试漏。打开地漏盖，胶囊在地漏内充气后可在地面作泼水试验，如地漏或立管封堵不好，即向下层渗漏。

整个闭水试验过程中，各有关方面负责人必须到现场，做好记录和签证，并作为工程技术资料归档。

（二）通球试验

排水主立管及水平干管管道均应作通球试验，通球球径不小于排水管道管径的 2/3，通球率必须达到 100%。通球试验应从上至下进行，胶球从排水立管顶端投入，注入一定水量于管内，使球能顺利流出为合格；通球过程中如遇堵塞，应查明位置进行疏通，直到通球无阻为止。

第五章 建筑保温工程与防水工程

第一节 建筑外墙内保温工程

外墙内保温工程是指外墙内保温系统通过设计、施工或安装，固定在外墙内表面上形成保温构造，简称内保温工程。外墙内保温系统是指主要由保温层和防护层组成，用于外墙内表面起保温作用的系统，简称内保温系统。

内保温工程具有施工不受外界气候影响、操作方便、造价低、安全性高、维护成本低、使用寿命长、便于外立面装饰装修、室内变温快等优点。但内保温工程存在内保温系统占用室内空间较多，"热桥"问题不易解决，在墙上固定物件困难，二次装修损坏较多，温差变化引起内保温开裂等问题。目前，外墙内保温已逐渐被外墙外保温所取代。

一、内保温工程简介

内保温工程按内保温系统按构造设计分为6种系统，即复合板内保温系统，有机保温板内保温系统，无机保温板内保温系统，保温砂浆内保温系统，喷涂硬泡聚氨酯内保温系统及玻璃棉、岩棉、喷涂硬泡聚氨酯龙骨固定内保温系统等。

内保温工程的施工应符合下列规定：

①内保温工程应按照经审查合格的设计文件和经审查批准的施工方案施工，并应编制专项施工方案。施工前应对施工人员进行技术交底和必要的实际操作培训。

②内保温工程施工前，外门窗应安装完毕。水暖及装饰工程需要的管卡、挂件等预

埋件，应留出位置或预埋完毕。电气工程的暗管线、接线盒等应埋设完毕，并应完成暗管线的穿带线工作。

③内保温工程施工现场应采取可靠的防火安全措施，并应符合下列规定：

内保温工程施工作业区域，严禁明火作业。

对可燃保温材料的存放和保护，应采取符合消防要求的措施。

可燃保温材料上墙后，应及时做防护层，或采取相应保护措施。

施工用照明等高温设备靠近可燃保温材料时，应采取可靠的防火措施。

当施工电气线路采取暗敷设时，应敷设在不燃烧体结构内，且其保护层厚度不应小于 30mm；当采用明敷设时，应穿金属管、阻燃套管或封闭式阻燃线槽。

喷涂硬泡聚氨酯现场作业时，施工工艺、工具及服装等应采取防静电措施。

④内保温工程施工期间及完工后 24h 内，基层墙体及环境空气温度不应低于 0℃，平均气温不应低于 5℃。

⑤内保温工程施工，应在基层墙体施工质量验收合格后进行。基层应坚实、平整、干燥、洁净。施工前，应按设计和施工方案的要求对基层墙体进行检查和处理。当需要找平时，应符合下列规定：

应采用水泥砂浆找平，找平层厚度不宜小于 12mm；找平层与基层墙体应黏结牢固，黏结强度不应小于 0.3MPa，找平层垂直度和平整度应符合现行国家标准的规定。

基层墙体与找平层之间，应涂刷界面砂浆。当基层墙体为混凝土墙及砖砌体时，应涂刷 Ⅰ 型界面砂浆界面层；基层墙体为加气混凝土时，应采用 Ⅱ 型界面砂浆界面层。

⑥内保温工程应采取下列抗裂措施：楼板与外墙、外墙与内墙交接的阴阳角处应粘贴一层 300mm 宽玻璃纤维网布，且阴阳角的两侧应各为 150mm。门窗洞口等处的玻璃纤维网布应翻折满包内口。在门窗洞口、电器盒四周对角线方向，应斜向加铺不小于 400mm×200mm 玻璃纤维网布。

⑦内保温工程完工后，应做好成品保护。

二、内保温系统施工

（一）复合板内保温系统施工

复合板内保温系统构造做法是系统采用粘锚结合方式固定于基层墙体。内保温复合板是指保温材料单侧复合无机面层，在工厂预制成型，具有保温、隔热和防护功能的板状制品，简称复合板。在潮湿环境下，宜选用 XPS（XPS 板内层为闭孔结构，具有良好的抗湿性）或 PU 保温材料，纸面石膏板应选用耐水纸面石膏板，腻子层应选用耐水型腻子。黏结石膏不得用于潮湿环境和面砖饰面。

1. 复合板内保温系统施工工艺流程

基层处理→弹线→复合保温板粘贴（粘贴＋锚栓固定）→板缝处理→饰面层施工。

2. 复合板内保温系统施工要点

（1）复合板的规格尺寸应符合下列规定：复合板公称宽度宜为600mm、900mm、1200mm、1220mm、1250mm。石膏板面板公称厚度不得小于9.5mm，无石棉纤维增强硅酸钙板面板和无石棉纤维水泥平板面板公称厚度不得小于6.0mm。

②施工时，宜先在基层墙体上做水泥砂浆找平层，采用以粘为主、粘锚结合方式将复合板固定于垂直墙面，并应采用嵌缝材料封填板缝。

③当复合板的保温层为XPS板或PU板时，在粘贴前应在保温板表面做界面处理。XPS板画应涂刷表面处理剂，表面处理剂的pH值应为6~9，聚合物含量不应小于35%；PU板应采用水泥基材料作界面处理，界面层厚度不宜大于1mm。

④复合板与基层墙体之间的粘贴应符合下列规定涂料饰面时，粘贴面积不应小于复合板面积的30%；面砖饰面时，粘贴面积不应小于复合板面积的40%。

⑤复合板内保温系统采用的锚栓应符合下列规定：应采用材质为不锈钢或经过表面防腐处理的碳素钢制成的金属钉锚栓。锚栓进入基层墙体的有效锚固深度不应小于25mm；基层墙体为加气混凝土时，锚栓的有效锚固深度不应小于50mm。有空腔结构的基层墙体，应采用旋入式锚栓。当保温层为EPS、XPS、PU板时，其单位面积质量不宜超过15kg/m^2，且每块复合板顶部距离边缘80m处，应采用不少于2个金属钉锚栓固定在基层墙体上，锚栓的钉头不得凸出板面。当保温层为纸蜂窝填充憎水型膨胀珍珠岩时，锚栓间距不应大于400m，且距板边距离不应小于20mm。

⑥基层墙体阴角和阳角处的复合板，应做切边处理，以便保温层闭合。

⑦复合板内保温系统接缝处理应符合下列规定：板间接缝和阴角宜采用接缝带，可采用嵌缝石膏（或柔性勾缝腻子）粘贴牢固。阳角宜采用护角，可采用嵌缝石膏（或柔性勾缝腻子）粘贴牢固。复合板之间的接缝不得位于门窗洞口四角处，且距洞口四角不得小于300m.

（二）有机保温板内保温系统施工

有机保温板内保温系统构造做法是系统采用黏结方式固定于基层墙体。在潮湿环境下，宜选用XPS或PU保温材料，腻子层应选用耐水型腻子，黏结石膏不得用于潮湿环境和面砖饰面。

1. 有机保温板内保温系统施工工艺流程

基层处理→弹线→保温板粘贴→抹面层胶浆、压入玻纤网→饰面层施工。

2. 有机保温板内保温系统施工要点

①有机保温板宽度不宜大于1200mm，高度不宜大于600mm。

②施工时，宜先在基层墙体上做水泥砂浆找平层，采用黏结方式将有机保温板固定于垂直墙面。

③当保温层为XPS板和PU板时，在粘贴及抹面层施工前应做界面处理。XPS板画应涂刷表面处理剂，表面处理剂的pH值应为6~9，聚合物含量不应小于35%：PU板

应采用水泥基材料做界面处理，界面层厚度不宜大于 1m。

④有机保温板与基层墙体的粘贴，应符合下列规定：涂料饰面时，粘贴面积不得小于有机保温板面积的 30%；面砖饰面时，不得小于有机保温板面积的 40%。保温板在门窗洞口四周、阴阳角处和保温板上下两端距顶面和地面 100mm 处，均应采用通长黏结，且宽度不应小于 50mm。

⑤在墙面粘贴有机保温板时，应错缝排列。门窗洞口四角处不得有接缝，且任何接缝距洞口四角不得小于 300m。阴角和阳角处的有机保温板，应做切边处理。

⑥有机保温板的终端部，应用玻璃纤维网布翻包。

⑦抹面层施工应在保温板粘贴完毕 24h 后方可进行。采用抹面胶浆作抹面层时（抹面胶浆是由高分子聚合物、水泥、砂为主要材料制成，具有一定变形能力和良好黏结性能的聚合物水泥砂浆），施工应按下列步骤进行：先在保温层表面抹底层抹面胶浆，厚度为 4 ~ 5m。将涂塑中碱玻璃纤维网布满铺，并压入抹面胶浆表面。在底层抹面胶浆凝结前抹面层抹面胶浆，厚度为 1 ~ 2mm，抹面层总厚度不小于 6mm。

采用粉刷石膏作抹面层时，施工应按照下列步骤进行：

先用粉刷石膏砂浆（可用粉刷石膏与建筑中砂按体积比 2 ∶ 1 混合配制，也可直接使用预混好中砂的粉刷石膏）在有机保温板面上做出标准灰饼，灰饼厚度应为 8 ~ 10mm，待灰饼硬化后抹灰。对于 XPS 板，应提前 4h 在 XPS 板上涂刷界面剂。

根据灰饼厚度，用杠尺将粉刷石膏砂浆刮平。用抹子搓毛后，在抹灰初凝前横向绷紧 A 型中碱玻璃纤维网布，用抹子压入到抹灰层内，搓平、压光。玻璃纤维网布应靠近抹灰层的外表面。待粉刷石膏砂浆抹灰层基本干燥后，在抹灰层表面刷专用胶粘剂并压入、绷紧 B 型中碱玻璃纤维网布。玻璃纤维网布接搓处搭接长度和玻璃纤维网布拐过相邻墙体的长度，均不应小于 150mm。

（三）保温砂浆内保温系统施工

保温砂浆内保温系统构造做法是在基层墙体经界面砂浆处理后将保温砂浆直接黏结在基层墙体上。保温砂浆是指以无机轻集料或聚苯颗粒为保温材料，以无机、有机胶凝材料为胶结料，并掺加一定的功能性添加剂而制成的建筑砂浆。

1. 保温砂浆内保温系统施工工艺流程

基层处理→涂刷界面砂浆→弹线→做灰饼、充筋→涂抹保温砂浆→抹面层胶浆、压入玻纤网→饰面层施工。

2. 保温砂浆内保温系统施工要点

①界面砂浆应均匀涂刷于基层墙体（界面砂浆是用以改善基层墙体与保温砂浆材料表面黏结性能的聚合物水泥砂浆）。混凝土墙及灰砂砖、硅酸盐砖砌体应选用 I 型界面砂浆，加气混凝土墙体应选用 II 型界面砂浆。

②保温砂浆施工应符合下列规定：应采用专用机械搅拌，搅拌时间不宜少于 3min，且不宜大于 6min。搅拌后的砂浆应在 2h 内使用完毕。应分层施工，每层厚度不

应大于20m。后一层保温砂浆施工，应在前一层保温砂浆终凝后进行（一般为24h）。应先用保温砂浆做标准饼，然后冲筋，其厚度应以墙面最高处抹灰厚度不小于设计厚度为准，并应进行垂直度检查。门窗口处及墙体阳角部分宜做护角。

③抹面胶浆施工应符合下列规定：应预先将抹面胶浆均匀涂抹在保温层上，再将耐碱玻璃纤维网布埋入抹面胶浆层中，不得先将耐碱玻璃纤维网布直接铺在保温层面上，再用砂浆涂布黏结。耐碱玻璃纤维网布搭接宽度不应小于100mm，两层搭接耐碱玻璃纤维网布之间必须满布抹面胶浆，严禁干槎搭接。抹面胶浆层厚度：保温层为无机轻集料保温砂浆时，涂料饰面不应小于3mm，面砖饰面不应小于5mm；保温层为聚苯颗粒保温砂浆时，不应小于6mm。对需要加强的部位，应在抹面胶浆中铺贴双层耐碱玻璃纤维网格布，第一层应采用对接法搭接，第二层应采用压槎法搭接。

④保温砂浆内保温系统的各构造层之间的黏结应牢固，不应脱层、空鼓和开裂。

⑤保温砂浆内保温系统采用涂料饰面时，宜采用弹性腻子和弹性涂料。

第二节　建筑外墙外保温工程

外墙外保温工程是指将外墙外保温系统通过施工或安装，固定在外墙外表面上所形成的建筑构造实体，简称外保温工程。外墙外保温系统是指由保温层、防护层和固定材料构成，并固定在外墙外表面的非承重保温构造的总称，简称外保温系统。

外保温工程具有以下优点：能够保护建筑物主体结构，延长建筑物寿命；增加建筑套内使用面积；避免建筑结构外侧梁板、柱、剪力墙与外墙交接处，外墙与外门窗交接处等部位形成散热通道，有效防止内保温结构很难克服的"热桥"现象。外保温技术是目前大力推广的墙体保温节能技术。

一、外保温工程简介

（一）外保温系统的分类和性能要求

1. 外保温系统的分类

外保温系统可按保温材料与基层墙体连接的施工方法划分如下：

①粘贴保温板外保温系统。粘贴保温板外保温系统可采用条式黏结或点框式黏结，必要时可辅以机械固定，但荷载完全由黏结层承受，机械固定在胶粘剂干燥前起稳定作用并作为临时连接，以防止系统脱落。

②现场成型外保温系统。现场成型外保温系统包括现场抹灰成型外保温系统和现场喷涂外保温系统。其中，现场抹灰成型外保温系统是指保温材料采用现场抹灰成型的施工方式固定在基层墙体上；现场喷涂外保温系统是指保温材料通过机械喷涂方式固定于

基层墙体上。模板内置保温板系统。保温板置于模板内侧，现场浇筑混凝土基层墙体后，保温板通过混凝土的黏结力及部分连接件与基层墙体牢固固定。

外保温系统中的固定材料主要包括胶粘剂、锚固件等。

2.外保温系统的性能要求

外保温系统经耐候性试验后，不得出现空鼓、剥落或脱落、开裂等破坏，不得产生裂缝，出现渗水；外保温系统拉伸黏结强度应符合规定，且破坏部位应位于保温层内。

胶粘剂与保温板的黏结在原强度、浸水 48h 且干燥 7 d 后的耐水强度条件下发生破坏时，破坏部位应位于保温板内。

抹面胶浆与保温材料的黏结在原强度、浸水 48h 且干燥 7 d 后的耐水强度条件下发生破坏时，破坏部位应位于保温材料内。

（二）外保温系统施工要求

①外保温系统的各种组成材料应配套供应。采用的所有配件应与外保温系统性能相容并符合现行国家相关标准的规定。系统供应商最终对整套组成材料负责。

②除采用 EPS 板现浇混凝土外保温系统和 EPS 钢丝网架板现浇混凝土外保温系统外，外保温工程的施工应在基层墙体施工质量验收合格后进行。

③除采用 EPS 板现浇混凝土外保温系统和 EPS 钢丝网架板现浇混凝土外保温系统外，外保温工程施工前，外门窗洞口应通过验收，洞口尺寸、位置应符合设计要求和质量要求，门窗框或辅框应安装完毕。伸出墙面的消防梯、水落管、各种进户管线和空调器等的预埋件、连接件应安装完毕，并应按外保温系统厚度留出间隙。

④外保温工程的施工应编制专项施工方案并进行技术交底，施工人员应经过培训并考核合格。

⑤保温层施工前，应进行基层墙体检查或处理。基层墙体表面应洁净、坚实、平整，无油污和脱模剂等妨碍黏结的附着物，凸起、空鼓和疏松部位应剔除。基层墙体应符合现行国家标准的要求。

⑥当基层墙面需要进行界面处理时，宜使用水泥基界面砂浆。

⑦外保温工程施工应符合下列规定：可燃、难燃保温材料的施工应分区段进行，各区段应保持足够的防火间距。粘贴保温板薄抹灰外保温系统中的保温材料施工上墙后，应及时做抹面层。防火隔离带的施工应与保温材料的施工同步进行。

⑧外保温工程施工现场应采取可靠的防火安全措施且应满足现行国家标准的要求，并符合下列规定：在外保温专项施工方案中，应按现行国家标准要求，对施工现场消防措施作出明确规定。可燃、难燃保温材料的现场存放、运输、施工应符合消防的有关规定。外保温工程施工期间现场不应有高温或明火作业。

⑨外保温工程施工期间的环境空气温度不应低于5℃。5级以上大风天气和雨天不应施工。

⑩外保温工程完工后，应对成品采取保护措施。

二、外保温系统施工

（一）粘贴保温板薄抹灰外保温系统施工

粘贴保温板薄抹灰外保温系统应由黏结层、保温层、抹面层和饰面层构成。黏结层材料应为胶粘剂；保温层材料可为 EPS 板、XPS 板、PUR 板或 PIR 板；抹面层材料应为抹面胶浆，抹面胶浆中满铺玻纤网；饰面层可为涂料或饰面砂浆。

1. 粘贴保温板薄抹灰外保温系统施工工艺流程

基层、节点处理→定位放线→保温板表面涂抹胶粘剂→粘贴保温板→安装锚栓→保温板隐藏验收→抹首层抹面胶浆→压入玻纤网→抹第二次抹面胶浆→饰面层施工。

2. 粘贴保温板薄抹灰外保温系统施工要点

①当粘贴保温板薄抹灰外保温系统做找平层时，找平层应与基层墙体黏结牢固，不得有脱层、空鼓、裂缝，面层不得有粉化、起皮、爆灰等现象。

②保温板应采用点框粘法或条粘法固定在基层墙体上，EPS 板与基层墙体的有效粘贴面积不得小于保温板面积的 40%，并宜使用锚栓辅助固定。XPS 板、PUR 板或 PIR 板与基层墙体的有效粘贴面积不得小于保温板面积的 50%，并应使用锚栓辅助固定。

③受负风压作用较大的部位宜增加锚栓辅助固定。

④用电热丝切割器或手用刀锯切割保温板，保温板宽度不宜大于 1200mm，高度不宜大于 600mm。

⑤保温板应按顺砌方式粘贴，竖缝应逐行错缝。保温板应粘贴牢固，不得有松动。

⑥ XPS 板内外表面应做界面处理。

⑦墙角处保温板应交错互锁。门窗洞口四角处保温板不得拼接，应采用整块保温板切割成形，保温板接缝应离开角部至少 200mm。

⑧应做好系统在檐口、勒脚处的包边处理。装饰缝、门窗四角和阴阳角等处应做好局部加强网施工。变形缝处应做好防水和保温构造处理。

⑨薄抹面层施工时，玻纤网不得直接铺在保温层表面，不得干搭接、不得外露。

（二）胶粉聚苯颗粒保温浆料外保温系统施工

胶粉聚苯颗粒保温浆料外保温系统应由界面层、保温层、抹面层和饰面层构成。界面层材料应为界面砂浆；保温层材料应为胶粉聚苯颗粒保温浆料，经现场拌和均匀后抹在基层墙体上；抹面层材料应为抹面胶浆，抹面胶浆中满铺玻纤网；饰面层可为涂料或饰面砂浆。

1. 胶粉聚苯颗粒保温浆料外保温系统施工工艺流程

基层、节点处理→定位放线→抹界面砂浆→抹保温浆料→抹首层抹面胶浆→压入玻纤网→抹第二次抹面胶浆→饰面层施工。

2. 胶粉聚苯颗粒保温浆料外保温系统施工操作要点

①基层表面应清洁，无油污和脱模剂等妨碍黏结的附着物，空鼓、疏松部位应剔除。

②胶粉聚苯颗粒保温浆料由胶粉料和聚苯颗粒组成，胶粉料由无机胶凝材料与各种外加剂在工厂采用预混合干拌技术制成。施工时加水搅拌均匀。

③胶粉聚苯颗粒保温浆料宜分遍抹灰，每遍间隔应在前一遍保温浆料终凝后进行，每遍抹灰厚度不宜超过20mm。第一遍抹灰应压实，最后一遍应找平并搓平。

④保温层硬化后，应现场检验保温层厚度并现场取样检验胶粉聚苯颗粒保温浆料干密度。

（三）EPS板现浇混凝土外保温系统施工

EPS板现浇混凝土外保温系统应以现浇混凝土外墙作为基层墙体，EPS板为保温层，EPS板内表面（与现浇混凝土接触的表面）并有凹槽，内外表面均应满涂界面砂浆。施工时应将EPS板置于外模板内侧，并安装辅助固定件。EPS板表面应做抹面胶浆抹面层，抹面层中满铺玻纤网。饰面层可为涂料或饰面砂浆。

1.EPS板现浇混凝土外保温系统施工工艺流程

定位放线→钢筋绑扎→EPS板安装→隐蔽验收→混凝土外墙模板安装→EPS板固定→混凝土浇筑→拆模→EPS板表面玻纤网粘贴→抹抗裂砂浆薄抹面层→饰面层施工。

2.EPS板现浇混凝土外保温系统施工要点

①进场前，EPS板内外表面应预喷刷界面砂浆。

②EPS板宽度宜为1 200mm，高度宜为建筑物层高。

③EPS板和辅助固定件安装：绑扎完墙体钢筋后，在外墙钢筋外侧绑扎水泥垫块（不能使用塑料卡）。每块EPS板的水泥垫块不少于6块。安装EPS板时，先安装阴阳角，然后顺两侧进行安装。如施工段较大，可在两处或两处以上同时安装。首先在安装上墙的板高低槽口立面及高低槽口平面处均匀涂刷一层胶粘剂，接着将待安装的EPS板在对应部位涂刷胶粘剂，然后进行拼装，使相邻EPS板相互紧密黏结。在拼装好的EPS板表面上按设计尺寸弹线，标出辅助固定件位置。使辅助固定件呈梅花状分布。每块EPS板上辅助固定件数量不少于5个。PS板拼缝处需布置辅助固定件，门、窗洞口过梁上设一个或多个辅助固定件。安装辅助固定件前，在EPS板上预先穿孔，然后用火烧丝将辅助固定件绑扎在墙体钢筋上。

④水平分隔缝宜按楼层设置。垂直分隔缝宜按墙面面积设置。在板式建筑中不宜大于30m²，在塔式建筑中宜留在阴角部位。

⑤宜采用钢制大模板施工。

⑥混凝土墙外侧钢筋保护层厚度应符合设计要求。

⑦混凝土一次浇筑高度不宜大于1m。混凝土应振捣密实、均匀，墙面及接槎处应光滑、平整。

⑧混凝土结构验收后，保温层中的穿墙螺栓孔洞应使用保温材料填塞，对EPS板缺损或表面不平整处宜使用胶粉聚苯颗粒保温浆料修补和找平。

（四）EPS 钢丝网架板现浇混凝土外保温系统施工

EPS 钢丝网架板现浇混凝土外保温系统应以现浇混凝土外墙作为基层墙体，EPS 钢丝网架板为保温层，钢丝网架板中的 EPS 板外侧开有凹槽。施工时，应将钢丝网架板置于外墙外模板内侧，并在 EPS 板上安装辅助固定件。钢丝网架板表面应涂抹掺外加剂的水泥砂浆抹面层，外表可做饰面层。

1. EPS 钢丝网架板现浇混凝土外保温系统施工工艺流程

定位放线→钢筋绑扎→ EPS 钢丝网架板安装→隐蔽验收→混凝土外墙模板安装→ EPS 钢丝网架板辅助固定→浇筑混凝土→拆模→ EPS 钢丝网架板表面涂抹掺外加剂的水泥砂浆抹面层→饰面层施工。

2. EPS 钢丝网架板现浇混凝土外保温系统施工要点

① EPS 钢丝网架板每平方米应斜插腹丝 100 根，钢丝均应采用低碳热镀锌钢丝，板两面应预喷刷界面砂浆。

②由于 EPS 钢丝网架板现浇混凝土外保温系统的 EPS 钢丝网架板中含有部分穿透了 EPS 板的钢丝，可能会产生热桥，因此，必须对 EPS 钢丝网架板热阻进行检验。

③ EPS 钢丝网架板厚度、每平方米腹丝数量和表面荷载值应符合设计要求。EPS 钢丝网架板构造设计和施工安装应注意现浇混凝土侧压力影响，抹面层应均匀、平整且厚度不宜大于 25mm，钢丝网应完全包覆于抹面层中。

④进场前，EPS 钢丝网架板内外表面及钢丝网架上均应预喷刷界面砂浆。

⑤应采用钢制大模板施工，EPS 钢丝网架板和辅助固定件安装位置应准确。混凝土墙外侧钢筋保护层厚度应符合设计要求。

⑥辅助固定件每平方米不应少于 4 个，锚固深度不得小于 50mm。

⑦ EPS 钢丝网架板竖缝处应连接牢固。阳角及门窗洞口等处应附加钢丝角网，附加的钢丝角网应与原钢丝网架绑扎牢固。

⑧在每层层间宜留水平分隔缝，分隔缝宽度为 15 ~ 20mm。分隔缝处的钢丝网和 EPS 板应断开，抹灰前应嵌入塑料分隔条或泡沫塑料棒，外表应用建筑密封膏嵌缝。垂直分隔缝宜按墙面面积设置，在板式建筑中不宜大于 30m2，在塔式建筑中宜留在阴角部位。

⑨混凝土一次浇筑高度不宜大于 1m，混凝土应振捣密实、均匀，墙面及接槎处应光滑、平整。

⑩混凝土结构验收后，对保温层中的穿墙螺栓孔洞应使用保温材料填塞，EPS 钢丝网架板缺损或表面不平整处宜使用胶粉聚苯颗粒保温浆料修补和找平。

三、外保温防火隔离带施工

外保温防火隔离带是指设置在可燃、难燃保温材料外墙外保温工程中，按水平方向分布，采用不燃保温材料制成，以阻止火灾沿外墙面或在外墙外保温系统内蔓延的防火构造。防火隔离带保温材料的燃烧性能等级应为 A 级。

施工要点：

①防火隔离带保温层施工应与外墙外保温系统保温层同步进行，不得先在外墙外保温系统保温层中预留位置，然后再粘贴防火隔离带保温板。

②防火隔离带保温板与外墙外保温系统保温板之间应拼接严密，宽度超过 2mm 的缝隙应用外墙外保温系统所用的保温材料填塞。

③在门、窗洞口，应先做洞口周边的保温层，再做大面保温板和防火隔离带，最后做抹面胶浆抹面层。抹面层应连续施工，并应完全覆盖隔离带和保温层。在门窗角处应连续施工，不应留槎。

④岩棉带应进行表面处理，可采用界面剂或界面砂浆进行涂覆处理，也可采用玻璃纤维网格布聚合物砂浆进行包覆处理。

第三节　屋面防水工程

一、屋面防水基本要求

（一）屋面基本防水设防要求

屋面按所用材料不同，可分为卷材防水屋面、涂膜防水屋面、瓦屋面、金属板屋面、采光顶等。屋面工程是一个完整的系统，主要应包括屋面基层、保温与隔热层、防水层和保护层等。

根据规定，屋面防水等级分为 I 级和 II 级，设防要求分别为两道防水设防和一道防水设防（一道防水设防是指具有单独防水能力的一道防水层次）；对防水有特殊要求的建筑屋面应进行专项防水设计。屋面防水等级和设防要求应符合表 5-1 的规定；卷材屋面及涂膜屋面防水等级和防水做法应符合表 5-2 的规定。

表 5-1　屋面防水等级和设防要求

防水等级	建筑类别	设防要求
I 级	重要建筑和高层建筑	两道防水设防
II 级	一般建筑	一道防水设防

表 5-2　卷材、涂膜屋面防水等级和防水做法

防水等级	防水做法
I 级	卷材防水层和卷材防水层、卷材防水层和涂膜防水层、复合防水层
II 级	卷材防水层、涂膜防水层、复合防水层

注：复合防水层是指彼此相容的卷材和涂料组合而成的防水层。

（二）屋面基本防水施工要求

①屋面防水工程应由具备相应资质的专业队伍进行施工。作业人员应持证上岗。

②屋面工程施工前应通过图纸会审，并应掌握施工图中的细部构造及有关技术要求；施工单位应编制屋面工程的专项施工方案或技术措施，并应进行现场技术安全交底。

③屋面工程所采用的防水、保温材料应有产品合格证书和性能检测报告，材料的品种、规格、性能等应符合设计和产品标准的要求。材料进场后，应按规定抽样检验，提出检验报告。工程中严禁使用不合格的材料。

④屋面工程施工的每道工序完成后，应经监理或建设单位检查验收，并应在合格后再进行下道工序的施工。当下道工序或相邻工程施工时，应对已完成的部分采取保护措施。

⑤屋面工程施工的防火安全应符合下列规定：可燃类防水、保温材料进场后，应远离火源；露天堆放时，应采用不燃材料完全覆盖。防火隔离带施工应与保温材料施工同步进行。不得直接在可燃类防水、保温材料上进行热熔或热粘法施工。喷涂硬泡聚氨酯作业时，应避开高温环境；施工工艺、工具及服装等应采取防静电措施。施工作业区应配备消防灭火器材。火源、热源等火灾危险源应加强管理。屋面上需要进行焊接、钻孔等施工作业时，周围环境应采取防火安全措施。

⑥屋面工程施工必须符合下列安全规定：严禁在雨天、雪天和五级风及其以上时施工。屋面周边和预留孔洞部位，必须按临边、洞口防护规定设置安全护栏和安全网。屋面坡度大于30%时，应采取防滑措施。施工人员应穿防滑鞋，特殊情况下无可靠安全措施时，操作人员必须系好安全带并扣好保险钩。

（三）屋面基本防水施工质量验收

屋面工程各分项工程的施工质量检验批量应符合下列规定：

①卷材防水屋面、涂膜防水屋面、瓦屋面和隔热屋面工程，应按屋面面积每100m2抽查一处，每处10mL且不得少于3处。

②接缝密封防水，每50m应抽查一处，每处5m且不得少于3处。

③细部构造根据分项工程的内容，应全部进行检查。

屋面防水工程完工后，应进行观感质量检查和雨后观察或淋水、蓄水试验，不得有渗漏和积水现象。检查屋面有无渗漏、积水和排水系统是否畅通，应在雨后或持续淋水2h后进行。有可能作蓄水检验的屋面，其蓄水时间不应少于24 h。

二、找坡层和找平层施工

（一）找坡层和找平层施工一般做法

混凝土结构层宜采用结构找坡，坡度不应小于3%；当采用材料找坡时，宜采用质量轻、吸水率低和有一定强度的材料，坡度宜为2%。

卷材、涂膜的基层宜设找平层。保温层上的找平层应留设分格缝，缝宽宜为5~20mm，纵横缝的间距不宜大于6m。

卷材防水层的基层与凸出屋面结构的交接处，以及基层的转角处，找平层均应做成圆弧形，且应整齐、平顺。找平层圆弧半径：高聚物改性沥青防水卷材50mm，合成高分子防水卷材20mm。

（二）找坡、找平层施工

1. 找坡、找平层施工工艺流程

基层清理→管根封堵→标定标高、坡度、留设分格缝→浇水湿润→找坡、找平层施工→养护→验收。

2. 找坡、找平层施工施工要点

①清理结构层、保温层上面的松散杂物，凸出基层表面的硬物应剔平扫净。凸出屋面的管道、支架等根部，应用细石混凝土堵实并固定。

②标定标高点、冲筋、设置分格缝。找坡应按屋面排水方向和设计坡度要求进行，找坡层最薄处厚度不宜小于20mm。

③找坡层和找平层所用材料的质量和配合比应符合设计要求，并应做到计量准确和机械搅拌。

④找坡材料应分层铺设和适当压实，表面宜平整和粗糙，并应适时浇水养护

⑤找平层应在水泥初凝前用木抹子压实抹平，待砂浆稍收水后再用铁抹子二次压光；终凝前取出分格条。

⑥找平层铺设12h后应洒水养护，养护时间不少于7d。

三、保温层施工

（一）屋面保温材料

屋面保温层可分为板状材料保温层、纤维材料保温层和整体材料保温层三类。保温层宜选用吸水率低、表观密度和导热系数小，并有一定强度的保温材料。

1. 保温材料进场验收

屋面保温材料进场验收，应符合规定。进场的保温材料应检验下列项目：

①板状保温材料：表观密度或干密度、导热系数、压缩强度或抗压强度、吸水率、燃烧性能。

②纤维保温材料应检验表观密度、导热系数、燃烧性能。

检验方法：核查质量证明文件，按规范规定随机抽样检验，核查复验报告，其中导热系数或热阻、密度、燃烧性能必须在同一个报告中。

2. 保温材料的贮运保管

保温材料的贮运、保管，应采取防雨、防潮、防火的措施，并应分类堆放；板状保

温材料在搬运时应轻拿轻放，防止断裂及缺棱掉角，保证板的外形完整；纤维保温材料应在干燥、通风的房屋内贮存，搬运时应轻拿轻放。

（二）隔汽层与排汽屋面施工

1. 隔汽层施工

隔汽层是阻止室内水蒸气渗透到保温层内的构造层。当严寒及寒冷地区屋面结构冷凝界面内侧实际具有的蒸汽渗透阻小于所需值，或其他地区室内湿气有可能透过屋面结构层进入保温层时（如温水游泳池、公共浴室、厨房操作间、开水房等），应设置隔汽层。隔汽层应选用气密性、水密性好的防水卷材或防水涂料。

隔汽层施工要点如下：

①隔汽层施工前，基层应进行清理，宜进行找平处理。

②屋面周边隔汽层应沿墙面向上连续铺设，高出保温层上表面不得小于150mm。

③采用卷材做隔汽层时，卷材宜空铺，卷材搭接缝应满粘，其搭接宽度不应小于80mm。采用涂膜做隔汽层时，涂料涂刷应均匀，涂层不得有堆积、起泡和露底现象。

④穿过隔汽层的管道周围应进行密封处理。

铺设屋面隔汽层前，基层必须干净、干燥。干燥程度的简易检验方法，是将1m2卷材平坦地干铺在找平层上，静置3～4h后掀开检查，找平层覆盖部位与卷材上未见水印，即可铺设隔汽层。

2. 排气屋面施工

排气屋面是指为防止卷材屋面因保温层或找平层含水率较大且干燥困难、水气可能引起卷材起鼓破坏时，通过设置排气道和排气孔，使卷材层下水气与大气相通的一种构造措施。

排气屋面的排气道应纵横贯通，并应与大气连通的排气孔相通；排气道纵横间距宜为6m，宽度宜为40mm，找平层设置的分格缝可兼作排气道，屋面面积每36m2宜设置一个排气孔；排气孔可设置在檐口下或纵横排气道的交叉处。

在纵横排气道交叉处埋设金属或塑料排气管，排气管宜设置在结构层上，穿过保温层及排气道的管壁四周应打孔，以保证排气畅通。排气管周围与防水层交接处应做附加层，排气管的泛水处及顶部应采取防止雨水进入的措施。

（三）屋面保温层施工

1. 板状材料保温层施工

板状材料保温层是指采用聚苯乙烯泡沫塑料、硬质聚氨酯泡沫塑料、膨胀珍珠岩制品、泡沫塑料制品、泡沫混凝土板等板状材料铺设而成的保温层。板状材料保温层有干铺、胶结料粘贴和机械固定三种铺设方法。

板状材料保温层施工要点如下：

①基层应平整、干燥、干净；

②相邻板块应错缝拼接，分层铺设的板块上下层接缝应相互错开，板间缝隙应采用

同类材料嵌填密实。

③采用干铺法施工时，板状保温材料应紧靠在基层表面上，并应铺平垫稳。

④采用黏结法施工时，胶粘剂应与保温材料相容，板状保温材料应贴严、粘牢，在胶粘剂固化前不得上人踩踏。

⑤采用机械固定法施工时，固定件应固定在结构层上，固定件的间距应符合设计要求。

2. 纤维材料保温层施工

纤维材料保温层是指将熔融岩石、矿渣、玻璃等原料经高温熔化，采用离心法或气体喷射法制成的板状或毡状纤维制品。板状纤维保温材料多用于金属压型板的上面，常采用螺钉和垫片将保温板与压型板固定，固定点应设在压型板的波峰上。毡状纤维保温材料用于混凝土基层的上面时，常采用塑料钉先与基层粘牢，再放入保温毡，最后将塑料垫片与塑料钉端热熔焊接。

纤维材料保温层施工要点如下：

①纤维保温材料在施工时，应采取防潮措施；由于纤维保温材料的压缩强度很小，故应避免重压。

②纤维保温材料铺设时，平面拼接缝应贴紧，上下层拼接缝应相互错开。

③屋面坡度较大时，纤维保温材料宜采用机械固定法施工。

④在铺设纤维保温材料时，应做好劳动保护工作。施工人员应穿戴头罩、口罩、手套、鞋、帽和工作服，以防矿物纤维刺伤皮肤和眼睛或吸入肺部。

3. 喷涂硬泡聚氨酯保温层施工

喷涂硬泡聚氨酯保温层是以异氰酸酯、多元醇为主要原料加入发泡剂等添加剂，现场使用专用喷涂设备在基层上连续多遍喷涂发泡聚氨酯后，形成的无接缝硬泡体保温层。

喷涂硬泡聚氨酯保温层施工要点如下：

①施工前应对喷涂设备进行调试，并应喷涂试块进行材料性能检测。

②喷涂时，喷嘴与施工基面的间距应由试验确定。

③喷涂硬泡聚氨酯的配合比应准确计量，发泡厚度应均匀一致。

④一个作业面应分遍喷涂完成，每遍喷涂厚度不宜大于 15mm，硬泡聚氨酯喷涂后 20min 内严禁上人。

⑤喷涂作业时，应采取防止污染的遮挡措施。

4. 现浇泡沫混凝土保温层施工

现浇泡沫混凝土保温层是指先用物理方法将发泡剂水溶液制备成泡沫，再将泡沫加入由水泥、集料、掺合料、外加剂和水等制成的料浆中，经混合搅拌、现场浇筑、自然养护而成的轻质多孔混凝土保温层。

现浇泡沫混凝土保温层施工要点如下：

①基层应清理干净，不得有油污、浮尘和积水。

②泡沫混凝土应按设计要求的干密度和抗压强度进行配合比设计，拌制时应计量准

确并搅拌均匀。

③泡沫混凝土应按设计的厚度设定浇筑面标高线，找坡时宜采取挡板辅助措施。

④泡沫混凝土的浇筑出料口离基层的高度不宜超过 1m，泵送时应采取低压泵送。

⑤泡沫混凝土应分层浇筑，一次浇筑厚度不宜超过 200mm，终凝后应进行保湿养护，养护时间不得少于 7d。

四、卷材防水层施工

卷材防水层是指利用胶结材料在屋面基层上铺贴防水卷材进行防水的屋面构造层次。卷材防水层宜采用高聚物改性沥青防水卷材和合成高分子防水卷材。所选用的基层处理剂、胶粘剂、密封材料等配套材料应与铺贴的卷材性相容。

（一）卷材防水材料进场验收与贮运保管

1. 卷材防水材料进场验收

①进场的防水卷材应检验下列项目：高聚物改性沥青防水卷材：可溶物含量、拉力、最大拉力时延伸率、耐热度、低温柔性、不透水性。合成高分子防水卷材：断裂拉伸强度、扯断伸长率、低温弯折性、不透水性。

现场抽样数量：同一品种、牌号和规格的卷材，大于 1000 卷抽 5 卷，500 ~ 1000 卷抽 4 卷，100 ~ 499 卷抽 3 卷，少于 100 卷抽 2 卷，进行规格尺寸和外观质量检验。在外观质量检验合格的卷材中，任取 1 卷做物理性能检验。

②进场的基层处理剂、胶粘剂和胶粘带，应检验下列项目：沥青基防水卷材用基层处理剂的固体含量、耐热性、低温柔性、剥离强度。高分子胶粘剂的剥离强度、浸水 168h 后的剥离强度保持率。改性沥青胶粘剂的剥离强度。合成橡胶胶粘带的剥离强度、浸水 168h 后的剥离强度保持率。

现场抽样数量：每 10℃为一批，不足 10℃者按一批抽样。

2. 卷材防水材料贮运保管

①防水卷材的贮运、保管应符合下列规定：不同品种、规格的卷材应分别堆放。

②卷材应贮存在阴凉通风处，应避免雨淋、日晒和受潮，严禁接近火源。

③卷材应避免与化学介质及有机溶剂等有害物质接触。

②胶粘剂和胶粘带的贮运、保管应符合下列规定：不同品种、规格的胶粘剂和胶粘带，应分别用密封桶或纸箱包装。胶粘剂和胶粘带应贮存在阴凉通风的室内，严禁接近火源和热源。

（二）卷材防水层施工工艺

工艺流程：基层表面清理、修补→喷涂基层处理剂→节点附加增强处理→定位、弹线、试铺→铺贴卷材→收头处理、节点密封→清理、检查、修整→蓄水试验→保护层施工。

1. 卷材防水层施工工艺一般施工规定

①卷材防水层基层应坚实、干净、平整，应无孔隙、起砂和裂缝。基层的干燥程度应根据所选防水卷材的特性确定。

②卷材防水层铺贴顺序和方向应符合下列规定：卷材防水层施工时，应先进行细部构造处理，然后由屋面最低标高向上铺贴。檐沟、天沟卷材施工时，宜顺檐沟、天沟方向铺贴，搭接缝应顺流水方向。卷材宜平行屋脊铺贴，上下层卷材不得相互垂直铺贴。

③立面或大坡面铺贴卷材时，应采用满粘法，并宜减少卷材短边搭接。

④采用基层处理剂时，其配制与施工应符合下列规定：基层处理剂应与卷材相容，并尽量选择防水卷材生产厂家配套的基层处理剂。基层处理剂应按有关规定或说明书的配合比要求，准确计量，混合后应搅拌 3 ~ 5min，使其充分均匀。喷、涂基层处理剂前，应先对屋面细部进行涂刷。基层处理剂可选用喷涂或涂刷施工工艺，喷、涂应均匀一致，干燥后应及时进行卷材施工。常温下基层处理剂的干燥时间为 4h 左右。

⑤卷材搭接缝应符合下列规定：平行屋脊的搭接缝应顺流水方向。同一层相邻两幅卷材短边搭接缝错开不应小于 500mm。上下层卷材长边搭接缝应错开，且不应小于幅宽的 1/3。叠层铺贴的各层卷材，在天沟与屋面的交接处，应采用叉接法搭接，搭接缝应错开；搭接缝宜留在屋面与天沟侧面，不宜留在沟底。

⑥卷材防水层的施工环境温度应符合下列规定：热熔法和焊接法不宜低于 −10℃。冷粘法和热粘法不宜低于 5℃。自粘法不宜低于 10℃。

2. 热熔法铺贴卷材施工

热熔法施工是指利用火焰加热器加热熔化热熔型防水卷材底层的热熔胶进行黏结的施工方法。这种施工方法受气候影响小，对基层表面干燥程度要求相对宽松。高聚物改性沥青卷材，由于其底面涂有改性沥青热熔胶，因此，可采用热熔法施工。但厚度小于 3mm 的高聚物改性沥青防水卷材，严禁采用热熔法施工。

①热熔法铺贴卷材施工工艺流程：热源烘烤、滚铺防水卷材→排气压实→接缝热熔压牢→接缝密封。

②热熔洼铺贴卷材施工要点：火焰加热器的喷嘴距卷材面保持 50 ~ 100mm 距离，与基层呈 30° ~ 45° 角，将火焰对准卷材与基层交接处，同时加热卷材底面热熔胶面和基层，以卷材表面熔融至光亮黑色为度，不得过分加热卷材。幅宽内加热应均匀。卷材表面沥青热熔后应立即滚铺卷材，滚铺时应排除卷材下面的空气，使之平展并粘贴牢固。搭接缝部位宜以溢出热熔的改性沥青胶结料为度，溢出的改性沥青胶结料宽度宜为 8mm，并宜均匀顺直；当接缝处的卷材上有矿物粒或片料时，应用火焰烘烤及清除干净后，再进行热熔和接缝处理。铺贴卷材时应平整、顺直，搭接尺寸应准确，不得扭曲。

3. 冷粘法铺贴卷材施工

冷粘法铺贴卷材施工是指在常温下采用胶粘剂将卷材与基层、卷材与卷材进行粘接的施工方法。合成高分子卷材一般只能采用冷粘法铺贴，而高聚物改性沥青卷材除热熔法铺贴外，也可采用冷粘法铺贴。

①冷粘法铺贴卷材施工工艺流程：基面涂刷胶粘剂→卷材底面涂刷胶粘剂→卷材粘贴→滚压排汽→搭接缝涂胶粘合、压实→搭接缝密封。

②冷粘法铺贴卷材施工要点：胶粘剂涂刷应均匀，不露底，不堆积。卷材采用空铺法、点粘法、条粘法时，应在屋面周边800mm宽的部位满粘贴。点粘时每平方米黏结不少于5个点，每点面积为100mm×100mm，条粘时每幅卷材与基层黏结面不少于2条，每条宽度不小于150mm。应根据胶粘剂的性能与施工环境、气温条件等，控制胶粘剂涂刷与卷材铺贴的间隔时间，通常为10～30min。施工时可凭经验确定，以手触摸不粘手即可。铺贴卷材时应排除卷材下面的空气，并应辗压粘贴牢固。铺贴的卷材应平整、顺直，搭接尺寸应准确，不得扭曲、皱褶；搭接部位的接缝应满涂胶粘剂，辗压应粘贴牢固。合成高分子卷材铺好压粘后，应将搭接部位的粘合面清理干净，并应采用与卷材配套的辊压粘贴牢固。合成高分子卷材搭接部位采用胶粘带黏结时，粘合面应清理干净，必要时可涂刷与卷材及胶粘带材性相容的基层胶粘剂，撕去胶粘带隔离纸后应及时粘合接缝部位的卷材，并应辊压粘贴牢固；低温施工时，宜采用热风机加热。搭接缝口应用材性相容的密封材料封严。

五、保护层和隔离层施工

保护层是对屋面防水层起防护作用的构造层。在卷材或涂膜防水层上应设置保护层，以保护防水层不直接受阳光紫外线照射或酸雨等侵害及人为的破坏，从而延长防水层的使用寿命。

隔离层是消除相邻两种材料之间黏结力、机械咬合力、化学反应等不利影响的构造层。在刚性保护层与卷材、涂膜防水层之间应设置隔离层，以避免刚性保护层膨胀变形时对防水层造成损坏。

（一）保护层和隔离层施工一般要求

①上人屋面保护层可采用块体材料、细石混凝土等材料；不上人屋面保护层可采用浅色涂料、铝箔、矿物粒料、水泥砂浆等材料。通常，在改性沥青防水卷材生产过程中，直接将铝箔、矿物粒料覆盖在卷材表面作为保护层。

②采用块体材料做保护层时，宜设分格缝，其纵横间距不宜大于10m，分格缝宽度宜为20mm，并应用密封材料嵌填，以防块体材料因温度升高而膨胀隆起。

③采用水泥砂浆做保护层时，表面应抹平压光并设表面分格缝，分格面积宜为1m^2。

④采用细石混凝土做保护层时，表面应抹平压光并设分格缝。其纵横间距不应大于6m，分格缝宽度宜为10～20mm，并应用密封材料嵌填。

⑤采用浅色涂料做保护层时，应与防水层黏结牢固，厚薄应均匀，不得漏涂。浅色涂料是指丙烯酸系反射涂料，它主要以丙烯酸酯树脂加工而成，具有良好的黏结性和不透水性；产品化学性质稳定，能长期经受日光照射和气候条件变化的影响，具有优良的耐紫外线、耐老化性和耐久性，可在各类防水材料基面上作耐候、耐紫外线罩面防护。

⑥块体材料、水泥砂浆、细石混凝土保护层与女儿墙或山墙之间，应预留宽度为30mm的缝隙，缝内宜填塞聚苯乙烯泡沫塑料，并应用密封材料嵌填。

⑦需经常维护的设施周围和屋面出入口至设施之间的人行道，应铺设块体材料或细石混凝土保护层，以避免在搬运材料、工具及维护作业中对防水层造成损伤和破坏。

⑧块体材料、水泥砂浆、细石混凝土保护层与卷材、涂膜防水层之间，应设置隔离层。

（二）保护层和隔离层施工要点

①施工完的防水层应进行雨后观察、淋水或蓄水试验，并应在合格后再进行保护层和隔离层的施工。

②保护层和隔离层施工前，防水层或保温层的表面应平整、干净。

③保护层和隔离层施工时，应避免损坏防水层或保温层。

④块体材料、水泥砂浆、细石混凝土保护层表面的坡度应符合设计要求，不得有积水现象。

⑤块体材料保护层铺设应符合下列规定：在砂结合层上铺设块体时，砂结合层应平整，块体间应预留10mm的缝隙，缝内应填砂，并应用1∶2水泥砂浆勾缝。在水泥砂浆结合层上铺设块体时，应先在防水层上做隔离层，块体间应预留10mm的缝隙，缝内应用1∶2水泥砂浆勾缝。块体表面应洁净、色泽一致，应无裂纹、掉角和缺楞等缺陷。

⑥水泥砂浆及细石混凝土保护层铺设应符合下列规定：水泥砂浆及细石混凝土保护层铺设前，应在防水层上做隔离层。细石混凝土铺设不宜留施工缝；当施工间隙超过时间规定时，应对接槎进行处理。水泥砂浆及细石混凝土表面应抹平压光，不得有裂纹、脱皮、麻面、起砂等缺陷。

⑦浅色涂料保护层施工应符合下列规定：浅色涂料应与卷材、涂膜相容，材料用量应根据产品说明书的规定使用。浅色涂料应多遍涂刷，当防水层为涂膜时，应在涂膜固化后进行。涂层应与防水层黏结牢固，厚薄应均匀，不得漏涂。涂层表面应平整，不得有流淌和堆积。

⑧干铺塑料膜、土工布、卷材时，其搭接宽度不应小于50mm，铺设应平整，不得有皱折。

⑨低强度等级砂浆铺设时，其表面应平整、压实，不得有起壳和起砂等现象。

六、屋面细部防水构造处理

屋面细部构造包括檐口、檐沟和天沟、女儿墙和山墙、水落口、变形缝、伸出屋面管道、屋面出入口、反梁过水孔、设施基座、屋脊、屋顶窗等部位，是屋面工程中最容易出现渗漏的薄弱环节。根据历次全国屋面渗漏调查资料分析，细部构造的渗漏占全部渗漏建筑的70%以上，由此可以看出屋面细部构造防水的重要性。

屋面大面积防水层施工前，应先对节点进行处理，如进行密封材料嵌填、铺设附加层（附加层一般采用卷材或带有胎体增强材料的涂膜）等。有些节点如卷材收头、变形缝等的处理，则应在大面积卷材防水层完成后进行。

第四节　地下水防水工程

一、防水混凝土施工

防水混凝土是通过调整配合比，掺加外加剂、掺合料等方法配制而成的一种混凝土。防水混凝土在常温下具有较高的抗渗性，是主体结构防水的一道重要防线。但防水混凝土的抗渗性会随着环境温度的提高而降低，因而不适用于环境温度高于80℃的地下工程。

防水混凝土应满足抗渗等级要求，并应根据地下工程所处的环境和工作条件，满足抗压、抗冻和抗侵蚀性等耐久性要求。

（一）防水混凝土施工一般规定

防水混凝土的施工配合比应通过试验确定，试配混凝土的抗渗等级应比设计要求提高0.2MPa。

防水混凝土结构底板的混凝土垫层，强度等级不应小于C15，厚度不应小于100mm，在软弱土层中不应小于150mm。

防水混凝土结构应符合下列规定：

①结构厚度不应小于250mm。

②裂缝宽度不得大于0.2mm，并不得贯通。

③钢筋保护层厚度应根据结构的耐久性和工程环境选用，迎水面钢筋保护层厚度不应小于50mm。

（二）防水混凝土施工材料要求

防水混凝土的原材料、配合比、坍落度及抗压强度和抗渗性能必须符合设计要求。

1. 水泥

用于防水混凝土的水泥应符合下列规定：

①宜采用普通硅酸盐水泥或硅酸盐水泥，采用其他品种水泥时应经试验确定。

②在受侵蚀性介质作用时，应按介质的性质选用相应的水泥品种。

③不得使用过期或受潮结块的水泥，并不得将不同品种或强度等级的水泥混合使用

2. 砂、石

用于防水混凝土的砂、石应符合下列规定：

①砂宜选用中粗砂，含泥量不应大于3.0%，泥块含量不宜大于1.0%。

②不宜使用海砂：在没有使用河砂的条件时，应对海砂进行处理后才能使用，且控

制氯离子含量不得大于 0.06%。

③碎石或卵石的粒径宜为 5 ~ 40m，含泥量不应大于 1.0%，泥块含量不应大于 0.5%。

④对长期处于潮湿环境的重要结构混凝土用砂、石，应进行碱活性检验。

3. 矿物掺合料

防水混凝土选用矿物掺合料时，应符合下列规定：

①粉煤灰的级别不应低于二级，烧失量不应大于 5%。

②硅粉的比表面积不应小于 15000m/2kg，SiO_2 含量不应小于 85%。

4. 外加剂

①防水混凝土可根据工程需要掺入减水剂、膨胀剂、防水剂、密实剂、引气剂、复合型外加剂及水泥基渗透结晶型材料，其品种和用量应经试验确定。

②掺加引气剂或引气型减水剂的混凝土，其含气量宜控制在 3% ~ 5%。

③考虑外加剂对硬化混凝土收缩性能的影响。

④严禁使用对人体产生危害、对环境产生污染的外加剂。

5. 配合比

防水混凝土的配合比应经试验确定，并应符合下列规定：

①试配混凝土的抗渗等级应比设计要求提高 0.2MPa。

②混凝土胶凝材料总量不宜小于 320kg/m³，其中水泥用量不宜少于 260kg/m³；粉煤灰掺量宜为胶凝材料总量的 20% ~ 30%，硅粉的掺量宜为胶凝材料总量的 2% ~ 5%。

③水胶比不得大于 0.50，有侵蚀性介质时水胶比不宜大于 0.45。

④砂率宜为 35% ~ 40%，泵送时可增加到 45%。

⑤灰砂比宜为 1 ：1.5 ~ 1 ：2.5。

⑥混凝土拌合物的氯离子含量不应超过胶凝材料总量的 0.1%；混凝土中各类材料的总碱量即 Na_2O 当量不得大于 3kg/m³。

防水混凝土采用预拌混凝土时，入泵坍落度宜控制在 120 ~ 140mm，坍落度每小时损失不应大于 20mm，坍落度总损失值不应大于 40mm。预拌混凝土的初凝时间宜为 6 ~ 8h。

（三）防水混凝土施工施工要点

防水混凝土除满足设计要求外，更重要的是要保证其施工质量。

①模板。防水混凝土所用模板，除满足一般要求外，应特别注意拼缝严密，支撑牢固。一般不宜使用穿过防水混凝土结构的螺栓或钢丝固定模板，以防产生引水现象。用于固定模板的螺栓必须穿过混凝土结构时，可采用工具式螺栓或螺栓加堵头，螺栓上应加焊方形止水环。拆模后应将留下的凹槽用密封材料封堵密实，并应用聚合物水泥砂浆抹平。

②钢筋。为了有效地保护钢筋、阻止钢筋的引水作用，绑扎钢筋时，应按设计规定留设保护层，并避免结构内部设置的各种钢筋及绑扎钢丝接触模板。留设保护层时，应

以相同配合比的细石混凝土或水泥砂浆垫块垫起钢筋。

③混凝土。防水混凝土施工中，混凝土的配料、搅拌、运输、浇筑、振捣及养护等环节都直接影响着工程质量，因此要严格控制每个施工环节。

防水混凝土应采用机械搅拌，搅拌时间比普通混凝土略长，一般不少于120s。掺外加剂时，搅拌时间应根据外加剂的技术要求确定。

防水混凝土拌合物在运输过程中要防止产生离析和坍落度损失。当出现离析时，必须进行二次搅拌。当坍落度损失不能满足施工要求时，应加入原水胶比的水泥浆或掺加同品种的减水剂进行搅拌，严禁直接加水。

防水混凝土应分层连续浇筑，并采用机械振捣。分层厚度不得大于500mm；振捣时间宜为10~30s，以混凝土开始泛浆和不冒气泡为准；应避免漏振、欠振和超振。若掺入引气剂或引气型减水剂时，应采用高频插入式振动器振捣。

防水混凝土终凝后应立即进行养护，养护时间不得少于14d。

④施工缝。施工缝是防水结构最易发生渗漏的部位，因此防水混凝土施工时，应连续浇筑，少留设施工缝。当留设施工缝时，应符合下列规定：墙体水平施工缝不应留设在剪力最大处或底板与侧墙的交接处，应留设在高出底板表面不小于300mm的墙体上。拱（板）墙结合的水平施工缝，宜留设在拱（板）墙接缝线以下150~300mm处。墙体有顶留孔洞时，施工缝距孔洞边缘不应小于300mm。

垂直施工缝应避开地下水和裂隙水较多的地段，并宜与变形缝相结合。

施工缝的施工应符合下列要求：水平施工缝浇筑混凝土前，应将其表面浮浆和杂物清除，然后铺设净浆或涂刷混凝土界面处理剂、水泥基渗透结晶型防水涂料等材料，再铺30~50mm厚的水泥砂浆，并应及时浇筑混凝土。垂直施工缝浇筑混凝土前，应将其表面清理干净，再涂刷混凝土界面处理剂或水泥基渗透结晶型防水涂料，并应及时浇筑混凝土。遇水膨胀止水条（胶）应与接缝表面密贴。选用的遇水膨胀止水条（胶）应具有缓胀性能，7d的净膨胀率不宜大于最终膨胀率的60%，最终膨胀率宜大于220%。采用中埋式止水带或预埋式注浆管时，应定位准确、固定牢靠。

二、水泥砂浆防水层施工

水泥砂浆防水层可作为主体结构防水中的一道防水，适用于地下工程主体结构的迎水面或背水面，不适用于受持续振动或环境温度高于80℃的地下工程防水。水泥砂浆防水层应在基础垫层、初期支护、围护结构及内衬结构验收合格后施工。

（一）水泥砂浆防水层施工一般规定

水泥砂浆防水层应采用聚合物水泥防水砂浆、掺外加剂（如防水剂、减水剂等）或掺合料的防水砂浆。聚合物水泥防水砂浆厚度单层施工宜为6~8mm，双层施工宜为10~12mm；掺外加剂或掺合料的水泥防水砂浆厚度宜为18~20mm。

水泥砂浆防水层的基层混凝土强度或砌体用的砂浆强度均不应低于设计值的80%。

水泥砂浆防水层所用的材料应符合下列规定：

①水泥应使用普通硅酸盐水泥、硅酸盐水泥或特种水泥，不得使用过期或受潮结块的水泥。

②砂宜采用中砂，含泥量不应大于1%，硫化物和硫酸盐含量不得大于1%。

③用于拌制水泥砂浆的水应采用不含有害物质的洁净水。

④聚合物乳液的外观为均匀液体，无杂质、无沉淀、不分层。

聚合物水泥防水砂浆，即在水泥砂浆中掺入高分子聚合物配制而成的防水砂浆，具有较好的韧性和耐冲击性能，是近年来国内发展较快、具有较好防水效果的新型防水材料。

目前使用的聚合物种类较多，在地下工程中常用的聚合物有乙烯-醋酸乙烯共聚物、聚丙烯醋酸、有机硅、丁苯胶乳、氯丁胶乳等。

（二）水泥砂浆防水层施工施工要点

①基层表面应平整、坚实、清洁，并应充分湿润、无明水。

②基层表面的孔洞、缝隙应采用与防水层相同的防水砂浆堵塞并抹平。

③施工前，应先将预埋件、穿墙管预留凹槽内嵌填密封材料后，再施工水泥砂浆防水层。

④防水砂浆的配合比和施工方法应符合所掺材料的规定，其中，聚合物水泥防水砂浆的用水量应包括乳液中的含水量。

⑤水泥砂浆防水层应分层铺抹或喷射，铺抹时应压实、抹平，最后一层表面应提浆压光。

⑥聚合物水泥防水砂浆拌和后应在规定时间内用完，施工中不得任意加水。

⑦水泥砂浆防水层各层应紧密粘合，每层宜连续施工；必须留设施工缝时，应采用阶梯坡形槎，但离阴阳角处的距离不得小于200mm。

⑧水泥砂浆防水层不得在雨天或五级及以上大风天气中施工。冬期施工时，气温不应低于5℃。夏季不宜在30℃以上或烈日照射下施工。

⑨水泥砂浆防水层终凝后，应及时进行养护，养护温度不宜低于5℃，并应保持砂浆表面湿润，养护时间不得少于14d。聚合物水泥防水砂浆未达到硬化状态时，不得浇水养护或直接受雨水冲刷，硬化后应采用干湿交替的养护方法。在潮湿环境中，可在自然条件下养护。

⑩水泥砂浆防水层分项工程检验批的抽样检验数量，应按施工面积每100m²抽查1处，每处10m²，且不得少于3处。

三、涂膜防水层施工

涂膜防水层适用于受侵蚀性介质作用或受震动作用的地下工程，可作为主体结构防水中的一道防水。用于地下工程的防水层涂料包括有机防水涂料和无机防水涂料。有机防水涂料宜用于主体结构的迎水面，无机防水涂料宜用于主体结构的迎水面或背水面。涂膜防水层宜采用外防外涂或外防内涂两种施工做法。

（一）涂膜防水层施工一般规定

防水涂料品种的选择应符合下列规定：

①潮湿基层宜选用与潮湿基面黏结力大的无机防水涂料或有机防水涂料，也可采用先涂无机防水涂料而后再涂有机防水涂料构成复合防水涂层。

②冬期施工宜选用反应型涂料。

③埋置深度较深的重要工程、有振动或有较大变形的工程，宜选用高弹性防水涂料。

④有腐蚀性的地下环境宜选用耐腐蚀性较好的有机防水涂料，并应做刚性保护层。

⑤聚合物水泥防水涂料（以聚合物乳液和水泥为主要原料，加入其他添加剂制成的双组分防水涂料）应选用Ⅱ型产品。Ⅱ型产品是指以水泥为主的防水涂料，主要用于长期浸水环境下的建筑防水工程。

采用有机防水涂料时，基层阴阳角应做成圆弧形，阴角直径宜大于 50mm，阳角直径宜大于 10mm，在底板转角部位应增加胎体增强材料，并应增涂防水涂料。

掺外加剂、掺合料的水泥基防水涂料厚度不得小于 3.0mm；水泥基渗透结晶型防水涂料的用量不应小于 $1.5kg/m^2$，且厚度不应小于 1.0mm；有机防水涂料的厚度不得小于 1.2mm。

防水涂料进场应检查产品的合格证、产品性能检测报告，并进行现场抽样复验。

（二）涂膜防水层施工要点

①有机防水涂料基面应干燥。当基面较潮湿时，应涂刷湿固化型胶粘剂或潮湿界面隔离剂；无机防水涂料施工前，基面应充分润湿，但不得有明水。

②涂料防水层的施工应符合下列规定：多组分涂料应按配合比准确计量、搅拌均匀，并应根据有效时间确定每次配制的用量。涂料应分层涂刷或喷涂，涂层应均匀，涂刷应待前遍涂层干燥成膜后进行；每遍涂刷时应交替改变涂层的涂刷方向，同层涂膜的先后搭压宽度宜为 30 ~ 50mm。涂膜防水层的甩槎处接缝宽度不应小于 100mm，接涂前应将其甩槎表面处理干净。采用有机防水涂料时，基层阴阳角处应做成圆弧；在转角处、变形缝、施工缝、穿墙管等部位应增加胎体增强材料和增涂防水涂料，宽度不应小于 50mm。胎体增强材料的搭接宽度不应小于 100mm，上下两层和相邻两幅胎体的接缝应错开 1/3 幅宽，且上下两层胎体不得相互垂直铺贴。

③涂膜防水层完工并经验收合格后应及时做保护层。保护层应符合下列规定：顶板的细石混凝土保护层与防水层之间宜设置隔离层。细石混凝土保护层厚度：机械回填时不宜小于 70mm，人工回填时不宜小于 50mm。底板的细石混凝土保护层厚度不应小于 50mm。侧墙宜采用软质保护材料或铺抹 20mm 厚 1∶2.5 水泥砂浆。涂膜防水层的平均厚度应符合设计要求，最小厚度不得低于设计厚度的 90%。涂膜防水层分项工程检验批的抽检数量，应按铺贴面积每 100m2 抽查 1 处，每处 $10m^2$，且不得少于 3 处。

四、地下工程混凝土结构

（一）变形缝防水处理

变形缝应满足密封防水、适应变形、施工方便、检修容易等要求。用于伸缩的变形缝宜少设，可根据不同的工程结构类别、工程地质情况采用后浇带、加强带、诱导缝等替代措施。变形缝处混凝土结构的厚度不应小于 300mm。

变形缝防水施工要点如下：

①中埋式止水带埋设位置应准确，其中间空心圆环与变形缝的中心线应重合。

②止水带埋设位置应准确，固定应牢靠，并与固定止水带的基层密贴，不得出现空鼓、翘边等现象；顶板、底板内止水带应安装成盆状，并宜采用专用钢筋套或扁钢固定。

③中埋式止水带的接缝应设在边墙较高位置上，不得设在结构转角处；接头宜采用热压焊接，接缝应平整、牢固，不得有裂口和脱胶现象。

④中埋式止水带在转角处应做成圆弧形，（钢边）橡胶止水带的转角半径不应小于 200mm，转角半径应随止水带的宽度增大而相应加大。

⑤外贴式止水带在变形缝与施工缝相交部位宜采用十字配件；外贴式止水带在变形缝转角部位宜采用直角配件。

⑥安设于结构内侧的可卸式止水带所需配件应一次配齐，转角处应做成 45°坡角，并增加紧固件的数量。

⑦嵌填密封材料的缝内两侧基面应平整、洁净、干燥，并应涂刷基层处理剂；嵌缝底部应设置背衬材料；密封材料嵌填应严密、连续、饱满，黏结牢固。

⑧变形缝处表面粘贴卷材或涂刷涂料前，应在缝上设置隔离层和加强层。

（二）后浇带防水处理

后浇带是指为适应环境温度变化、混凝土收缩、结构不均匀沉降等因素影响，在梁、板（包括基础底板）、墙等结构中预留的具有一定宽度且经过一定时间后再浇筑的混凝土带。后浇带应设在受力和变形较小的部位，其间距和位置应按结构设计要求确定，宽度宜为 700～1000mm。后浇带两侧可做成平直缝或阶梯缝，结构主筋不宜在缝中断开，如必须断开，则主筋搭接长度应大于 45 倍主筋直径并应按设计要求加设附加钢筋。

后浇带防水施工要点如下：

①后浇带应在其两侧混凝土龄期达到 42d 后再施工（混凝土的收缩变形一般在龄期为 6 周后才能基本稳定）；高层建筑的后浇带施工应按规定时间进行。

②后浇带两侧接缝采用遇水膨胀止水条时，应在表面涂缓膨胀剂，防止由于降雨或施工用水等使止水条过早膨胀；止水条应牢固地安装在缝表面或预留凹槽内，保证止水条与施工缝基面密贴；止水条采用搭接连接时，搭接宽度不得小于 30mm。后浇带两侧接缝采用遇水膨胀止水胶时，涂胶宽度及厚度应符合设计要求；止水胶固化期内应采取临时保护措施；止水胶固化前不得浇筑混凝土。后浇带两侧接缝处采用外贴式止水带时，外贴式止水带埋设位置应准确，固定应牢靠。

③后浇带应采用补偿收缩混凝土浇筑，其抗渗和抗压强度等级不应低于两侧混凝土。补偿收缩混凝土中掺膨胀剂的掺量宜为 6% ~ 12%，实际配合比的掺量应根据限制膨胀率的设计值经试验确定。膨胀剂参量应以胶凝材料总量的百分比表示。

④后浇带混凝土施工前，后浇带部位和外贴式止水带应予以保护，严防落入杂物和损伤外贴式止水带。

⑤补偿收缩混凝土浇筑前，必须先将后浇带两侧的接缝表面清理干净，再涂刷混凝土界面处理剂或水泥基渗透结晶型防水涂料，并及时浇灌补偿收缩混凝土，以保证先后浇筑的混凝土相互黏结牢固，不出现裂缝，使其起到结构和防水的双重作用。

⑥后浇带混凝土应一次浇筑，不得留设施工缝；混凝土浇筑后应及时养护，养护时间不得少于 28d。

（三）管道埋设处防水处理

地下工程中预先埋设穿墙管（盒），主要是为了避免浇筑混凝土完成后，再重新凿洞破坏防水层，从而形成工程渗漏水的隐患。穿墙管外壁与混凝土交界处是地下防水的薄弱环节，应加强防水处理。通常，当结构变形或管道伸缩量较小时，穿墙管采用主管直接埋入混凝土内的固定式防水法。为防止渗漏，主管应加焊止水环或环绕遇水膨胀止水圈，并应在迎水面预留凹槽，槽内嵌填密封材料。结构变形或管道伸缩量较大或有更换要求时，应采用套管式防水法，套管应加焊止水环。

管道埋设施工要点如下：

（1）穿墙管应在浇筑混凝土前埋设，并使其与内墙角、凹凸部位的距离大于 250mm。相邻穿墙管之间的间距应大于 300mm。

（2）金属止水环应与主管或套管满焊密实，采用套管式穿墙防水构造时，翼环与套管应满焊密实，并应在施工前将套管内表面清理干净。

（3）采用遇水膨胀止水圈的穿墙管，管径宜小于 50mm，止水圈应采用胶粘剂满粘固定于管上，并应涂缓胀剂或采用缓胀型遇水膨胀止水圈。

④穿墙管线较多时，宜相对集中，并应采用穿墙盒方法。穿墙盒的封口钢板应与墙上的预埋角钢焊严，并应从钢板上的预留浇筑孔注入柔性密封材料或细石混凝土。

⑤当工程有防护要求时穿墙管除应采取防水措施外，还应采取满足防护要求的措施。

⑥穿墙管伸出外墙的部位应采取防止回填时将管体损坏的措施。

第六章　智能化建筑施工技术

第一节　智能化建筑工程的施工过程

一、智能化建筑与智能化建筑系统

智能化建筑是以建筑为平台，兼备建筑设备、办公自动化及通信网络系统，集结构、系统、服务、管理及它们之间的最优化组合，向人们提供一个安全、高效、舒适、便利的建筑环境。智能化建筑既包括设备物理建筑环境，又包括管理和服务、逻辑、功能等在文化、经济和社会效益方面的建筑软环境，它是一个综合建筑环境。

在智能化建筑内，以综合布线为基本传输媒质，以计算机网络（主要是局域网，包括硬件和软件）为主要通信和控制手段，对通信网络系统、办公自动化系统、建筑设备自动化系统等所有功能系统，通过系统集成进行综合配置和综合管理，形成了一个设备和网络、硬件和软件、控制管理和提供服务有机结合于一体的综合建筑环境。

智能化建筑系统是建筑物的重要组成部分，主要进行传播信号、信息交换等，处理对象主要是信息，即信息的传达与控制，其特点是电压低、电流小、功率小、频率高，主要解决的问题是信息传送的效率，如信息传送的保真度、速度、广度和可靠性等。由于智能化建筑系统的引入，使建筑物的服务功能大大扩展，增加了建筑物与外界的信息交换能力。

随着电子学、计算机、激光、光纤通信和各种遥控遥感技术的发展，以及进入高度信息化的时代，有更多的智能化建筑系统进入建筑领域，因此，智能化建筑工程的安装、施工也将日益复杂化、高技术化。

二、智能化建筑工程的施工准备

①学习和掌握有关智能化建筑工程的设计规范和施工及验收标准。

②熟悉和审查智能化建筑工程施工图样，包括学习图样、了解图样的设计思想，掌握设计内容及技术条件，会审图样，核对土建与安装施工图样之间有无矛盾和错误，明确各专业之间的配合关系。

③确定智能化建筑系统施工工期的时间表。该施工工期时间表包括系统施工图的确认或二次深化设计、设备选购、管线施工、设备安装前单体验收、设备安装、系统调试开通、系统竣工验收和培训等。

④智能化建筑安装工程施工预算。安装工程施工预算主要有设计概算、施工图预算、设计预算及电气工程概算。

⑤施工组织设计。施工组织设计包括施工组织总体设计、施工组织设计和施工方案。

三、智能化建筑工程的施工

（一）智能化建筑系统预留孔洞和预埋管线与土建工程的配合

①在土建基础施工中，应做好接地工程引线孔、地坪中配管的过墙孔、电缆过墙保护管和进线管的预埋工作。

②在土建初期的地下层工程中，应做好智能化建筑系统线槽孔洞预留和消防、保安系统管线的预埋。

③在地坪施工阶段，地坪内配管的过墙尺寸应根据线管的外径、数量和预埋部位来决定。

④在内线工程中，应做好以下工作：墙体上智能化建筑系统经常需要做暗管配线敷设、预留孔洞等；预制梁柱结构中应预埋管道、钢板、木砖，或预留钢筋头，在浇制混凝土前安装好管道和固定件；预制楼板安装时，要安排好管线排列次序，选择安装接线盒位置，使接线盒布置对称、成排安装：线管在楼板缝中暗配，可不用接线盒，直接将管子伸下；混凝土地面浇制前，将地面中的管子安放好，敷设好室内的接地线，安装好各种箱体的基础型钢，预埋好设备固定用地脚螺栓；屋面施工中，如有共用天线避雷装置，要在预制或现浇的檐口或女儿墙顶部预埋避雷线支持件，与避雷母线焊接，预埋好固定共用天线的拉锚。

（二）线槽架的施工与土建工程的配合

智能化建筑系统线槽架的安装施工，应在基本土建工程结束以后，并与其他管道（风管、给排水管）的安装同步进行，也可以比管道安装稍退一段时间（约15个工作日），但必须解决好智能化建筑线槽架与管道在空间位置上的合理安置和配合。

（三）管线施工与装饰工程的配合

智能化建筑系统的配线和穿线工作，在土建工程完全结束以后，与装饰工程同步进行，进度安排应避免在装饰工程结束以后，以免造成穿线敷设的困难。

①在吊顶内敷设管线与装饰工程需配合进行，做好吊顶上面管线敷设工作，在吊顶面板上开孔，留出接线盒。

②在轻型复合墙或轻型壁板中配管，测量好接线盒的准确位置，计划好管子走向，与装修人员配合挖孔、挖洞。

（四）各控制室布置与装饰工程配合

各控制室的装饰应与整体的装饰工程同步。智能化建筑系统设备的定位、安装、接线端连线，应在装饰工程基本结束时开始。

四、智能化建筑工程的调试开通

智能化建筑系统的种类很多，性能指标和功能特点的差异也很大。一般是先进行单体设备或部件的调试，而后进行局部或区域调试，最后进行整体系统调试。有些智能化程度高的智能化建筑系统，如智能化火灾自动报警系统，可以先调试报警控制主机，再分别、逐一调试所连接的所有火灾探测器和各类接口模块与设备。

五、智能化建筑工程的竣工验收

①检验批质量合格：主控项目和一般项目的质量经抽样检验合格；具有完整的施工操作依据、质量检查记录。

检验批的质量验收记录由施工项目专业质量检查员填写，检验批质量验收应由监理工程师（建设单位项目专业技术负责人）组织项目专业质量检查员等进行验收。

②分项工程质量验收合格。分项工程所含的检验批均应符合合格质量的规定；分项工程所含的检验批的质量验收记录应完整。分项工程质量应由监理工程师（建设单位项目专业技术负责人）组织项目专业技术负责人等进行验收。

③分部（子分部）工程质量验收合格。分部（子分部）工程所含分项工程的质量均应验收合格；质量控制资料应完整；地基与基础、主体结构和设备安装等分部工程有关安全及功能的检验和抽样检测结果应符合有关规定；观感质量验收应符合要求。

分部（子分部）工程质量应由总监理工程师（建设单位项目专业负责人）组织施工，由项目经理和有关勘察、设计单位项目负责人进行验收。

工程竣工验收是对整个工程建设项目的综合性检查验收。在工程正式验收前，应由施工单位进行预验收，检查有关的技术资料、工程质量，发现问题后及时解决好。

④工程质量不合格的处理经返工（对不合格的工程部位采取的重新制作、重新施工等措施）重做或更换器具、设备的检验批，并应重新进行验收；经有资质的检测单位检

测鉴定能够达到设计要求的检验批，应予以验收；经有资质的检测单位检测鉴定达不到设计要求，但经原设计单位核算认可，能够满足结构安全和使用功能的检验批，可予以验收；经返修（对工程不符合标准规定的部位采取整修等措施）或加固处理的分项、分部工程，虽然改变外形尺寸，但仍能满足安全使用要求的，可按技术处理方案和协商文件进行验收。

六、智能化建筑工程的质量验收程序和组织

检验批及分项工程应由监理工程师（建设单位项目技术负责人）组织施工单位项目专业质量（技术）负责人等进行验收。

分部工程应由总监理工程师（建设单位项目负责人）目负责人和技术、质量负责人等进行验收；地基与基础、程的勘察、设计，单位工程项目负责人和施工单位技术、也应参加相关分部工程的验收。

单位工程完工后，施工单位应自行组织有关人员进行检查评定，并向建设单位提交工程验收报告。

建设单位收到工程验收报告后，应由建设单位（项目）负责人组织施工（含分包单位）、设计、监理等进行单位（子单位）工程验收。

单位工程由分包单位施工时，分包单位对所承包的工程项目应按本标准规定的程序检查评定，总包单位应派人参加。分包工程完成后，应将工程有关资料交给总包单位。

单位工程质量验收合格后，建设单位应在规定时间内将工程竣工验收报告和有关文件，报建设行政管理部门备案。

智能化建筑物管理系统验收，在各个子系统分别调试完成后，演示相应的联动联锁程序。在整个系统验收文件完成以及系统正常运行一个月以后，才可以进行系统验收。在整个集成系统验收前，也可分别进行集成系统各子系统的工程验收。

第二节 安全防范系统的施工技术

一、安全防范工程技术的施工准备

（一）检查施工现场

①施工对象需要满足基本的进场条件，根据相应的施工要求对作业场地和用电方法进行安排布置。

②掌握好施工现场区域建筑物的基本情况，着重检查空洞、地槽以及预留管道。

③道路的使用及占用情况（包括横跨道路）需要符合施工要求。

④摸清管道电缆的敷设以及直埋线缆的路由状况，为各管道做出路由标志。

（二）检查施工准备

①将设计文件和施工图纸准备齐全。

②安排施工人员熟悉施工图纸及有关材料。

③不管是阶段施工还是连续施工，都需要检查好设备、器材、机械、辅助工具等。

④检查好各项有源设备。

二、安全防范工程设备的安装

（一）探测器安装

①探测器安装器，确定好安装地点、警戒范围以及周边环境。

②在安装周界入侵探测器前，要充分考虑使用环境的影响，另外应确保防区交叉，避免出现盲区。

③固定好探测器底座和探测器支架。

④连接导线时要注意外接部分不得外露，留适当余量，保证整个接线工作牢固可靠。

（二）紧急按钮安装

紧急按钮的安装位置应隐蔽，便于操作。紧急按钮的两端需要串接在输入电源的正极土电路上。

（三）摄像机安装

①摄像机室内的安装高度应大于等于 2.5m，室外的安装高度应大于等于 3.5m，并且整个安装过程应符合监视目标视场范围要求。

②保证摄像机及其配套设置安装牢固，能运转灵活，并与周边环境保持协调。

③为避免受到强电磁干扰，摄像机应与地面进行隔离。

④摄像机所引线路的外露部分应用软管保护起来。

⑤在电梯厢门上方左侧或右侧的位置安装摄像机，这样才能做到电梯厢内乘务员的有效监视。

（四）云台、解码器安装

①云台不应在转动时出现晃动的情况。

②云台的转动角度范围应符合设计要求。

③解码器的安装位置应设置在云台附近或吊顶内。

（五）出/入口控制设备安装

①各类识别装置的安装高度应大于等于 1.5m。

②在安装感应式读卡机时，应远离高频、强磁场等场所，确保可感应范围内不会出现其他干扰因素。

③安装锁具时要保证灵活牢固，符合产品的技术要求。

（六）巡更设备安装

①安装在线巡更或离线巡更信息采集点的高度范围应在 1.3 ~ 1.5m 之间。

②确保安装牢固。

（七）停车库（场）管理设备安装

①读卡机与挡车器安装。安装在室内时，应与水平面垂直，不得倾斜；安装在室外时，应做好防撞和防水措施。另外，读卡机与挡车器的安装间距应保持在要求范围内。

②感应线圈安装。选择好感应线圈的埋设位置，控制好感应线圈的埋设深度，并用金属管保护好线缆。

③信号指示器安装。安装位置应处于车道出/入口的明显位置，便于为车辆做出指示和提醒；在车道中央上方安装车位引导器，便于识别或引导车辆。需要注意的是，通常车位信号指示器安装在室内，如果安装在室外，要及时做好防水措施，避免因客观原因导致机器的损坏。

（八）控制设备安装

①要保证控制台、机柜（架）等控制设备安装牢固，并且符合操作便利的设计要求，另外，机柜（架）侧面与背面离墙的净距离应大于等于 0.8m。

②监视器、屏幕等终端显示设备要做好避光措施，避免外来光线的直射对设备造成一定的损坏；控制台、机柜、机架等设备要做好散热通风的措施，避免因温度过高导致设备出现故障。

③将电缆槽、进线孔等编号，并做出永久性标记，根据设备具体的安装位置设置相应的电缆槽和进线孔。

三、安全防范系统线缆敷设

（一）线缆敷设

①敷设综合布线系统线缆应严格按照《综合布线系统工程设计规范》的标准执行。

②敷设非综合布线系统室内线缆，也应做到以下几点。尽量采用沿墙明敷的方式敷设无机械损伤的电（光）缆或改、扩建工程使用的电（光）缆；用暗管敷设的方式对新建筑物或要求管线隐蔽的电（光）缆进行敷设；对待一些外部易受损伤、易受电磁干扰或易燃易爆等不宜明敷的线路，可以采用明管配线的方式解决。在敷设电缆时，需要注意电缆和电力线的间距应大于 0.3m，电力线与信号线之间最好成直角敷设。

③电缆的尺寸要求应符合多芯电缆的最小弯曲半径应大于其外径的 6 倍的需求；同轴电缆的弯曲半径应大于其外径的 15 倍。

④线缆槽敷设截面利用率应小于等于整体的 60%；线缆穿管敷设截面利用率应小于等于整体的 40%。

⑤电缆固定点的角度和距离安排并不统一，需要根据具体要求做出相应改变。

⑥明敷设的信号线路与强磁场、强电场的电气设备之间的净距离不应小于1.5m。另外屏蔽线缆、金属保护管以及金属封闭线槽的敷设也不应超过0.8m。

⑦线缆穿管前应在管口处添加防护圈，避免穿管时损伤导线，另外还应检查保护管是否畅通。

（二）光缆敷设

①敷设前应对光纤进行检查。光纤不应出现断点，其衰耗值应处于设计要求的范围内；光缆长度应与施工图相匹配；配盘时应使接头避开河沟、交通要道和其他障碍物。

②进行敷设时，控制好各项数据。例如光缆的最小弯曲半径应大于光缆外径的20倍，光纤接头的预留长度不应小于8m。

③敷设后应及时进行检查。如光纤是否有损伤，光缆敷设的损耗情况。如果光缆没有受到损伤，再进行接续工作。

④光缆接续应由专业人员进行操作，接续时应使用专用仪器监视，如光功率计，使损耗尽量达到最小值，至于接续后，工作人员应做好后续的保护工作，如安装好光缆接头护套等。

⑤针对无接头的光缆，管道敷设时应设有人工同步牵引；针对已做好接头的光缆，要注意不得让接头部分在管道内穿行。

⑥光缆敷设完毕后，应及时测量通道的总损耗，并注意观察光纤通道前波导衰减特性曲线。

四、供电、防雷与接地施工

安全防范系统设有专用配电箱，在供电上，系统的电方式为两路独立电，并在末端自动切换，而针对摄像机等设备，更适合采用集中电的方式。

因此，当低压供电与控制线合用多芯线时，视频线是可以与多芯线一同敷设的。

系统防雷与接地设施的施工应按下列要求进行。

①如果安全防范系统建于山区、旷野或极高的塔顶中，应根据防雷设计规范设置相应的避雷装置，避免安防系统受到雷电的攻击。

②为保护安全防范系统各种重要装备的安全，包括电源线、信号线等，都需要安装电涌保护器，即避雷器。将电涌保护器和防雷接地装置进行等电位连接，连接材料采用铜质线，并且横截面积应大于等于16mm^2。

③建筑物屋顶禁止敷设电缆，如有特殊情况必须敷设，也应在穿金属管屏蔽的同时进行接地。如果接地电阻达不到相应要求，可以将无腐蚀性长效降阻剂加入接地极回填土中；若仍旧达不到要求，则需要获取设计单位的同意，进行接地装置的更换。

五、安全防范系统检测与验收

（一）安全防范系统监测

安全防范工程检验前，系统应试运行一个月，由法定检验机构对其工作进行检验。检验的过程中所使用的仪器需经过法定计量部门的认定，确认其性能稳定、可靠后方可投入使用。检验顺序应对子系统检验，再对集成系统进行检验。检验项目应覆盖工程合同、正式设计文件的主要内容。

1. 检验程序

①受检单位提出申请，并提交主要的技术文件、资料。其中技术文件主要包括工程合同、正式设计文件、设计变更文件、系统配置框图、工程合同设备清单等。

②根据相应规范条例及以上工程技术文件，检验机构需要在工程实施之前制定检验的实施细则。

③正式实施检验。

④检验结束后，编制检验报告，对检验结果进行评述。

2. 检验的一般规定

①安全防范工程中所使用的产品、材料应符合国家相应法律、法规和现行标准的要求，并与正式设计文件、工程合同的内容相符合。

②检查系统的主要设备应采用简单随机抽样法，当抽样设备低于 3 台时，抽样率应达 100%，当抽样设备多于 3 台时，抽样率应大于等于 20%。

③对定量检验的项目，在同一条件下每个点必须进行 3 次以上读值。

④检验中有不合格项时，允许改正后进行复测。复测时抽样数量应加倍，复测仍不合格则判该项不合格。

3. 系统功能与主要性能检验

（1）入侵报警系统应符合的基本要求

①入侵报警功能。入侵报警功能分为四种：各类入侵探测器报警系统功能、紧急报警系统功能、多路同时报警功能以及报警后的恢复功能。

首先，各类入侵探测器应按相应标准规定的检验方法检验探测器的灵敏度和覆盖范围。一般在设防的状态下，若探测器探测到有外物，会及时发出警报，另一端的报警设备显示器也会将报警发生的区域显示出来，并进行声和光的报警。

其次，紧急报警系统是指若出现紧急情况，系统会自动触发紧急报警装置，报警设备显示器与前面的探测器报警系统类似，都会显示报警发生的区域，并进行声和光的报警。而不同点是，紧急报警装置装有防误触发装置，若被触发将会自动锁上。此外，若多路同时触发紧急报警装置，报警信息也会依次出现在报警控制设备上。

再次，若多路探测器同时报警，防盗报警控制设备会依次显示报警信息，包括报警区域、报警时间、报警地点等，并通过声和光发出报警信息。

最后，报警恢复功能是指在报警发生后，入侵报警系统能进行手动复位。也就是说，设防状态下的探测器入侵探测与报警功能是正常工作的，而在撤防状态下此功能不会发出报警信号。

②防破坏及故障报警功能。防破坏及故障报警功能分为四种，入侵探测器的防破坏及故障报警功能、防盗报警控制器的防破坏及故障报警功能、入侵探测器电源线的防破坏及故障报警功能以及电话线的防破坏及故障报警功能。入侵探测器的防破坏及故障报警功能指的是无论何种状态，只要打开探测器的机壳，防盗报警控制设备上就会显示探测器的各种信息，如探测器地址，与此同时还会发出声、光报警信息，直到手动复位为止。防盗报警控制器的防破坏及故障报警功能同探测器功能相似，是通过打开防盗报警控制器的机盖，从而进行相应设备的声、光报警，并显示其报警信息，直到手动复位为止。入侵探测器电源线的防破坏及故障报警功能也属于防破坏及故障报警功能的一种。备用电源可以在主电源发生故障时自动进入工作状态，同时显示出电源故障信息。如果备用电源也发生故障，则其故障信息也会被显示出来，直到手动复位为止。电话线的防破坏及故障报警功能指的是在利用市话网传输报警信号的系统中，当电话线被切断，防盗报警控制设备会发出声、光报警信息，并且会显示其线路故障信息，直到手动复位为止。

③记录、显示功能。此功能包括显示信息、记录内容、管理功能。首先，系统可以显示开机和关机的时间、设防时间、撤防时间、报警信息、故障信息以及被破坏信息等其他信息；其次，系统可以记录报警时间、报警地点、报警信息的性质、故障信息的性质等信息，信息内容必须真实、准确；最后，系统应能自动显示并记录本身的工作状况，含有多级管理密码等。

④系统报警响应时间。系统报警的响应时间分为三种：第一，从探测器探测到报警信号再到系统联动设备启动这一过程的响应时间；第二，从探测器探测到报警信号并经电话线传输再到报警控制设备接收到报警信号这一过程的响应时间；第三，检测系统发生故障到报警控制设备显示信息这一过程的响应时间。这三种响应时间都应符合基本的设计要求。

⑤报警复核功能。报警复核功能是指在发生报警的情况下，系统能对报警现场进行声音或图像的复合。

⑥报警声级。用声级计在距离报警发声器件正前方1m处测量（包括探测器本地报警发声器件、控制台内置发声器件及外置发声器件），声级应符合设计要求。

⑦报警优先功能。经市话网电话线传输报警信息的系统，在主叫方式下有报警优先功能。

（2）视频安防监控系统应符合的基本要求

①系统控制功能检验。系统控制功能检验有两个方面，一方面是编辑功能检验，另一方面是遥控功能检验。前者检验的是通过控制键盘是否能进行编程，或者是否能让视频图像在指定的显示器上进行各种操作行为而后者则是检验控制设备对所控部件的控制是否平稳或准确。

②监视功能检验。监视功能检验可具体化为监视区域的照明度是否符合计要求，监视区域内是否装有辅助光源，监视区域内是否做到了实时监视，盲区等。

③显示功能检验。根据民用闭路监视电视系统工程技术规范的规定图像显示内容以及图像显示质量应符合基本设计要求。

④记录功能检验。记录功能的检验工作有：前端摄像机所记的图片是否连续稳定；记录画面上是否包括记录日期、记录时间、所用摄像的编号或地址码；记录是否具有储存功能；遇到停电或关机的情况下，是否所有的编程设置、摄像机编号、时间地址进行储存保留。

⑤回放功能检验。回放功能的检验工作有：回放图像、灰度级、分辨率等是否符合设计要求；回放图像画面是否包括时间、日期、所用摄像机的编号或地址码，并且画质是否清晰、准确；回放图像为报警联动记录图像时，是否保证报警现场的覆盖范围；回放图像的移动目标效果是否达到基本设要求。

⑥报警联动功能检验。报警联动功能的检验工作有：若入侵报警系统发生报警时，联动装置的相应设备是否能自动开启；报警现场画面是否在指定的监视器上显示出来，并含有所用摄像机的时间和地址码：当与入侵测系统、出/入口控制系统联动时，是否能准确触发所联动设备。

⑦图像丢失报警功能检验。当视频输入信号丢失时，是否能及时发出报警。

（二）安全防范系统的验收

1. 安全防范工程验收条件

①初步设计和正式设计。首先，工程的初步设计必须通过论证；其次，根据论证意见所提出问题和要求进行各单位的意见落实；最后，生成正式设计文件并施工。

②试运行。试运行需要达到设计和使用的要求，并获得建设单位的认可。关于试运行需要注意三点。首先，工程调试开通后必须进行至少一个月的试运行阶段，在试运行期间，应按要求做好试运行记录。其次，试运行报告包括试运行的起讫日期、试运行故障缘由、试运行程度次数以及试运行过程具体情况等。最后，在试运行期间，设计、施工单位应配合建设单位建立系统值勤、操作和维护管理制度。

③进行技术培训。进行相关的技术培训是工程合同中明确规定的内容，目的是让系统主要的使用人员能够进行独立的操作。培训期间，不仅培训内容要征得建设单位的同意，培训所用的系统、相关设备操作和日常维护的说明书、方法资料等也都由专门的部门所提供。

④竣工。工程项目按设计任务书的规定内容全部建成，经试运行达到设计使用要求，并被建设单位认可，则视为竣工。少数非主要项目未按规定全部建成，由建设单位与设计、施工单位协商，对遗留问题有明确的处理方案，经试运行基本达到设计使用要求并为建设单位认可后，也可视为竣工。

⑤初检。初检是在工程正式验收前，建设单位和施工单位根据设计任务书或工程合同中提出的设计要求进行的初步检查。检查的主要内容包括系统试运行概述，依照设计任务书要求对系统功能、效果进行检查的主观评价，依照正式设计文件对安装设备的数量、型号进行核对的结果以及对隐蔽工程随工验收单的复核结果等。

⑥系统功能和性能检验。除初检外，工程在正式验收前还需进行系统功能和性能的检验。工程检验合格，则由检验机构出具检验报告。检验报告应准确、公正、完整、规范，并注重量化。

⑦提交验收图纸资料。工程正式验收前，设计、施单位应向工程验收小组提交验收图纸资料，其中包括设计任务书，工程合同、工程初步设计论证意见及设计、施工单位与建设单位共同签署的设计整改落实意见，正式设计文件与相关图纸资料，系统试运行报告，工程竣工报告，系统使用说明书，工程竣工核算报告，工程初验报告（含隐蔽工程随工验收单），工程检验报告共十种。

2. 安全防范工程验收组织规定

①若为一般级别的安全防范工程的竣工验收，应由建设单位及相关部门组织安排；若为省级以上的大型工程或重点工程的竣工验收，应由建设单位上级业务部门及相关部门组织安排。

②进行工程验收时，一般会临时组建验收组织。一般级别的工程可经协商组成验收小组，重大或大型的工程会可组成工程验收委员会。验收组织下还可设有技术验收组、施工验收组、资料审查组等。

③工程验收组织成员的组成分布情况应由验收的组织单位根据项目的性质、特点和管理要求进行协商确定，并推选出主要负责人、次要负责人。在验收人员中，技术专家所占比例不应低于验收人数的50%，影响验收公证的人员也禁止参加工程验收。

④验收机构必须保证正确、公证、客观的验收结论。针对国家、省级重点工程和银行等要害单位的工程验收必须依照相应的验收资料以及正式的文档文件，若发现工程有重大缺陷或质量不合格的情况要及时予以指正，进行严格把关。

⑤验收通过或基本通过的工程，需要相关单位写出由验收结论而总结的整改措施并得到建设单位认可，验收机构配合落实；验收未通过的工程，验收机构应在验收结果中将工程中的问题和整改要求做出明确指示。

3. 工程验收

①施工验收规定：施工验收由工程验收组织验收并负责实施；施工验收应依据正式设计文件和图纸进行，若在施工过程中需要进行调整或变更，需要由施工方提供符合规定的更改审核单；工程设备安装相关项目的验收，需要确保现场抽验工程设备的安装质量，做好相关记录；管线敷设相关项目的验收，需要抽查明敷管线及明装接线盒、线缆接头等施工工艺，做好相关记录；针对隐蔽工程的相关项目验收，需要复核隐蔽工程随工验收单的检查结果。

②技术验收规定：技术验收由工程验收组织验收并负责实施；系统的主要功能和技术性能需要符合设计任务书、工程合同、现行国家标准以及行业标准与管理规定的相关条例，并需要与初步设计论证意见、设计整改落实意见以及工程检验报告相对应；确保设备数量、型号及安装部位等系统配置符合正式设计文件要求，并与竣工、初验、工程检验等报告相对应；系统所选用的安防产品需符合相关要求；确保系统能在规定的时间

内正常工作，并且系统主电源断电时，备用电源能及时地进行快速自动切换；着重关注高风险对象的安全防范工程验收工作，确保其技术必须符合相关标准；对照工程检验报告，着重检查集成功能系统的安全防范技术工程，确保系统可以做好对各子系统及安全管理系统联网接口的管理和控制工作；做好入侵报警系统的检查与验收工作；做好视频安防监控系统的检查与验收工作。

③资料审查规定：资料审查由工程验收组织审查并实施；被审查单位应提供全套审查资料，资料需要保持文字清楚、内容完整、数据准确、图表一致，另外在所提供的图表中，其内容必须符合相关的标准规定。

④验收结论与整改规定：验收判据；验收结论；整改。

第一，验收判据包括施工验收判据、技术验收判据和资料审查判据。

这三种验收判据都需要按照规范要求及其提的合格率进行计算和打分，其中施工验收判据还需要对隐蔽工程的质量进行复核和评估。

第二，验收结论包括验收通过、验收基本通过和验收不通过。验收通过的标准是看工程施工质量检查结果、技术质量验收结果以及资料审查结果是否大于等于0.8。若三组数值均大于0.8，则可判定为验收通过；若三组数值达不到0.8但均大于等于0.6或者个别项目达不到设计要求，但不影响基本使用的，则可判定为基本通过；若三组数值中有一项数值已低于0.6或重要项目检查结果有一项被评为不合格，则都判定为验收不通过。

第三，整改主要针对两方面问题，一是基本通过或完全通过验收的工程，这样的工程除了需要根据最后的验收结论所提出的建议和要求进行相应的书面整改规划，还应得到建设单位的认可和签署意见。二是没有通过验收的工程，这样的工程禁止进行正式交付使用。设计、施工单位必须根据验收结论提出的问题，进行方案的整改和落实，经过整改后，方可再次提交验收请求，并且在进行工程复验时，还应以原来未通过部分为抽样比，进行检查和验收。

第三节　火灾自动报警的施工技术

一、火灾探测器的安装

（一）安装注意事项

①凡是处于探测区域内的房间都必须设置火灾探测器，并且至少要设置一个。探测区域中相对独立的空间都可称为独立的房间，不管这个独立房间的面积有多大，哪怕比探测器的面积还小，也必须设置一只探测器来进行保护。尽量避免几个独立房间共用一只探测器的现象发生，且感温、感光探测器距离光源应大于1m。

②当探测器装在坡度不同的顶棚上时，烟雾会随着顶棚坡度的增大，沿着顶棚和屋脊逐渐聚集，所以将探测器安装在顶棚上，既会增加感受烟和热气流的机会，同时，也可以适当增加探测器的保护半径。

③要想使安装顶棚上的感烟探测器受环境条件的影响尽可能地减小，就要使探测器监视的地面面积至少为 80m2。因此，适当地增加房间高度，不仅可以增大火源与顶棚之间的距离，使烟的扩散区域增大，同时，受探测器保护的地面面积也会相应地增大。

④由于房间顶棚高度不同，感温探测器能探测到的火灾规模也各不相同。鉴于此，要根据不同的顶棚高度将感温探测器划分成不同的灵敏度级别，也就是说，高度越高灵敏度就要越高。

⑤根据火灾类型的不同，感烟探测器的灵敏度也会有一定的差距，这就使得房间高度与探测器灵敏度之间的对应关系无法准确规定。但是房间越高，烟越稀薄是可以肯定的，所以当房间高度增加时只要将探测器的灵敏度相应地调高即可。

⑥如果房梁突出顶棚的高度超过了 600mm，则被房梁隔断的每个梁间区域至少应设置一只火灾探测器。如果被隔断的区域面积要比一只火灾探测器的保护面积大，则应把该区域视为探测区域来进行处理（当梁间净距小于 1m 时，可视为平顶棚）。

⑦如果房间内部被一些设备或者其他物品分隔，设备或物品的顶部与顶棚或房梁之间的距离又小于房间高度的 5% 时，则被分割出来的区域也应该安装一只或多只火灾探测器。

⑧探测器与一些物体之间的最小距离规定如下。

火灾探测器：距离墙壁和梁边的水平距离最小应为 0.5m，距离照明用灯具的水平距离最小应为 0.2m。

感温探测器：与高温光源灯具之间的距离最小应为 0.5m。

感光探测器：与光源灯具之间的距离最小为 1m；与电风扇之间的距离最小为 1.5m；与置于内部的扬声器之间的距离最小为 0.1m；与自动喷水喷头之间的最小距离为 0.3m；与防火门、防火卷帘之间的距离应在 1 ~ 2m 之间，具体位置应视情况而定。除此以外，探测器与空调送风口之间的距离最小为 1.5m，与多孔送风顶棚孔口之间的水平距离最小应为 0.5m。

⑨当内走道的宽度不足 3m 时，应在其顶棚居中设置火灾探测器。

⑩各感温探测器之间的距离最大应为 10m；各感烟探测器之间的最大距离应为 15m。探测器与端墙之间的距离应该小于或者于所设置探测器间距的一半。

⑪对于一些锯齿形屋顶，或者坡度大于 15。的人字形屋顶，则每个屋脊处都应安装火灾探测器。

⑫对于电梯井、升降机井来说，应将火灾探测器安装在井道上方的机房顶棚上。

⑬对于管道竖井，当截面积大于 1m2 时，应在顶棚安装一只火灾探测器。但如果该竖井内部的风速经常维持在 5m/s 以上，或者竖井内部存有大量的灰尘、垃圾甚至有很大的臭气，则该竖井内可以不安装火灾探测器。

⑭一般情况下，火灾探测器应水平安装，如果特殊情况下必须要倾斜安装，则倾斜

的角度不应超过 45°。

⑮火灾探测器周围 0.5m 内不应有遮挡物。楼梯间的顶部应安装一只火灾探测器。

⑯探测器应安装在便于管理的位置，在底下楼梯间安装探测器的要求与地上楼梯间完全相同，如果地下只有一层，则可以与地上楼梯间共用一只火灾探测器。

⑰如果是在有天窗的屋顶安装火灾探测器，应该注意以下事项：如果天窗所起到的作用主要是换气，那么应在热气流流经的位置安装火灾探测器；如果天窗的两肩小于 1.5m，则应在两肩处各安装一只火灾探测器，其他部位按照人字形顶棚的相关规定进行安装即可；如果天窗的两肩大于 1.5m，则除了在两肩位置安装以外，还要在天窗人字木之间的系梁上安装。

（二）火灾探测器的固定

底座和探头是组成火灾探测器的两个主要部分。根据结构形式的不同底座可以分为很多种，如防水底座、防爆底座等。确定好火灾探测器的安装位置之后，则可以在顶板上钻孔，连接好灯位盒和配管，然后将保护管固定在吊顶上，将灯位盒紧密地与顶板贴合在一起。

明装底座，直接安装在吊顶的顶板上或明配线路的灯位盒上。火灾探测器暗装盒需要预埋施工时，专用盒或灯位盒及配管应一同埋入楼板层内。使用钢管配管时，管路应连接成导电通路，用两个螺丝将底座与各种预埋盒固定起来。对于相配套灯位盒的选择，应根据火灾探测器底座固定螺钉的间距和螺钉的直径来进行确定。火灾探测器或其底座报警确认灯应安装在方便工作人员观察到的主要入口处。

（三）火灾探测器的接线与安装

在安装火灾探测器之前应对其进行防尘、防潮、防腐蚀等保护措施，火灾探测器在调试的过程当中即可进行安装。探测器底座的接线即为火灾探测器的接线。一般情况下，底座的安装与接线是同时进行的。

安装底座时，应将盒内预留导线的线芯依次与火灾探测器底座相对应的接线端连接在一起。底座的外接导线应有大于 15mm 的余量。同时还要在入端处做好较为明显的标志。底座的穿线孔最好是进行预堵，需要注意的是，底座安装完毕后同样还需要采取相应的保护措施。

完成接线工作以后，需要用配套的螺栓将底座固定在预埋盒上，并且要罩好防潮罩。根据设计要求对接线以及安装情况进行检查之后，将探测器的探头拧紧。探测器探头通过接插旋卡式装入底座中，底座上有缺口或凹槽，探头上有凸出部分，安装时，探头对准底座，以顺时针方向旋转拧紧。

（四）线型火灾探测器

线型火灾探测器主要有以下三种。

1. 红外光束线型感烟火灾探测器

这种线型探测器主要安装在烟比较容易进入的光束区域，安装位置不能有其他障碍

153

物遮挡，也不能有一些对光束产生影响的环境条件，并且，发射器和接收器都必须安装牢固，不能有任何的松动。发射器和接收器应相对安装在保护空间的两端，安装面互相平行且垂直于底面。

2. 缆式线型定温火灾探测器

在传送带上进行敷设时，可通过 M 形吊线在传送带使得上方和侧面直接敷设。安装在传送带上方，在传送带宽度不超过 3m 时，热敏电缆应直接固定在距传送带中心正上方不大于 2.25m 的支撑件上。

安装在靠近传送带的两侧的热敏电缆通过导热板和滚珠轴承连接起来，用于探测由轴承摩擦和煤粉积累引起的过热。热敏电缆在传送带空转臂上安装于传送带两侧。

在安装热敏电缆之前应对其绝缘状态进行测试，这一过程通常会用到 1000V 兆欧表，根据兆欧表显示出来的阻值来进行确定，如果阻值呈无限大，则表示被测热敏电缆是完好可用的。

在敷设热敏电缆时，先要用固定卡具将其固定，设置直线部分固定卡具时，间距应不大于 500mm；设置弯曲部分固定卡具时，间距应不大于 100mm；接线盒及终端盒端子和固定卡具的固定间隔应小于 100mm。

在敷设的过程中，为了防止护套破损，应尽量避免硬性折弯和扭转。如果必须要弯曲，弯曲半径不得小于 200mm。一般来说，敷设完成后，不应该再做加热试验，如果在必须要做的情况下，则可利用火柴或者打火机，在终端盒附近进行加热试验。试验完成以后，切除此段热敏电缆，重新接好即可。

3. 空气管线型差温火灾探测器

空气管应安装在距离安装面 100mm 处，最大距离不得大于 300mm。同一火灾探测器的空气管互相间隔 5～7m，并用挂针或吊线固定。固定时的注意事项主要有以下几点。

①在直线部分安装时，两固定点的间距不能超过 1m。

②在进行弯曲部分安装时，应该在弯曲部位不超过 50mm 的地方进行固定。

③对于连接在一起的两个空气管，固定位置应设在不超过连接部位 50mm 的位置。

④在进行弯曲安装时，弯曲半径不能小于 5mm，并且不能使空气管破裂。

⑤如果需要穿过墙壁或者其他物体进行安装时，必须要在空气管上套保护管或绝缘套管来进行保护。

⑥如果想要将两根空气管连接在一起，应该将两根空气管接触的部位磨平，之后插入套管，最后用焊锡焊牢即可。

（五）点型火焰火灾探测器

这种火灾探测器主要是安装在可为火灾危险区提供清晰"视线"的位置，在有效探测范围内不应有障碍物，宜安装在顶棚桁架、支撑物、墙壁或墙角的适当位置，并固定牢靠。

在安装探测器时，应避免阳光或灯光的直射，甚至反射光也不能照射到探测器上。

如果实在无法避免红外光的反射，则必须要进行防护措施，即采用遮挡的方式来避开反射光源，以免探测器出现误报的现象。在安装探测器时，还要测量好间距，这样就可以在很大程度上避免探测死角的出现。一般来说，安装间距不能大于安装高度的两倍。在锯齿形顶棚或有梁顶棚上，安装位置应选在最高处的下面。

紫外火焰探测器的安装位置应处于被监视部位的视角范围以内，在有效探测范围内，不应有障碍物。该探测器应安装在墙上或其他支撑物上，并固定牢靠；安装在潮湿场所时，应注意密封，并尽可能避免雨淋，防止受潮；不宜安装在可能产生火焰区域的正上部。在探测器安装区域及邻近区域内，不得进行电焊操作，也不允许安装产生大量紫外线的碘钨灯等照明设备，以免引起误报。探测器的安装数量要适当，防止死区。

（六）防爆型火灾探测器

防爆型火灾探测器主要安装在防爆区，连接方式主要有以下两种：①进入安全区通过安全栅和非编码控制器连接在一起；②通过含安全栅的防爆编码接口与总线编码控制器相连。

（七）空气抽样火灾探测系统

该火灾探测系统的最大保护面积为 $2000m^2$。每个探测器的最大保护面积为 $100m^2$。按照规定，火灾探测器与墙壁之间的距离应小于 5m；两个火灾探测器的间距应小于 10m。

管路的安装方式主要有以下三种：第一，在天花板下方安装；隐藏式安装；第三，回风口安装。管路系统一般采用单管、双管、三管以及四管。单管和双管，每管的管长不能超过 100m；三管和四管，管长不能超过 50m。除此以外，每根管的取样孔不能超过 25 个。

（八）可燃气体探测器

这种探测器的安装方式主要有墙壁式和吸顶式。安装注意事项主要有以下几方面：①墙壁式瓦斯探测器应该安装在距离煤气灶 4m 以内的位置，并且要高于地面 0.3m；②吸顶式探测器应该安装在距离煤气灶 8m 以内的屋顶上；③如果屋内有排气口，可以将瓦斯探测器安装在排气口附近，但是要确保与煤气灶的距离不小于 8m；④当安装高度不小于 0.6m，并且房间内有梁时，探测器应装在有煤气灶的梁的一侧；⑤探测器在梁上安装时距屋顶应不大于 0.3m。

（九）智能火灾探测器

智能化建筑的火灾报警系统宜选用智能化的类比式火灾探测器。新型智能探测器在探头检测器采用两个串联的取样电阻，其中一个取样电阻与探测头并联，通过此并联的探测头与取样电阻的配合使用，使信号处理主机具备了智能分析判断功能。而探测头的选择也具有多样性，可以选择机械式探测头，如万向开关、震动开关、行程开关等，还可采用声光电探测头，如红外探头、瓦斯探测器、声控探测器、烟雾探测器、超声波探测器等，利用这些探测头以适应不同的场所。

二、手动报警按钮

报警区域内的每个防火分区都有设置一个或者多个手动火灾报警按钮。一般情况下，在建筑物中易于人接近和操作的部位，如一些安全出口、安全楼梯口等都会安装有手动火灾报警按钮。

对于有消火栓的建筑物，应将手动火灾报警按钮设置在消火栓的附近。通常情况下，为了防止误报警，需要打破玻璃按钮才能触发手动火灾报警按钮，有的也会在报警按钮上设置火警电话插孔。从防火分区到手动火灾报警按钮的步行距离应小于 25m。

手动火灾报警按钮一般应安装在距离地面 1.5m 左右的墙上，安装部位应易于被人发现并设有明显的标志，同时还要易于操作。按钮的安装方式与火灾探测器的安装方式基本相同，同样也需要与之配套的灯位盒。

在进行并联安装时，还应在终端按钮内加装监控电阻。在安装的过程中，要始终保持水平，安装完成后要做加固处理。外接导线要留有 100mm 的余量，同时还要在外接导线的端部做明显的标志。

三、接口模块

接口模块主要包括输入、输入 / 输出、切换及各种控制动作模块和总线隔离器等。被隔离保护的输入 / 输出模块最多为 32 个。通常情况下，

模块会被装在设备控制柜内，以便今后进行维护和修理。如果模块被安装在吊顶外，应安装在距离地面 1.5m 处的墙面上。如果安装在吊顶内，则还应该在吊顶上开设用于维修的孔洞。

明装时，应在预埋盒上安装模块底盒；暗装时，应在墙内或专用装饰盒上安装模块底盒。

在每个火灾监测区域都应视情况安装一个或多个警铃。一般情况下，警铃会被安装在一些人员密集并且较为明显的位置，例如门口、走廊等，安装位置应该确保警铃响起时，防火区内的任何位置都能够清晰地听到声音。

警铃通常被安装在距离地面 2.5m 左右的墙壁上，用于固定警铃的螺栓还需要加弹簧垫片。

四、门灯

当多个探测器并联时，需要安装门灯显示器，安装的位置可以在房门上方或者一些比较明显的地方，安装门灯显示器的主要作用在于使探测器在报警时可以重复显示。同时，应在并联回路中设置门灯，如果有任何一只探测器发出报警声，门灯都会发出报警指示。

同样地，安装门灯时也需要选用相配套的灯位盒或接线盒，并且预埋在上方的墙壁内，需要注意的是，预埋的位置不可以凸出墙体饰面。门灯的接线方式要严格按照厂家

提供的接线示意图来进行。

五、火灾报警控制器

火灾报警控制器一般安装在消防控制室或消防中心。

（一）区域火灾报警控制器

常见的区域火灾报警控制器通常为壁挂式，所以一般可以利用膨胀螺栓直接安装在墙上，膨胀螺栓主要是起到固定的作用。膨胀螺栓的选择主要是根据控制器的重量来确定。

①小于30kg的控制器使用8mm×120mm的膨胀螺栓即可；

②大于30kg的控制器为了固定得更加牢固、不易脱落，需使用10mm×120mm的膨胀螺栓。

如果控制器是安装在轻质墙上，则还需要在加固之后安装箱体。如果该控制器安装在支架上，应先将支架加工好，进行耐腐蚀处理，将支架装在墙上，控制箱装在支架上。墙内预埋分线箱时，应确定好控制器的具体位置，在安装的过程中应始终保持平直与端正。

（二）集中火灾报警控制器

常见的集中火灾报警控制器通常为落地式，柜子下面还会设有进出线地沟。为了便于今后从后面进行检查和修理，柜后面板与墙壁的距离应大于1m。如果安装完之后有一侧靠近墙壁，则另外一侧与墙壁之间的距离必须要大于1m。当采用单列的方式对设备进行布置时，正面操作的距离应大于1.5m。当采用双列的方式进行布置时，距离应大于2m。对于值班人员经常工作的那一面，控制盘前面的距离应大于3m。

一般情况下，设备会被安装在采用8～10号槽钢制成的型钢基础底座上，当然也可以采用合适的角钢。型钢底座的尺寸应根据集中火灾报警控制器来确定。只有在确保火灾报警控制设备内部器件完好、清洁、整齐、技术文件齐全、盘面无损坏的情况下，才可进行设备的安装。

在固定好设备之后，还要对内部进行彻底的清扫，不应在柜内留有任何杂物，同时还要对机械的灵敏度和导线连接的紧固程度进行检查。

通常情况下，只有一些规模比较大的火灾自动报警系统才会设有集中报警控制器。控制器应安装牢固，不能倾斜。如果控制器安装在轻质墙面上，还要采取加固措施。

集中火灾报警控制器的主电源应与消防电源直接相连，同时，主电源处还应有明显的标志，严禁使用电源插头。

六、专用配线箱

建筑物内的各个楼层都应设置火灾专用配线箱来进行线路的汇接，一般情况下，会用红色的标志在箱体上进行标记。如果是在专用竖井内设置箱体，则应严格按照设计时所要求的高度以及位置，将箱体通过膨胀螺栓固定在墙壁上。

在配电线箱体内，各种导线通过端子板汇接到一起，其中不同电压、不同电流和不同用途的导线应分类设置到不同的端子板上，同时需要用保护罩把不同电压和不同交变方式的电流端子板隔离开来，以确保设备和人员的安全。

接入控制器的电缆或者导线应梳理整齐，固定牢靠，避免出现导线交叉的情况；导线端部与其对应的电缆芯线要与图样一致，并标明编号，确保字迹清楚不会褪色。为保证导线顺利接入，导线和电缆线芯需要留出不小于 20m 的富余量，端子板的每个接线端接线数量不得大于两根，导线应捆绑固定成束，进线管引入穿线之后需要用专业的密封材料进行封堵。单芯铜导线接入端子板之前需要把绝缘层剥离掉，绝缘层的剥离长度一般比端插入孔长 1mm 最为适宜；至于多芯铜导线，在剥离掉绝缘层之后，还需要在线芯端部挂锡之后再接入端子。

七、控制设备

在安装消防控制设备前，需要对其进行功能检查，检查合格后方能进行安装。设备外接导线采用金属软管作为套管时，其长度宜超过 2m，同时以管卡进行固定，每个固定点间距不应大于 50cm。

消防控制设备的接线盒或接线箱与金属套管应采用锁母固定，同时需要根据相应规定接地。消防控制设备外接导线应设置明显标识；设备柜的端子应按照不同电压和不同电流进行分隔并标注明显标识。

第四节　综合布线系统的施工技术

一、综合布线系统施工的基本要求

（一）安装施工的基本要求

①布线工程既不能影响房屋建筑结构的强度也不能影响内部装修美观要求，既不能降低其他系统功能，也不妨碍用户通道通畅；②施工现场要有技术人员监督和指导；③对布设完毕的线路，必须进行检查；④要布设一些备用线；⑤高、低压线必须分开布设；⑥施工不损坏其他地上、地下管线或结构物。

（二）安装施工过程中的注意事项

在安装施工过程中，工作人员要特别对以下几点引起重视：①施工现场的管理人员要及时协调并处理在施工进程中可能出现的情况，态度认真负责，对各方的意见也要积极采纳；②工程单位要及时收集在现场施工中遇到的情况，在现场的工作人员也要给工程单位上交解决办法，立即研究并解决，防止工程进度受到影响；③工程单位如果有计划不当的问题，要及时提出来并合理解决；④对部分工段和场地的验收和检查应采取阶段性的方式，保证工程的质量；⑤工程单位中，新增加的点要在施工图中进行反映；⑥工程进度表的制定。

（三）安装施工结束后

1. 工程施工结束后的注意事项
①对墙洞和竖井等交接处进行修补工作。
②打扫现场，保持现场美观环境。
③将剩余材料汇集到一起，进行集中放置，登记还可使用数量。
④做总结材料。

2. 总结材料的主要内容
①开工报告。
②施工过程报告。
③布线的工程图。
④使用报告。
⑤测试报告。
⑥工程验收报告。

二、综合布线系统工程的施工准备

施工准备主要包含以下几个环节：①技术准备；②人力资源准备；③施工前的工具准备；④施工前器材检查。

（一）综合布线系统工程的技术准备

1. 熟悉综合布线系统工程
收集、学习和审定施工所用的规范标准和施工图集，对综合布线的各个子系统的施工技术，以及整个工程中的施工组织技术都要有所把握。

2. 熟悉和会审施工图纸
工程人员施工的依据就是施工图纸，所以在会审图纸之前，工程人员要熟悉图纸的内容和要求，并仔细阅读，了解图纸设计人员的主要思想，把疑点和问题整理出来，待技术交底时一并解决。只有对图纸有充分的了解，才能确定工程中需要哪些材料、设备，才能进一步明确工程要求，并与土建等其他安装工程交叉配合，保证不会和其他安装工程产生冲突，也不会在施工过程中对其建筑物外观有所损害。

3. 技术交底工作
技术交底工作包含设计交底及技术交底，主要由工程安装承包单位的项目技术人员和设计单位设计人员一起进行。其工作的主要内容包含下列几项。

①设计和施工组织设计的相关要求。

②工程的施工方法、条件和顺序。

③工程在用材料及设备性能方面的参数。

④施工中有关安全的注意事项。

⑤施工中使用的新设备、技术，以及新材料的操作方法及性能。

⑥工程的质量标准及验收时的评定标准。

⑦技术交底方式包括会议交底、书面技术交底和施工组织设计交底等。技术交底文件编写和交底记录要形成文件，装入竣工技术档案中。

4. 编制施工方案

在施工图纸被充分、全面地熟悉之后，要依据图纸并且按照施工现场的具体技术准备情况、技术力量等做出合理的施工方案。

5. 编制工程预算

工程预算主要包含施工预算和工程材料清单。

（二）人力资源准备

1. 组织机构设置

组织机构的设置是为了产生组织功能，实现工程项目管理的总目标。为了确保智能化设备供货、安装工程质量优良及进度满足要求，工程项目的管理人员应具备丰富的实践经验和工程设计经验，在工程项目管理经验丰富，并且对工程项目的设计、管理、施工和协调等全面负责。

2. 职责分工

综合布线施工的职责分工如下。

①项目经验要具备非常良好的个人综合素质，有着丰富的实践技术经验及大型工程项目管理的经验。项目经理的职责是为本项目的实施方案进行组织，并且要协调、管理和实施好现场的工作，特别是要负责工程的质量、安全、风险、经费和进度。

②技术主管要具备大型工程项目的设计实施经验，掌握全面的技能技术知识，在设计文件编制与审核，以及组织弱电工程的技术方案方面要起到领导作用。技术主管的职责是要辅助项目经理，在工程技术与管理上负责任，并指导分系统的各负责人开展技术相关工作。

③财务主管的职责主要包括按照工程的实际发生情况，对财务预算进行详细的设计与编制；能够科学合理地筹集、使用和调配资金；还能按照工程的财务预算及其执行情况及时做出预警；能对发生的各项经济业务准确地进行计量和报告，以便分析财务状况。

④施工主管应具备大型项目的管理实施经验，能够在项目经理身边协助其组织、协调和管理现场工作。施工主管主要负责项目的施工工作，负责弱电工程项目部在现场这段时间内的行政工作及日常事务。

⑤施工组中均要设置一名施工队长，整组主要负责完成各主管安排的各项任务。

⑥质量安全主管的职责：要对各分系统的工程、技术和产品特点负责，还要对工程的质量管理及相关技术执行与验收标准有所熟悉；能够对相关工程的技术人员进行合理协调，检验与验收子系统中安装调试的工程设备，以及负责施工现场的质量管理、现场的安全管理工作，牢记"安全第一、预防为主"的宗旨；要能够及时对施工现场的安全进行检查与管理，发现其存在的隐患并解决，保证工程的顺利进行。

（三）施工前的工具准备

在综合布线系统工程中所使用的施工工具是进行安装施工的必要条件，随施工环境和安装工序的不同，有不同类型和品种的工具。在施工过程开始之前，就应该根据工程的情况，准备好工程施工中必需的工具，这些施工工具主要用来布放、剪裁、终端加工、测试等，按照施工的对象来区分，有管槽安装工具、线缆安装工具、线缆的端接工具、验收测试工具和其他测试工具。

1. 管槽安装工具

综合布线系统施工过程中，网络工程师、项目经理和布线工程师们往往不重视管槽系统的安装，而更加注重线缆系统的安装，他们认为这种所谓的重活、粗活技术含量很低。在工程施工中，系统的集成商经常会在管槽的系统设计无误后，交给其他施工队安装管槽系统，这样很容易造成工程质量的隐患。综合布线中的管槽系统是对线缆起保护作用的，整个布线工程最后的完成质量也和管槽系统的质量密切相关，并且很多问题的出现都是由管槽系统的安装不当造成的。

在综合布线系统工程的验收中，占相当大比例的就是检验管槽系统的安装质量。想要提高其质量，就要先了解清楚安装施工的工具有哪些，并且还要学会使用。

2. 线缆安装工具

①穿线器。施工人员经常采用钢丝牵拉的方法用线缆穿管布放。普通钢丝的韧性与强度操作非常困难，因为它并不是为了布线牵引而设计的，所以会导致施工效率大大降低，施工的质量也会受到影响。在国外，"穿线器"的使用已经在布线工程中极为普遍，其是作为数据或动力线缆的布放工具而存在的。

②线轴支架。光缆和大对数电缆通常都是在线缆卷轴上进行包裹的，应在顶部放线，且一定要将线缆卷轴架设在线轴支架上。

③滑车。为保护线缆，在线缆卷轴从上到下垂放线缆时需要一个滑车，保证线缆从线缆卷轴拉出之后通过滑车向下放线。滑车呈朝天钩状被安置在垂井上方，而垂井井口则安装一个三联井口滑车。

④润滑剂。通信线缆有着特殊的结构，因此在布放的过程中，线缆所承受的拉力不能超过其承受张力的80%。通常，线缆的最大允许值是有限的，必要时，要采用润滑剂。

⑤牵引机。当大楼准备由下往上敷设主干布线时，就需要使用到牵引机，将线缆向上牵引，牵引机可分为两种，一种是手摇式牵引机，另一种是电动牵引机。手摇式牵引

机用在楼层低且线缆数量少时；电动牵引机则用在大楼的层数较高且线缆的数量多时。

⑥扎带机。要确保工程中绑扎力一致，且提高施工效率，就得依靠适当的工具。在线缆布放后，应该每 1.5m 就进行绑扎固定一次。但也要注意不能绑扎太紧，因为是双绞线，不应使线缆产生应力。

3. 线缆的端接工具

①双绞线剪线钳。线缆布放以后就可以对其进行剪切了，在剪切时要特别注意冗余，设备间和交接间的工作区应为 0.3 ~ 0.6m，而其电缆长度则应为 3 ~ 6m。剪切的工具最好能够重复使用，还不应使操作的人感觉疲劳，要符合人体工程的设计要求，同时兼顾工具的安全性和牢固性。手柄应当便于操作者施加压力且容易握持，锯齿形的刃口可避免线缆护套打滑。

②双绞线剥线钳。工程技术人员通常在剥除双绞线外套时使用压线工具上的刀片，切割的深度也都按照技术人员的经验进行，这样就会存在隐患，稍有疏忽，在切割时就会伤害到导线的绝缘层。双绞线的线径是有差别的，表面也不规则，因此去除双绞线外套还是用剥线钳更为安全。剥线钳的刀片是可以调节的，或者还可以利用它的弹簧张力，保证切割深度在合理的范围之内，并且绝不会伤害导线的绝缘层。剥线钳类型多种多样，双绞线剥线钳是其中的一种。

③打线工具。这一工具是用来给信息模块和配线架接上双绞线的，信息模块的配线架与双绞线连接处采用了绝缘置换连接器，DC 是具有 V 形豁口的小刀片，一旦把导线从豁口压入，刀片就会顺势将导线的绝缘层割开，接触到其中的导体。打线工具的组成是刀具和手柄，由两端构成。其中，一端有裁线和打接功能，能够将多余的线头剪掉；而另一端则不具备裁线的功能，其中一面会有 CUT 字样，是为了方便使用者在安装时正确识别打线的方向。

④手掌保护器。当信息模块进行打线时最常见的就是手被划伤，因此西蒙公司为了解决这一问题特意设计了一种打线保护装置。那就是让保护装置将信息模块套上，再去压接信息模块，这样一来，既可以在信息模块中卡入双绞线，又可以使手不受到伤害。

⑤光纤接续子。这一工具是用来应急恢复的，多用在光缆、尾纤接续、室内 / 外永久或临时接续，以及不同类型的光缆转接方面。光纤接续子的类型多种多样，作为一种方便使用且不复杂的接续工具，可以接续单模或多模的光纤。

⑥光纤切割工具。这种工具多用于切割单模和多模的光纤，其中包含了光纤切割笔和光纤切割工具。光纤切割工具用于光纤精密切割，光纤切割笔用于光纤的简易。

4. 验收测试工具

布线系统的现场测试一般分为两部分，分别是验证测试和认证测试。

验证测试是对安装后的双绞线的通断、长度以及接头是否正确进行的测试；认证测试除了验证测试的内容外，还包括对线缆电气性能的测试。因此，布线测试仪的类型也分为两种，即验证测试仪与认证测试仪。验证测试仪通常是被用在施工中的，边施工边进行测试，确保连接之间的准确性。

①最简单的电缆通断测试仪是指简易布线通断测试仪，由主机与远端机构成。在进行测试的过程中，主机与远端机分别连接着线缆的两端，连接后就能对双绞线 8 芯线的通断情况进行判断，但其并不能将故障点的位置定位出来。

②电线缆序检测仪是一个小型的手持式验证测试仪，能够很方便地将双绞线电缆的连通性验证出来，检测中包含了短路、开路、反接、跨接和串扰等问题。测试时只需要将测试键按下，线序仪就可以通过自动对所有线进行扫描，发现其中哪些线缆存在问题。当与音频探头配合使用时，内置的音频发生器追踪的电缆可以穿过地板、墙壁和天花板。

③电缆验证仪的功能强大，是专门为了解决和防止电缆出现安装问题，其可以检测出电缆的连接线序、电缆的通断和电缆故障的位置，从而节省了金钱和安装所耗费的时间。它可将双绞线和同轴电缆都进行测试，同时还能对其他类型的电缆进行诊断，如网络安全电缆、语音传输电缆、电话线等。电缆验证仪可以利用其发出的四种音调对天花板上、墙壁中及配电间的电缆进行位置确定。

④单端电缆测试仪。用单端电缆测试仪对电缆测试时，是不需要在电缆的另一端与远端单元相接的，因为即使不这样，也可以对电缆进行距离、串扰和通断等测试，并且也不需要等电缆全都安完之后再测试，发现故障之后马上纠正，可节省大量的时间。

5. 其他测试工具

①数字万用表。数字万用表主要用于综合布线系统中的楼层配线间、设备间以及工作区电源系统的测量。

②接地电阻测量仪。接地电阻测量仪也被称为接地电阻摇表，简称"接地摇表"，专门用来检查接地的仪器。这种仪器用于在综合布线系统中对接地系统进行测量，观察其结果是不是符合相关的技术规范。

（四）施工前的器材检查

工程施工前，应认真对施工器材进行检查，经检验的器材应做好记录，对不合格的器材，应单独存放，以备检查和处理。

1. 器材的检验要求

①在正式施工前，应检查工程中所用到的线缆器材的数量、规格、质量和形式等，与设计不符或无出厂检验证明材料者在工程中则不能使用。

②工程中的器材和线缆等，应该在型号、等级和规格上，与订货的合同或封存的产品相符。

③检验之后的器材要及时做好记录，不合格的要单独放置，方便处理与核查。

④备件、备品和各类资料都应齐全。

2. 线缆的检验要求

①工程在使用光缆和对绞电缆时，其规格和形式满足设计的规定及合同要求。

②要有清晰、齐全的电缆标签内容与标志。

③电缆外护线套要保证完好无损，同时电缆要有出厂质量检验合格证。如用户要求，

应附有本批量电缆的技术指标。

④光缆开盘后，先检查光缆端头与外表的封装是否完好无损。

⑤综合布线系统工程中使用的电缆，应当首先检测试的数据和光缆合格证，有需要也可以对光纤长度与衰减进行测试。

3. 接插件的检验要求

①配线模块、信息插座和其他接插件中应该有完整的部件，还应检验塑料材质是不是满足要求。

②过流保护各项指标应符合有关规定。

③光纤插座连接器也应在各方面与设计要求相对应，如在数量、使用形式和位置等方面。

4. 型材、管材与铁件的检查要求

①各型材的规格、材质和型号等要求要与设计一致，其表面不能变形或断裂，应该保证其光滑、平整。

②管道采用水泥管块时，其检验要按照验收关规定进行；在使用钢管和硬质聚氯乙烯管时，无损伤，且壁厚和孔径等都要符合设计的规定。

③铁件的各种材质和规格都要在质量标准之和歪斜等情况下存在，并且它的镀层与表面处理要均匀光滑，不能发生气泡和脱落等情况。

5. 配线设备使用时应符合的规定

①光缆、电缆在交接设备的规格和形式上都应与计的要求相一致。

②光缆、电缆在交接设备的标志名称与编排上要与其设计相符，各类型标志的位置应正确、清晰且统一。

第五节 建筑设备监控系统施工技术

一、建筑设备监控系统工程的施工准备

建筑设备监控系统工艺流程如下：现场设备定位→线槽敷线、配管穿线→现场设备安装→DC 控制器安装→校接线→系统连接、调试。

（一）建筑设备监控系统工程的技术准备

①施工前应与建筑设备监控系统各施工单位确认分工界面和工作范围，明确各单位的工作分工。

②被监控设备应满足监控系统介入的要求，需要核对被监控设备的接入条件，具体包括：设备专业控制原理是否满足监控要求，电气专业控制箱和配电箱是否满足监控要

求，管道和阀门是否满足监控要求，电梯是否具备检测条件，自成控制单元设备的数字通信接口和通信协议是否满足监控要求等。

（二）材料准备

监控系统的设备在安装前应进行检查，并符合下列规定。

①设备的型号、规格、主要尺寸、数量、性能参数等应符合设计要求。

②设备的外形应完整，不得有破损、脱漆、变形、裂痕等缺陷。

③设备内部的电路板不得受潮、变形，接插件应接触牢靠，焊点不得有腐蚀、外接线现象。

④设备柜内的配线应完整，不得有短线、缺损现象，内、外接线应连接紧密，不得有裸露和松动现象。

⑤设备的接地应接触良好、连接可靠。

（三）施工条件

监控系统的设备在安装前，应满足以下施工条件。

①机房和弱电竖井的建筑施工完毕。

②设备机房内部施工完毕，完成机房环境、电源及接地等的安装，具备设备安装条件。

③预埋管和预留孔满足安装条件。

④照明控制箱、给/排水设备、空调和通风设备、电梯等设备安装就位，并根据设计需求预留控制信号的接入点。

⑤各系统的供电及二次线路的设计必须满足建筑设备监控系统的监测、控制要求，并应有双方书面协议。

二、建筑设备监控系统设备安装

（一）现场控制器箱的安装

现场控制器箱的安装应符合下列规定。

①现场控制器箱的安装位置应根据现场情况决定，一般靠近被控设备，尽可能使空间宽敞，方便检修。

②为防止其他交叉作业时被破坏，现场控制器箱应在调试前安装，在调试前还应采取防尘、防潮和防腐蚀措施进行妥善保管。

③现场控制器箱应安装牢固，不得倾斜，安装在轻质墙上时，还应采取加固措施。

④当现场控制器箱的高度大于 1m 时，应采用落地式安装，并配备底座；当现场控制器箱的高度小于等于 1m 时，应采用壁挂式安装，箱体距地面的高度应大于 1.4m。现场控制器箱的正面与墙或其他设备的距离应大于 1m，侧面应大于 0.8m。

⑤应在现场控制器箱的门板内侧放置箱内设备接线图，以便维修人员检查故障。现场控制器箱配线应固定牢靠，不宜交叉，应按照设备接线图和设备说明书进行安装。

（二）传感器的安装

1. 温、湿度传感器的安装

①室内温、湿度传感器应安装在温度变化较小的区域，能代表该区域的温度范围，不应安装在阳光直射的区域。传感器应远离风口、潮湿的区域，远离有较强电磁干扰和振动的区域。

②室内温、湿度传感器应安装在距离窗、门和风口不少于 2m 的位置。同一区域的传感器的距地高度应一致，高度差应小于 10mm，并考虑与其、他开关的协调性。

③室外温、湿度传感器应有防雨、防风和防晒等保护措施。

④风管型温、湿度传感器应安装在风速平稳的下半部；水管型温、湿度传感器应与管道垂直安装，感温段小于管道口径的 1/2 时，应安装在管道的底部或侧面。

2. 压力传感器的安装

①风管型压力传感器应安装在温、湿度传感器测温点的管道上半部。

②风压压差开关的安装高度距地面应大于 0.5m，安装完毕后应进行密闭处理。

③水管型压力传感器应安装在温、湿度传感器测温点的管道上半部，当取压段小于管道口径的 2/3 时，应安装在管道的底部或侧面。

④水流开关应垂直安装在管道上，开关标识方向应与水流方向一致，叶片长度不小于管道口径的 1/2。

3. 水流量传感器的安装

①水流量传感器应安装在温、湿度传感器测温点的上游，距离温、湿度传感器 6 ~ 8 倍管径的位置。

②水流量传感器应采用屏蔽和带有绝缘保护套的传输线缆，传输线缆的屏蔽层应在现场控制器侧接地。

4. 空气质量传感器的安装

①探测气体比例大的空气质量传感器应安装在房间下部，距地高度不大于 1.2m。

②探测气体比例小的空气质量传感器应安装在房间上部，距地高度不小于 1.8m。

5. 风管式空气质量传感器的安装

①风管式空气质量传感器应安装在风管管道的水平直管段。

②探测气体比例大的风管式传感器应安装在风管的下部。

③探测气体比例小的风管式空气质量传感器应安装在风管的上部。

（三）执行器的安装

1. 风阀执行器的安装

①风阀应开、闭灵活，不得有卡涩或松动现象。

②风阀轴和执行器的连接应固定牢靠。

③风阀执行器不能与风门挡板轴连接时，可使用附件实现连接，附件不得影响风阀

执行器的旋转角度。

④风阀执行器应安装在方便观察的位置，执行器的开关指示应与风阀实际情况相一致。

⑤风阀执行器的输出力矩应符合设计要求，并与风阀所需力矩相匹配。

2. 电动水阀、电磁阀的安装

①电动水阀和电磁阀的安装应牢靠、灵活，不得有卡涩或松动现象，阀门应安装在易于操作的位置。

②阀体上的箭头指向应垂直安装在水平管道上，并与水流方向一致。

③阀门上的阀位指示装置应安装在易于观察的位置。

三、建筑设备监控系统调试

监控系统施工安装完成后，应进行系统调试和试运行。监控系统施工安装后的系统调试，即进行软件程序下载、参数初设和适当调整，直至符合设计规定要求的过程。同时，系统调试也是对工程质量进行全面检查的过程。根据国家相关施工管理的规定，系统调试应以施工企业为主，监理单位监督、设计单位和建设单位共同参与配合。

（一）调试条件

监控系统调试前应具备下列条件。

①施工完成，并自检合格。

②自带控制单元的被监控设备能正常运行。

③完成与被监控设备相连接管道的清扫、耐压、抗热、抗寒等工作，管道上各分支管道的流量分配满足设计要求。

④数字通信接口通过测试。

⑤针对项目编制的应用软件编制完成。

（二）准备工作

系统调试前，应组织参与调试的工程师熟悉本项目的设计方案、设计图纸、产品说明书、被监控设备工艺流程等技术资料，经现场调研勘察后，编制调试大纲。调试大纲应包括下列内容。

①项目概况。

②调试质量目标。调试质量目标是指监控功能达到设计要求，包括主要或关键参数如控制精度和响应时间等指标。

③调试范围和内容。

④主要调试工具和仪器仪表说明。调试工具和仪器仪的性能参数应能满足设计要求，其校准期限应在有效期内。

⑤调试进度计划。

⑥人员组织计划，应明确调试人员的工作分工。

⑦关键项目的调试方案。关键项目调试方案一般包括以下几点内容：调试过程中涉及人员和设备安全的项目，如工作人员的高空作业、制冷设备的远程控制；控制程序复杂，对系统使用效果起重要作用的调试项目；采用新材料、新技术、新工艺的调试项目等。

⑧调试质量保证措施。

⑨调试记录表格。

（三）系统调试

监控系统的调试工作应包括下列内容。

1. 系统校线调试

监控系统的线缆一般包括通信线缆、控制线缆和供电线缆，校线调试应对全部线缆的接线进行测试。

2. 单体设备调试

单体设备包括监控机房设备（人－机界面和数据库等）、控制器、各类传感器和各类执行器（电动阀和变频器等）。

3. 网络通信调试

网络通信包括监控机房之间、监控计算机与网络设备和控制器之间、监控系统与被监控设备自带控制单元之间、监控系统与其他智能化系统之间的通信。

4. 各被监控设备的监控功能调试

根据项目的具体情况，被监控设备一般包括供暖通风及空气调节、给水／排水、供配电、照明、电梯和自动扶梯等。其监控功能应根据设计要求逐项调试，包括监测、安全保护、远程控制、自动启／停和自动调节等。需要注意，应模拟全年运行可能出现的各种工况。

5. 管理功能调试

管理功能调试包括三方面的内容：①用户操作权限管理功能；②与其他智能化系统通信和集成；③与智能化集成系统的通信和集成。

建筑设备监控系统施工安装和调试等分项工程验收合格，且被监控设备试运转合格后，应进行系统试运行，且试运行宜与被监控设备联合进行。

监控系统试运行应连续进行120h，并应在试运行期间对建筑设备监控系统的各项功能进行复核，且性能应达到设计要求。当出现系统故障或不合格项目时，应整改并重新计时，直至连续运行满120h为止。

监控系统试运行报告应包括系统概况、试运行条件、试运行工作流程、安全防护措施、试运行记录和结论，在出现故障或不合格项目时，还应列出整改措施。

四、建筑设备监控系统检测

建筑设备监控系统施工安装并调试完毕后，应进行全面的检测，检测应在系统试运行一个月后进行。检测内容主要是对建筑设备监控系统进行功能测试，评测系统性能，根据施工记录复核或抽查监控系统的安装质量、设备性能。建筑设备监控系统检测应包括空调与通风监控系统、给／排水监控系统、变配电监测系统、公共照明监控系统、电梯和自动扶梯监测系统及能耗监测系统等。检测和验收的范围应根据设计要求确定。

（一）监控系统的检测准备

1. 检测方案

监控系统检测前应编制检测方案，并应包括下列内容。

①工程名称和概况。

②检测依据。

③检测项目、抽样数量和检测结果的判定方法。

④检测仪器和人员配备。

⑤时间安排。

2. 检测仪器

（二）监控系统的检测内容

建筑设备监控系统检测应包含以下内容：①应检查系功能与设计的符合性，并应按检测、安全保护、远程控制、自动启／停、自动调节和管理功能等类别分别检测；②安全保护和管理功能的内容应全部检测，其他监控功能应根据监控设备的种类和数量确定抽样检测的比例和数量；③应查安装的设备、材料及其随带文件与设计的符合性；④应检查管线和现场设备的安装质量和安装位置；⑤检测内容全部符合设计要求的应判定为检测项目合格。

1. 空调与通风系统

①检测内容应按设计要求确定。

②检测冷热源的全部监测参数，其中各种传感器和执行器应按总数的10%抽检，抽检数量应大于5只，总数少于5只时应全部检测：空调、新风机组的监测参数应按总数的20%抽检，抽检数量应大于5台，总数少于5台时应全部检测。

③抽检结果全部符合设计要求的应判定为合格。

2. 给／排水系统

①检测内容应按设计要求确定。

②给水和中水监控系统应全部检测；排水监控系统应抽检50%，且不得少于5套，总数少于5套时应全部检测。

③抽检结果全部符合设计要求的应判定为合格。

3. 供配电系统

①检测内容应按设计要求确定。

②对高、低压配电柜的运行状态、变压器的温度、储油罐的液位、各种备用电源的

工作状态和联锁控制功能等应全部检测；各种电气参数检测数量应按每类参数抽 20%，且数量不应少于 20 点，数量少于 20 点时应全部检测。

③抽检结果全部符合设计要求的应判定为合格。

4. 公共照明监控系统

①检测内容应按设计要求确定。

②应按照明回路总数的 10% 抽检，数量不应少于 10 路，总数少于 10 路时应全部检测。

③抽检结果全部符合设计要求的应判定为合格。

5. 电梯和自动扶梯系统

对电梯和自动扶梯系统应检测其启/停、上/下行、位置、故障等运行状态显示功能。检测结果符合设计要求的应判定为合格。

6. 能耗监测系统

对能耗监测系统应检测其能耗数据的显示、记录、统计、汇总及趋势分析等功能。检测结果符合设计要求的应判定为合格。

7. 中央管理工作站与操作分站

对中央管理工作站的检测应包括下列内容。

①运行状态和测量数据的显示功能。

②故障报警信息的报告应及时、准确，有提示信号。

③系统运行参数的设定及修改功能。

④控制命令应无冲突执行。

⑤系统运行数据的记录、存储和处理功能。

⑥操作权限。

⑦人–机界面应为中文。

对操作分站主要应检测监控其管理权限以及数据显示与中央管理工作站的一致性。中央管理工作站应全部检测，操作分站应抽检 20%，且不得少于 5 个，总数不足 5 个时应全部检测。

检测结果符合设计要求的应判定为合格。

8. 建筑设备监控系统的实时性

①检测内容应包括控制命令响应时间和报警信号响应时间。

②应抽检 10% 且不得少于 10 台，总数少于 10 台时应全部检测。

③抽检结果全部符合设计要求的应判定为合格。

9. 建筑设备监控系统的可靠性

①检测内容应包括系统运行的抗干扰性能和电源切换时系统运行的稳定性。

②应在系统正常运行时，启、停现场设备或投切备用电源，通过观察系统的工作情况进行检测。

③检测结果符合设计要求的应判定为合格。

10. 建筑设备监控系统的可维护性

①检测应用软件的在线编程和参数修改功能。

②检测设备和网络通信故障的自检测功能。

③应通过现场模拟修改参数和设置故障的方法检测。

④检测结果符合设计要求的应判定为合格。

此外，还应对建筑设备监控系统的性能进行评测。检测内容应包括控制网络和数据库的标准化、开放性，系统的冗余配置，系统可扩展性，节能措施。检测方法应根据设备配置和运行情况确定。检测结果符合设计要求的应判定为合格。

五、建筑设备监控系统验收

（一）监控系统验收条件

建筑设备监控系统可独立进行分部分项工程验收，竣工验收应在系统正常连续投运时间超过 3 个月后进行。

监控系统验收应具备下列条件，才能进行验收：①按经批准的工程技术文件施工完毕；②完成调试及自检，并出具系统自检记录；③分项工程验收合格，并出具分项工程质量验收记录；④完成系统试运行，并出具系统运行报告；⑤系统检测合格，并出具系统检测报告或系统检测记录；⑥完成技术培训，并出具培训记录。

（二）监控系统工程验收

1. 验收组织

建筑设备监控系统的相关建设单位应组建验收小组进行验收。验收小组应根据工程的特点、性质、要求等确定验收标准和验收内容。验收小组的总人数应为单数，应选定组长和副组长，验收小组中专业人员的数量应大于总人数的 50%。建设单位项目负责人，总监理工程师，负责人、技术负责人、质量负责人，设计单位工程项目负责人等，均应参与工程验收。验收小组应对工程实体和资料进行检查，并作出正确、公正、客观的验收结论。

2. 验收内容

验收小组的工作应包括如下内容：①检查验收文件；②抽检和复核系统检测项目；③检查观感质量。

3. 验收文件

验收文件应包括下列内容：①竣工图纸；②设计变更和洽商；③设备材料进场检验记录及移交清单；④分项工程质量验收记录；⑤试运行记录；⑥系统检测报告或系统检测记录；⑦培训记录和培训资料。

（三）监控系统验收结论

建筑设备监控系统验收结论与处理应符合下列规定：①验收结论应分为合格或不合格；②验收文件齐全、复核检测项目合格且观感质量符合要求时，验收结论应为合格，否则为不合格：③当验收结论为不合格时，施工单位应限期整改，直到重新验收合格，整改后仍无法满足设计要求的，不得通过验收。

第七章 建筑工程项目管理

第一节 建筑工程项目管理的内容

一、建筑工程项目管理的基本概念

（一）建筑工程项目

项目是指在一定的约束条件下，具有特定的明确目标和完整的组织结构的一次性任务或活动。简单来说，安排一场演出、开发一种新产品、建一幢房子都可以称为一个项目。

建设项目是为完成依法立项的新建、改建、扩建的各类工程（土木工程、建筑工程及安装工程等）而进行的、有起止日期的、达到规定要求的由一组相互关联的受控活动组成的特定过程，包括策划、勘察、设计、采购、施工、试运行、竣工验收和移交等，有时也简称为项目。

建筑工程项目是建设项目的主要组成内容，也称建筑产品。建筑产品的最终形式为建筑物和构筑物，它除具有建设项目所有的特点以外，还具有下述特点：

1. 建筑产品的特点

（1）庞大性

建筑产品与一般的产品相比，从体积、占地面积和自重上看相当庞大，从耗用的资源品种和数量上看也是相当巨大的。

（2）固定性

建筑产品相当庞大，移动非常困难。因其为人类主要的活动场所，不仅需要舒适，更要满足安全、耐用等功能上的要求，这就要求其要固定地与大地连在一起，和地球一同自转和公转。

（3）多样性

建筑产品的多样性体现在功能不同、承重结构不同、建造地点不同、参与建设的人员不同、使用的材料不同等，使得建筑产品具有人一样的个性，即多样性。如按使用性质不同，建筑物可分为居住建筑、公共建筑、工业建筑和农业建筑4大类；按结构的不同，建筑物一般分为砖木结构、砖混结构、钢筋混凝土结构、钢结构建筑等。

（4）持久性

建筑产品因其庞大性和建筑工艺的要求使得建造时间很长，因其是人们生活和工作的主要场所，它的使用时间更长。房屋建筑的合理使用年限短则几十年，长则上百年，有些建筑距今已有几百年的历史，但仍然完好。

2. 建筑产品施工的特点

（1）季节性

由于建筑产品的庞大性，使得整个建筑产品的建造过程受到风吹、雨淋、日晒等自然条件的影响，因此工程施工包括冬季施工、夏季施工和雨季施工等季节性施工。

（2）流动性

由于建筑产品具有固定性，就给施工生产带来了流动性。这是因为建筑的房屋是不动的，所需要的劳动力、材料、设备等资源均需要从不同的地点流动到建设地点。这也给建筑工人的生活、生产带来很多不便和困难

（3）复杂性

由于建筑产品的多样性，使得建筑产品的施工应该根据不同的地质条件、不同的结构形式、不同的地域环境、不同的劳动对象、不同的劳动工具和不同的劳动者去组织实施。因此，整个建造过程相当复杂，随着工程进展，施工工作还需要不断调整。

（4）连续性

一般情况下，人们把建筑物分成基础工程、主体工程和装饰工程3个部分。一个功能完善的建筑产品则需要完成所有的工作步骤才能使用。另外，由于工艺上要求不能间断施工，从而使得施工过程具有一定的连续性，如混凝土的浇筑等。

3. 施工管理的特点

（1）多变性

建筑产品的建造时间长、建造地质和地域差异、环境变化、政策变化、价格变化等因素使得整个过程充满了变数和变化。

（2）广交性

在整个建筑产品的施工过程中参与的单位和部门繁多，项目管理者要与上自国家机

关各部门的领导、下到施工现场的操作工人打交道，需要协调各方面和各层次之间的关系。

（二）建筑工程项目管理内容

项目管理作为 20 世纪 50 年代发展起来的新领域，现已成为现代管理学的一个重要分支，并越来越受到重视。运用项目管理的知识和经验，可以极大地提高管理人员的工作效率。按照传统的做法，当企业设定了一个项目后，参与这个项目的至少会有几个部门，如财务部门、市场部门、行政部门等。不同部门在运作项目过程中不可避免地会产生摩擦，须进行协调，这些无疑会增加项目的成本，影响项目实施的效率。项目管理的做法则不同。不同职能部门的成员因为某一个项目而组成团队，项目经理则是项目团队的领导者，他所肩负的责任就是领导他的团队准时、优质地完成全部工作，在不超出预算的情况下实现项目目标。项目的管理者不仅仅是项目执行者，他还参与项目的需求确定、项目选择、计划直至收尾的全过程，并在时间、成本、质量、风险、合同、采购、人力资源等各个方面对项目进行全方位的管理，因此，项目管理可以帮助企业处理需要跨领域解决的复杂问题，并实现更高的运营效率。

建设工程项目管理是组织运用系统的观点、理论和方法，对建设工程项目进行的计划、组织、指挥、协调和控制等专业化活动。而建筑工程项目管理则是针对建筑工程，在一定约束条件下，以建筑工程项目为对象，以最优实现建筑工程项目目标为目的，以建筑工程项目经理负责制为基础，以建筑工程承包合同为纽带，对建筑工程项目高效率地进行计划、组织、协调、控制和监督等系统管理活动。

（三）建筑工程项目管理的周期

工程项目管理周期，是人们长期在工程建设实践、认识、再实践、再认识的过程中，对理论和实践的高度概括和总结。工程项目周期是指一个工程项目由筹划立项开始，直到项目竣工投产收回投资，达到预期目标的整个过程。

工程项目管理的周期实际就是工程项目的周期，也就是一个建设项目的建设周期。建筑工程项目管理周期相对工程项目管理周期来讲面比较窄，但周期是一致的，当然对于不同的主体来讲周期是不同的。如作为项目发包人来说，从整个项目的投资决策到项目报废回收称为全寿命周期的项目管理，而对于项目承包人来说则是合同周期或法律规定的责任周期。

参与建筑工程项目建设管理的各方（管理主体）在工程项目建设中均存在项目管理。项目承包人受业主委托承担建设项目的勘察、设计及施工，他们有义务对建筑工程项目进行管理。一些大、中型工程项目，发包人（业主）因缺乏项目管理经验，也可委托项目管理咨询公司代为进行项目管理。

在项目建设中，业主、设计单位和施工项目承包人处于不同的地位，对同一个项目各自承担的任务不同，其项目管理的任务也是不相同的。如在费用控制方面，业主要控制整个项目建设的投资总额，而施工项目承包人考虑的是控制该项目的施工成本；在进度控制方面，业主应控制整个项目的建设进度，而设计单位主要控制设计进度，施工项目承包人控制所承包部分工程的施工进度。

（四）工程项目建设管理的主体

在项目管理规范中明确了管理的主体分为项目发包人（简称发包人）和项目承包人（简称承包人）。项目发包人是按合同约定、具有项目发包主体资格和支付合同价款能力的当事人，以及取得该当事人资格的合法继承人。项目承包人是按合同约定、被发包人接受的具有项目承包主体资格的当事人，以及取得该当事人资格的合法继承人。有时承包人也可以作为发包人出现，如在项目分包过程中。

1. 项目发包人

①国家机关等行政部门；

②国内外企业；

③在分包活动中的原承包人。

2. 项目承包人

（1）勘察设计单位

①建筑专业设计院；

②其他设计单位（如林业勘察设计院、铁路勘察设计院、轻工勘察设计院等）。

（2）中介机构

①专业监理咨询机构；

②其他监理咨询机构。

（3）施工企业

①综合性施工企业（总包）；

②专业性施工企业（分包）。

（五）建筑工程项目管理的分类

在建筑工程项目实施过程中，每个参与单位依据合同或多或少地进行了项目管理，这里的分类则是按项目管理的侧重点而分。建筑工程项目管理按管理的责任可以划分为咨询公司（项目管理公司）的项目管理、工程项目总承包方的项目管理、施工方的项目管理、业主方的项目管理、设计方的项目管理、供应商的项目管理以及建设管理部门的项目管理。在我国，目前还有采用工程指挥部代替有关部门进行的项目管理。

在工程项目建设的不同阶段，参与工程项目建设各方的管理内容及重点各不相同。在设计阶段的工程项目管理分为项目发包人的设计管理和设计单位的设计管理两种；在施工阶段的工程管理则主要分为业主的工程项 FI 管理、承包商的工程项目管理、监理工程师的工程项目管理。下面对工程项目管理实践中最常见的管理类型进行介绍。

1. 工程项目总承包方的项目管理

业主在项目决策后，通过招标择优选定总承包商，全面负责建设工程项目的实施全过程，直至最终交付使用功能和质量符合合同文件规定的工程项目。因此，总承包方的项目管理是贯穿于项目实施全过程的全面管理，既包括设计阶段也包括施工安装阶段，以实现其承建工程项目的经营方针和项目管理的目标，取得预期的经营效益。显然，总承包方必须在合同条件的约束下，依靠自身的技术和管理优势，通过优化设计及施工方案，在规定的时间内，保质保量并且安全地完成工程项目的承建任务。从交易的角度看，项目业主是买方，总承包单位是卖方，因此两者的地位和利益追求是不同的。

2. 施工方（承包人）项目管理

项目承包人通过工程施工投标取得工程施工承包合同，并以施工合同所界定的工程范围组织项目管理，简称施工项目管理。从完整的意义上说，这种施工项目应该指施工总承包的完整工程项目，包括其中的土建工程施工和建筑设备工程施工安装，最终成果能形成独立使用功能的建筑产品。然而从工程项目系统分析的角度，分项工程、分部工程也是构成工程项目的子系统。按子系统定义项目，既有其特定的约束条件和目标要求，而且也是一次性的任务。

因此，工程项目按专业、按部位分解发包的情况，承包方仍然可以按承包合同界定的局部施工任务作为项目管理的对象，这就是广义的施工企业的项目管理。

二、建筑工程项目管理的基本内容

建设工程项目管理的基本内容应包括编制项目管理规划大纲和项目管理实施规划、项目组织管理、项目进度管理、项目质量管理、项目职业健康安全管理、项目环境管理、项目成本管理、项目采购管理、项目合同管理、项目资源管理、项目信息管理、项目风险管理、项目沟通管理、项目收尾管理。

建筑工程项目是最常见、最典型的工程项目类型，建筑工程项目管理是项目管理在建筑工程项目中的具体应用。建筑工程项目管理是根据各项目管理主体的任务对以上各内容的细分。承包商的项目管理是对所承担的施工项目目标进行的策划、控制和协调，项目管理的任务主要集中在施工阶段，也可以向前延伸到设计阶段，向后延伸到动工前准备阶段和保修阶段。

（一）施工方项目管理的内容

为了实现施工项目各阶段目标和最终目标，承包商必须加强施工项目管理工作。在投标、签订工程承包合同以后，施工项目管理的主体，便是以施工项目经理为首的项目经理部（即项目管理层）。管理的客体是具体的施工对象、施工活动及相关的劳动要素。

管理的内容包括：建立施工项目管理组织，进行施工项目管理规划，进行施工项目的目标控制，对施工项目劳动要素进行优化配置和动态管理，施工项目的组织协调，施工项目的合同管理、信息管理以及施工项目管理总结等。现将上述各项内容简述如下：

1. 建立施工项目管理组织

由企业采用适当的方式选聘称职的施工项目经理；根据施工项目组织原则，选用适当的组织形式，组建施工项目管理机构，明确责任、权限和义务；在遵守企业规章制度的前提下，根据施工项目管理的需要，制订施工项目管理制度。

2.进行施工项目管理规划

施工项目管理规划是对施工项目管理组织、内容、方法、步骤、重点进行预测和决策，作出具体安排的纲领性文件。施工项目管理规划的内容主要有：

①进行工程项目分解，形成施工对象分解体系，以便确定阶段性控制目标，从局部到整体进行施工活动和施工项目管理。

②建立施工项目管理工作体系，绘制施工项目管理工作体系图和施工项目管理工作信息流程图。

③编制施工管理规划，确定管理点，形成文件，以便于执行。这个文件类似于施工组织设计。

3.进行施工项目的目标控制

施工项目的目标有阶段性目标和最终目标。实现各项目标是施工项目管理的目的，所以应当坚持以控制论原理和理论为指导，进行全过程的科学控制。施工项目的控制目标包括进度控制目标、质量控制目标、成本控制目标和安全控制目标。

由于在施工项目目标的控制过程中会不断受到各种客观因素的干扰，各种风险因素都有可能发生，故应通过组织协调和风险管理对施工项目目标进行动态控制。

4.劳动要素管理和施工现场管理

施工项目的劳动要素是施工项目目标得以实现的保证，主要包括劳动力、材料、机械设备、资金和技术（即"5M"）。施工现场的管理对于节约材料、节省投资、保证施工进度、创建文明工地等方面都至关重要。

这部分的主要内容有：

①分析各劳动要素的特点；按照一定的原则、方法对施工项目劳动要素进行优化配置，并对配置状况进行评价。

②对施工项目的各劳动要素进行动态管理；进行施工现场平面图设计，做好现场的调度与管理。

5.施工项目的组织协调

组织协调为目标控制服务，其内容包括人际关系的协调、组织关系的协调、配合关系的协调、供求关系的协调、约束关系的协调。

6.施工项目的合同管理

由于施工项目管理是在市场条件下进行的特殊交易活动的管理，这种交易活动从招标、投标工作开始，并持续于项目管理的全过程，因此必须依法签订合同，进行履约经营。合同管理体制的好坏直接涉及项目管理及工程施工的技术经济效果和目标实现。因此要从招标、投标开始，加强工程承包合同的签订、履行管理。合同管理是一项执法、守法活动，市场有国内市场和国际市场，因此合同管理势必涉及国内和国际上有关法规和合同文本、合同条件，在合同管理中应予以高度重视。为了取得经济效益，还必须注意重视工程索赔，讲究方法和技巧，为获取索赔提供充分的证据。

7. 施工项目的信息管理

现代化管理要依靠信息。施工项目管理是一项复杂的现代化管理活动。进行施工项目管理、施工项目目标控制、动态管理，必须依靠信息管理，而信息管理又要依靠电子计算机进行辅助。

8. 施工项目管理总结

从管理的循环来说，管理的总结阶段既是对管理计划、执行、检查阶段经验和问题的提炼，又是进行新的管理所需信息的来源，其经验可作为新的管理标准和制度，其问题有待于下一循环管理予以解决。施工项目管理由于其一次性特点，更应注意总结，依靠总结不断提高管理水平，丰富和发展工程项目管理学科。

（二）业主方项目管理（建设监理）

业主方的项目管理是全过程、全方位的，包括项目实施阶段的各个环节，主要有组织协调，合同管理，信息管理，投资、质量、进度、安全 4 大目标控制，人们把它通俗地概括为"一协调二管理四控制"或"四控制二管理一协调"。

由于工程项目的实施是一次性的任务，因此，业主方自行进行项目管理往往具有很大的局限性。首先在技术和管理方面，缺乏配套的力量，即使配备了管理班子，没有连续的工程任务也是不经济的。在计划经济体制下，每个项目发包人都建立了一个筹建处或基建处来负责工程建设，这不符合市场经济条件下资源的优化配置和动态管理，而且也不利于建设经验的积累和应用。因此，在市场经济体制下，工程项目业主完全可以依靠发达的咨询业为其提供项目管理服务，这就是建设监理。监理单位接受工程业主的委托，提供全过程监理服务。由于建设监理的性质是属于智力密集型的咨询服务，因此，它可以向前延伸到项目投资决策阶段，包括立项和可行性研究等。这是建设监理和项目管理在时间范围、实施主体和所处地位、任务目标等方面的不同之处。

（三）项目相关方管理

1. 设计方项目管理

设计单位受业主委托承担工程项目的设计任务，以设计合同所界定的工作目标及其责任义务作为该项工程设计管理的对象、内容和条件，通常简称设计项目管理。设计项目管理也就是设计单位对履行工程设计合同和实现设计单位经营方针目标而进行的设计管理。尽管其地位、作用和利益追求与项目业主不同，但它也是建设工程设计阶段项目管理的重要方面。

只有通过设计合同，依靠设计方的自主项目管理，才能贯彻业主的建设意图和实施设计阶段的投资、质量和进度控制。

2. 供货方的项目管理

从建设项目管理的系统分析角度看，建设物资供应工作也是工程项目实施的一个子系统，它有明确的任务和目标，明确的制约条件以及项目实施子系统的内在联系。因此，制造厂、供应商同样可以将加工生产制造和供应合同所界定的任务，作为项目进行目标管理和控制，以适应建设项目总目标控制的要求。

3. 建设管理部门的项目管理

建设管理部门的项目管理就是对项目实施的可行性、合法性、政策性、方向性、规范性、计划性进行监督管理。

第二节 项目管理知识体系

项目管理可划分为 10 大知识领域，即项目整合管理、项目范围管理、项目时间管理、项目成本管理、项目质量管理、项目人力资源管理、项目沟通管理、项目风险管理、项目采购管理、项目干系人管理。

一、项目整合管理

项目整合管理（以前版本称为项目综合管理或项目集成管理），包括 6 个子过程：制订项目章程、制订项目管理计划、指导与管理项目执行、监控项目工作、实施整体变更控制、结束项目或阶段。项目整合管理包括那些确保项目各要素相互协调所需要的过程，它涉及在竞争目标和方案选择中作出平衡，以满足或超出项目利害关系者的需求和期望。

二、项目范围管理

保证项目的完成，并不仅是完成全部要求的工作，而要保证不会偏离项目，造成资源浪费的过程。项目管理范围主要包括以下内容：

①立项 —— 证实项目开始。

②范围计划编程 —— 制订一个范围说明，作为将来项目决策的基础。

③范围定义 —— 将项目可交付成果分为几个小的、更易管理的部分。

④范围核实 —— 项目范围的正式接纳。

⑤范围变更控制 —— 控制项目范围的变化。

三、项目时间管理

确保项目按时完成的过程，也被称为项目进度管理。其主要包括 7 个子过程：规划进度管理、定义活动、排列活动顺序、估算活动资源、估算活动持续时间、制订进度计划、控制进度。

①规划进度管理及定义活动——确定为完成各种项目可交付成果所必须进行的诸项

具体流程。

②排列活动顺序 —— 确定各流程间的依赖关系，并形成文件。

③估算活动时间及资源 —— 估计每一项工作所需要的时间段及需要资源。

④制订进度计划——分析工作顺序、工作工期和资源需求，编制项目进度计划。

⑤进度控制——控制项目进度计划的变化。

四、项目成本管理

项目成本管理包括确保在批准的预算内完成项目所需要的诸过程，以下是成本管理主要过程的概况。

①资源规划 —— 确定为完成项目各项工作，需要何种资源（人、设备、材料）以及每种资源的概况。

②费用估算 —— 编制一个为完成项目各环节所需要的资源费用的近似估算。

③费用预算 —— 将总费用估算分配到各单项工作上。

④费用控制 —— 控制项目预算的变更。

五、项目风险管理

项目风险管理包括对项目风险的识别、分析和应对过程，包括对正面事件效果的最大化及对负面事件影响的最小化。

①风险识别 —— 确定哪些风险可能对项目造成影响，并且编制每种风险的特性文件。

②风险量化 —— 通过对风险及风险相互作用的评估来评价项目结果的可能性。

③风险应对措施的开发 —— 确定扩大机会的步骤及对威胁的应对措施。

④风险应对控制 —— 对项目过程中风险变化的回应。

六、项目沟通管理

项目沟通管理包括保证及时、适当地产生、收集、发布、储存和最终处理项目信息所需的过程。它是人、意见和信息之间的关键纽带，是成功所必需的条件。参与项目的每一个人都必须做好以项目"语言"方式传达和接收信息的准备，同时还必须明白他们以个人身份涉及的信息将如何影响整个项目。

①信息计划编制 —— 确定项目受益人的信息和沟通需求：什么人需要什么信息，他们什么时候需要，以及如何将信息提供给他们。

②信息发布 —— 及时将所需的信息提供给项目受益人。

③执行情况汇报 —— 收集并发布执行情况信息，包括现状汇报、进度测量和预测。

④行政收尾 —— 产生、收集和发布阶段定型或项目完成的信息。

七、项目质量管理

项目质量管理包括保证项目满足其需求所需要的过程。它包括确定质量方针、目标和职责，并在质量体系中通过诸如质量计划、质量控制、质量保证和质量改进使其实施的全面管理职能的所有活动。以下是质量管理过程：

①质量计划编制 —— 确定哪些质量标准与项目相关，并决定如何满足它们。

②质量保证 —— 定期评价总体项目执行情况，以提供项目满足相关质量标准的信心。

③质量控制 —— 监控具体项目结果，以确定是否遵照相关的质量标准；确定消除导致不满意执行情况的方法。

八、项目人力资源管理

项目人力资源管理包括需要最有效地利用涉及项目人员的过程。

①组织计划编制 —— 所有项目受益者、发起人、客户、个体贡献者和其他方组织的计划编制，确定、编制和分配项目任务，职权和报告关系。

②人员招聘 —— 通过人员招聘，获得需要分配到并工作于项目上的人力资源。

③队伍开发与建设 —— 为加强项目执行开发个人或团体技能，包括综合管理技能中讨论的领导、沟通、协商等，委派、激励、培训、监控、指导及其他有关针对个人的事宜，队伍建设、矛盾处理及其他有关针对团体的事宜。

④评价及其他 —— 执行情况评价、招募及保持劳动关系、保健和安全规则及其他与人力资源职能管理有关的事宜。

九、项目采购管理

项目采购管理包括需要从执行组织以外获得货物和服务的过程。概述其主要过程为：

①采购计划编制 —— 决定何时采购何物。

②招标计划编制 —— 编制产品需求和鉴定潜在的来源。

③招标 —— 依据情况获得报价、投标建议书。

④选择来源 —— 选择潜在的卖方。

⑤合同管理 —— 管理与买方的关系。

十、干系人管理

干系人管理包括4个过程：识别干系人、规划干系人管理、管理干系人参与、控制干系人参与。应该把干系人满意度作为一个关键的项目目标进行管理。

干系人管理包含的项目管理过程有：

①识别干系人 —— 识别能影响项目或受项目影响的全部人员、群体和组织，以及识别项目决策、活动或结果影响的人、群体或组织，并分析记录他们的相关信息的过程。

②规划干系人的管理——基于对干系人需要、利益及对项目成功的潜在影响的分析，制订合适的管理策略，以有效调动干系人参与整个项目生命周期的过程。

③管理干系人参与——在整个项目周期中，与干系人进行沟通和协作，以满足其需要与期望，解决实际出现的问题，并促进干系人合理参与项目活动的过程。

④控制干系人参与——全面监督项目干系人之间的关系，调整策略和计划，以调动干系人参与的过程。

综上所述，每个项目都有干系人，他们受项目的积极或消极影响，或者能对项目施加积极或消极的影响。有些项目关系人对项目的影响有限，有些可能对项目及其结果有重大影响。项目经理正确识别并合理管理干系人的能力，能决定项目的成败。

第三节　建设项目的建设程序和管理制度

一、建设项目的建设程序

（一）建设项目的建设程序概述

建设项目的建设程序，是指建设项目建设全过程中各项工作必须遵循的先后顺序。建设程序是指建设项目从设想、选择、评估、决策、设计、施工到工验收、投入生产整个建设过程中，各项工作必须遵循的先后次序的法则。按照建设项目发展的内在联系和发展过程，建设程序分成若干阶段，这些发展阶段有严格的先后次序，不能任意颠倒，否则就违反了它的发展规律。

在我国按现行规定，建设项目从建设前期工作到建设、投产一般要经历以下几个阶段的工作程序：

①根据国民经济和社会发展长远规划，结合行业和地区发展规划的要求，提出项目建议书；

②在勘察、试验、调查研究及详细技术经济论证的基础上编制可行性研究报告；

③根据项目的咨询评估情况，对建设项目进行决策；

④根据可行性研究报告编制设计文件；

⑤初步设计经批准后，做好施工前的各项准备工作；

⑥组织施工，并根据工程进度，做好生产准备工作；

⑦项目按批准的设计内容建成并经竣工验收合格后，正式投产，交付生产使用；

⑧生产运营一段时间后（一般为两年），进行项目后评价。

以上程序可由项目审批主管部门视项目建设条件、投资规模作适当合并。

目前我国基本建设程序的内容和步骤主要有前期工作阶段（主要包括项目建议书、可行性研究、设计工作）、建设实施阶段（主要包括施工准备、建设实施）、竣工验收阶段和后评价阶段。每一阶段都包含着许多环节和内容。

1. 前期工作阶段

（1）项目建议书

项目建议书是要求建设某一具体项目的建议文件，是基本建设程序中最初阶段的工作，是投资决策前对拟建项目的轮廓设想。项目建议书的主要作用是推荐一个拟进行建设项目的初步说明，论述它建设的必要性、条件的可行性和获得的可能性，供基本建设管理部门选择并确定是否进行下一步工作。

项目建议书报经有审批权限的部门批准后，可以进行可行性研究工作，但这并不表明项目非上不可，项目建议书不是项目的最终决策。

项目建议书的审批程序：项目建议书首先由项目建设单位通过其主管部门报行业归口主管部门和当地发展计划部门（其中工业技改项目报经贸部门），由行业归口主管部门提出项目审查意见（着重从资金来源、建设布局、资源合理利用、经济合理性、技术可行性等方面进行初审），发展计划部门参考行业归口主管部门的意见，并根据国家规定的分级审批权限负责审批、报批。凡行业归口主管部门初审未通过的项目，发展计划部门不予审批、报批。

（2）可行性研究

可行性研究阶段包括以下3项主要工作：

①可行性研究。项目建议书一经批准，即可着手进行可行性研究。可行性研究是指在项目决策前，通过对项目有关的工程、技术、经济等各方面条件和情况进行调查、研究、分析，对各种可能的建设方案和技术方案进行比较论证，并对项目建成后的经济效益进行预测和评价的一种科学分析方法，由此考查项目技术上的先进性和适用性，经济上的盈利性和合理性，建设的可能性和可行性。可行性研究是项目前期工作的最重要的内容，它从项目建设和生产经营的全过程考察分析项目的可行性，其目的是回答项目是否有必要建设，是否可能实施建设和如何进行建设的问题，其结论为投资者的最终决策提供直接的依据。因此，凡大中型项目以及国家有要求的项目，都要进行可行性研究，其他项目有条件的也要进行可行性研究。

②可行性研究报告的编制。可行性研究报告是确定建设项目、编制设计文件和项目最终决策的重要依据，要求必须有相当的深度和准确性。承担可行性研究工作的单位必须是经过资格审定的规划、设计和工程咨询单位，要有承担相应项目的资质。

③可行性研究报告的审批。可行性研究报告经评估后按项目审批权限由各级审批部门进行审批。其中大中型和限额以上项目的可行性研究报告要逐级报送国家发展和改革委员会审批；同时要委托有资质的工程咨询公司进行评估。小型项目和限额以下项目，一般由省级发展计划部门、行业归口管理部门审批。受省级发展计划部门、行业主管部门的授权或委托，地区发展计划部门可以对授权或委托权限内的项目进行审批。可行性研究报告批准后即国家同意该项目进行建设，一般先列入预备项目计划。列入预备项目计划并不等于列入年度计划，何时列入年度计划，要根据其前期工作进展情况、国家宏

观经济政策和对财力、物力等因素进行综合平衡后决定。

（3）设计工作

一般建设项目（包括工业、民用建筑、城市基础设施、水利工程、道路工程等），设计过程划分为初步设计和施工图设计两个阶段。对技术复杂而又缺乏经验的项目，可根据不同行业的特点和需要，增加技术设计阶段。对一些水利枢纽、农业综合开发、林区综合开发项目，为解决总体部署和开发问题，还需进行规划设计或编制总体规划，规划审批后编制具有符合规定深度要求的实施方案。

①初步设计（基础设计）。初步设计的内容依项目的类型不同而有所变化。一般来说，它是项目的宏观设计，即项目的总体设计、布局设计、主要的工艺流程、设备的选型和安装设计、土建工程量及费用的估算等。初步设计文件应当满足编制施工招标文件、主要设备材料订货和编制施工图设计文件的需要，是下一阶段施工图设计的基础。

初步设计（包括项目概算）根据审批权限，由发展计划部门委托投资项目评审中心组织专家审查通过后，按照项目实际情况，由发展计划部门或会同其他有关行业主管部门审批。

②施工图设计（详细设计）。施工图设计的主要内容是根据批准的初步设计，绘制出正确、完整和尽可能详细的建筑、安装图纸。施工图设计完成后，必须由施工图设计审查单位审查并加盖审查专用章后使用。审查单位必须是取得审查资格，且具有审查权限要求的设计咨询单位。经审查的施工图设计还必须经有权审批的部门进行审批。

2. 建设实施阶段

（1）建设实施阶段的施工准备

施工准备主要包括以下两个项目的准备：

①建设开工前的准备。主要内容包括征地、拆迁和场地平整；完成施工用水、电、路等工程；组织设备、材料订货；准备必要的施工图纸；组织招标投标（包括监理、施工、设备采购、设备安装等方面的招标投标）并择优选择施工单位，签订施工合同。

②项目开工审批。建设单位在工程建设项目可行性研究报告批准，建设资金已经落实，各项准备工作就绪后，应当向当地建设行政主管部门或项目主管部门及其授权机构申请项目开工审批。

（2）建设实施

建设实施包括以下 3 个关键环节：

①项目开工建设时间。开工许可审批之后即进入项目建设施工阶段。开工之日按统计部门规定是指建设项目设计文件中规定的任何一项永久性工程（无论生产性或非生产性）第一次正式破土开槽开始施工的日期。公路、水库等需要进行大量土、石方工程的，以开始进行土方、石方工程的日期作为正式开工日期。

②年度基本建设投资额。国家基本建设计划使用的投资额指标，是以货币形式表现的基本建设工作，是反映一定时期内基本建设规模的综合性指标。年度基本建设投资额是建设项目当年实际完成的工作量，包括用当年资金完成的工作量和动用库存的材料、

设备等内部资源完成的工作量；而财务拨款是当年基本建设项目实际货币支出。投资额以构成工程实体为准，财务拨款以资金拨付为准。

③生产或使用准备。生产准备是生产性施工项目投产前所要进行的一项重要工作。它是基本建设程序中的重要环节，是衔接基本建设和生产的桥梁，是建设阶段转入生产经营的必要条件。使用准备是非生产性施工项目正式投入运营使用所要进行的工作。

3. 竣工验收阶段

（1）竣工验收的范围

根据国家规定，所有建设项目按照上级批准的设计文件所规定的内容和施工图纸的要求全部建成，工业项目经负荷试运转和试生产考核能够生产合格产品，非工业项目符合设计要求，能够正常使用且都要及时组织验收。

（2）竣工验收的依据

按国家现行规定，竣工验收的依据是经过上级审批机关批准的可行性研究报告、初步设计或扩大初步设计（技术设计）、施工图纸和说明、设备技术说明书、招标投标文件和工程承包合同、施工过程中的设计修改签证、现行的施工技术验收标准及规范以及主管部门有关审批、修改、调整文件等。

（3）竣工验收的准备

竣工验收准备主要有 4 个方面的工作：

①整理技术资料。各有关单位（包括设计、施工单位）应将技术资料进行系统整理，由建设单位分类立卷，交生产单位或使用单位统一保管。技术资料主要包括土建方面、安装方面、各种有关的文件、合同和试生产的情况报告等。

②绘制竣工图纸。竣工图必须准确、完整、符合归档要求。

③编制竣工决算。建设单位必须及时清理所有财产、物资和未花完或应收缴的资金，编制工程竣工决算，分析预（概）算执行情况，考核投资效益，报规定的财政部门审查。

④必须提供的资料文件。一般的非生产项目的验收要提供以下文件资料：项目的审批文件、竣工验收申请报告、工程决算报告、工程质量检查报告、工程质量评估报告、工程质量监督报告、工程竣工财务决算批复、工程竣工审计报告、其他需要提供的资料。

（4）竣工验收的程序和组织

按国家现行规定，建设项目的验收根据项目的规模大小和复杂程度可分为初步验收和竣工验收两个阶段进行。规模较大、较复杂的建设项目应先进行初验，然后进行全部建设项目的竣工验收。规模较小、较简单的项目，可以一次进行全部项目的竣工验收。

建设项目全部完成，经过各单项工程的验收，符合设计要求，并具备竣工图表、竣工决算、工程总结等必要文件资料，由项目主管部门或建设单位向负责验收的单位提出竣工验收申请报告。竣工验收的组织要根据建设项目的重要性、规模大小和隶属关系而定，大中型和限额以上基本建设和技术改造项目，由我国发展和改革委员会或由发展和改革委员会委托项目主管部门、地方政府部门组织验收，小型项目和限额以下基本建设和技术改造项目由项目主管部门和地方政府部门组织验收。竣工验收要根据工程的规模大小和复杂程度组成验收委员会或验收组。验收委员会或验收组负责审查工程建设的各个环节，听取各有关单位的工作总结汇报，审阅工程档案并实地查验建筑工程和设备安装，并对工程设计、施工和设备质量等方面作出全面评价。不合格的工程不予验收；对遗留问题提出具体解决意见，限期落实完成。最后经验收委员会或验收组一致通过，形成验收鉴定意见书。验收鉴定意见书由验收会议的组织单位印发各有关单位执行。

生产性项目的验收根据行业不同有不同的规定。工业、农业、林业、水利及其他特殊行业，要按照国家相关的法律、法规及规定执行。上述程序只是反映项目建设共同的规律性程序，不可能完全反映各行业的差异性。因此，在建设实践中，还要结合行业项目的特点和条件，有效地去贯彻执行基本建设程序。

4. 后评价阶段

建设项目后评价是工程项目竣工投产、生产运营一段时间后，再对项目的立项决策、设计施工、竣工投产、生产运营等全过程进行系统评价的一种技术经济活动。通过建设项目后评价以达到肯定成绩、总结经验、研究问题、吸取教训、提出建议、改进工作、不断提高项目决策水平和投资效果的目的。

我国目前开展的建设项目后评价一般都按 3 个层次组织实施，即项目单位的自我评价、项目所在行业的评价和各级发展计划部门（或主要投资方）的评价。

（二）建筑工程施工程序

施工程序，是指项目承包人从承接工程业务到工程竣工验收一系列工作必须遵循的先后顺序，是建设项目建设程序中的一个阶段。它可以分为承接业务签订合同、施工准备、正式施工和竣工验收 4 个阶段。

①承接业务签订合同。项目承包人承接业务的方式有 3 种：国家级主管部门直接下达；受项目发包人委托而承接；通过投标中标而承接。不论采用哪种方式承接业务，项目承包人都要检查项目的合法性。

承接施工任务后，项目发包人与项目承包人应根据国家的有关规定及要求签订施工合同。施工合同应规定承包的内容、要求、工期、质量、造价及材料供应等，明确合同双方应承担的义务和职责以及应完成的施工准备工作（土地征购、申请施工用地、施工许可证、拆除障碍物，接通场外水源、电源、道路等内容）。施工合同经双方负责人签字后具有法律效力，必须共同履行。

②施工准备。施工合同签订以后，项目承包人应全面了解工程性质、规模、特点及工期要求等，进行场址勘察、技术经济和社会调查，收集有关资料，编制施工组织总设计。施工组织总设计经批准后，项目承包人应组织先遣人员进入施工现场，与项目发包人密切配合，共同做好各项开工前的准备工作，为顺利开工创造条件。根据施工组织总设计的规划，对首批施工的各单位工程，应抓紧落实各项施工准备工作。如图纸会审，编制单位工程施工组织设计，落实劳动力、材料、构件、施工机具及现场"三通一平"等。具备开工条件后，提出开工报告并经审查批准，即可正式开工。

③正式施工。施工过程是施工程序中的主要阶段，应从整个施工现场的全局出发，

按照施工组织设计，精心组织施工，加强各单位、各部门的配合与协作，协调解决各方面问题，使施工活动顺利开展。

在施工过程中，应加强技术、材料、质量、安全、进度等各项管理工作，落实项目承包人项目经理负责制及经济责任制，全面做好各项经济核算与管理工作，严格执行各项技术、质量检验制度，抓紧工程收尾和竣工工作。

④进行工程验收、交付生产使用。这是施工的最后阶段。在交工验收前，项目承包人内部应先进行预验收，检查各分部分项工程的施工质量，整理各项交工验收的技术经济资料。在此基础上，由项目发包人组织竣工验收，经相关部门验收合格后，到主管部门备案，办理验收签证书，并交付使用。

二、建设项目管理制度

（一）建设项目法人责任制

为了建立投资约束机制，规范建设单位的行为，建设工程应当按照政企分开的原则组建项目法人，实行项目法人责任制，即由项目法人对项目的策划、资金筹措、建设实施、生产经营、债务偿还和资产的保值增值，实行全过程负责的制度。

1. 建设项目法人

国有单位经营性大中型建设工程必须在建设阶段组建项目法人。项目法人可设立有限责任公司（包括国有独资公司）和股份有限公司等。

2. 建设项目法人的设立

（1）设立时间

新上项目在项目建议书被批准后，应及时组建项目法人筹备组，具体负责项目法人的筹建工作。筹备组主要由项目投资方派代表组成。

申报项目可行性研究报告时，须同时提出项目法人组建方案。否则，其可行性研究报告不予审批。项目可行性报告经批准后，正式成立项目法人，并按有关规定确保资金按时到位，同时及时办理公司设立登记。

（2）备案

国家重点建设项目的公司章程须报国家发改委备案，其他项目的公司章程按项目隶属关系分别向有关部门、地方发改委备案。

（3）要求

项目法人组织要精干。建设管理工作要充分发挥咨询、监理、会计师和律师事务所等各类社会中介组织的作用。由原有企业负责建设的基建大中型项目，需新设立子公司的，要重新设立项目法人，并按上述规定的程序办理；只设分公司或分厂的，原企业法人即是项目法人。对这类项目，原企业法人应向分公司或分厂派遣专职管理人员，并实行专项考核。

3. 组织形式和职责

（1）组织形式

国有独资公司设立董事会。国有控股或参股的有限责任公司、股份有限公司设立股东会、董事会和监事会。

（2）建设项目董事会职权

负责筹措建设资金；审核上报项目初步设计和概算文件；审核上报年度投资计划并落实年度资金；提出项目开工报告；研究解决建设工程中出现的重大问题；负责提出项目竣工验收申请报告；审定偿还债务计划和生产经营方针，并负责按时偿还债务；聘任或解聘项目总经理，并根据总经理的提名，聘任或解聘其他高级管理人员。

（3）总经理职权

组织编制项目初步设计文件，对项目工艺流程、设备选型、建设标准、总图布置提出意见，提交董事会审查；组织工程设计、施工监理、施工队伍和设备材料采购的招标工作，编制和确定招标方案、标底和评标标准，评选和确定投、中标单位。实行国际招标的项目，按现行规定办理；编制并组织实施项目年度投资计划、用款计划、建设进度计划；编制项目财务预、决算；编制并组织实施归还贷款和其他债务计划；组织工程建设实施，负责控制工程投资、工期和质量；在项目建设过程中，在批准的概算范围内对单项工程的设计进行局部调整（凡引起生产性质、能力、产品品种和标准变化的设计调整以及概算调整，须经董事会决定并报原审批单位批准）；根据董事会授权处理项目实施中的重大紧急事件，并及时向董事会报告；负责生产准备工作和培训有关人员；负责组织项目试生产和单项工程预验收；拟订生产经营计划、企业内部机构设置、劳动定员定额方案及工资福利方案；组织项目后评价，提出项目后评价报告；按时向有关部门报送项目建设、生产信息和统计资料；提请董事会聘任或解聘项目高级管理人员。

4. 任职条件和任免程序

董事长及总经理的任职条件应具备以下条件：

（1）能力要求

熟悉国家有关投资建设的方针、政策和法规，有较强的组织能力和较高的政策水平；具有大专以上学历；总经理还应具有建设项目管理工作的实际经验，或担任过同类建设项目施工现场高级管理职务，并经实践证明是称职的项目高级管理人员。

（2）建立项目高级管理人员培训制度

总经理、副总经理在项目批准开工前，应经过国家发改委或有关部门、地方发改委专门培训。未经培训不得上岗。

（3）国有项目董事长与总经理任免制度

国有独资和控股项目董事长的任免，先由主要投资方提出意见，在报经项目主管政府部门批准后，由主要投资方任免；国家参股项目，其董事长在任免前须报项目主管政府部门认可。国有独资和控股项目总经理的任免，由董事会提出意见，经项目主管政府部门批准后，由董事会聘任或解聘；国家参股项目的总经理，董事会在聘任或解聘前须报项目主管政府部门认可。国家重点建设项目的董事会、监事会成员及所聘请的总经理须报国家发改委备案，同时抄送有关部门或地方发改委。在项目建设期间，总经理和其他高级管理人员应保持相对稳定。董事会成员可以兼任总经理。国家公务人员不得兼任项目法人的领导职务。

5. 考核和奖惩

（1）项目考核与监督制度

①建立对建设项目和有关领导人的考核和监督制度。项目董事会负责对总经理进行定期考核；各投资方负责对董事会成员进行定期考核。国务院各有关部门、各地发改委负责对有关项目进行考核。必要时国家发改委组织有关单位进行专项检查和考核。

②考核的主要内容：国家发布的固定资产投资与建设的法律、法规的执行情况；国家年度投资计划和批准设计文件的执行情况；概算控制、资金使用和工程组织管理情况；建设工期、施工安全和工程质量控制情况；生产能力和国有资产形成及投资效益情况；土地、环境保护和国有资源利用情况；精神文明建设情况；其他需要考核的事项。

（2）项目奖惩制度

根据对建设项目的考核结论，由投资方对董事会成员进行奖罚，由董事会对总经理奖罚。建立对项目董事长、总经理的在任和离任审计制度。审计办法由审计部门负责另行制订。根据对项目的考核，在工程造价、工期、质量和施工安全得到有效控制的前提下，经投资方同意，董事会可决定对为项目建设做出突出成绩的领导和有关人员进行适当奖励。奖金可从工程投资结余或按项目管理费的一定比例从项目成本中提取；对工期较长的项目，可实行阶段性奖励，奖金从单项工程结余中提取。凡在项目建设管理和生产经营管理中，因人为失误给项目造成重大损失浪费以及在招标中弄虚作假的董事长、总经理，应分别予以撤换和解聘，同时要给予必要的经济和行政处罚，并在 3 年内不得担任国有单位投资项目的高级管理职务。构成犯罪的，要追究法律责任。

（二）项目管理责任制度

项目管理责任制度应作为项目管理的基本制度之一。项目管理机构负责人制度应是项目管理责任制度的核心内容。项目管理机构负责人应取得相应资格，并按规定取得安全生产考核合格证书，应根据法定代表人的授权范围、期限和内容，对项目实施全过程及全面管理。

1. 项目建设相关责任方管理

项目建设相关责任方应在各自的实施阶段和环节，明确工作责任，实施目标管理，确保项目正常运行。项目管理机构负责人应按规定接受相关部门的责任追究和监督管理，在工程开工前签署质量承诺书，并报相关工程管理机构备案。项目各相关责任方应建立协同工作机制，宜采用例会、交底及其他沟通方式，避免项目运行中的障碍和冲突。建设单位应建立管理责任排查机制，按项目进度和时间节点，对各方的管理绩效进行验证性评价。

2. 项目管理机构与项目团队建设

（1）项目管理机构建立与活动

项目管理机构应承担项目实施的管理任务和实现目标的责任，由项目管理机构负责人领导，接受组织职能部门的指导、监督、检查、服务和考核，负责对项目资源进行合理使用和动态管理。项目管理机构应在项目启动前建立，在项目完成后或按合同约定解体。

项目管理机构建立应遵循下列规定：结构应符合组织制度和项目实施要求；应有明确的管理目标、运行程序和责任制度；机构成员应满足项目管理要求及具备相应资格；组织分工应相对稳定并可根据项目实施变化进行调整；应确定机构成员的职责、权限、利益和需承担的风险。

项目管理机构建立步骤：第一，根据项目管理规划大纲、项目管理目标责任书及合同要求明确管理任务；第二，根据管理任务分解和归类，明确组织结构；第三，根据组织结构，确定岗位职责、权限以及人员配置；第四，制订工作程序和管理制度；第五，由组织管理层审核确认。

项目管理机构的管理活动应符合下列要求：应执行管理制度，应履行管理程序，应实施计划管理，保证资源的合理配置和有序流动，应注重项目实施过程的指导、监督、考核和评价。

（2）项目团队建设

项目建设相关责任方均应实施项目团队建设，明确团队管理原则，规范团队运行。项目建设相关责任方的项目管理团队之间应围绕项目目标协同工作并有效沟通。项目团队建设应符合下列规定：建立团队管理机制和工作模式；各方步调一致，协同工作；制订团队成员沟通制度，建立畅通的信息沟通渠道和各方共享的信息平台。同时，项目管理建设应开展绩效管理，利用团队成员集体的协作成果。

项目管理机构负责人应对项目团队建设和管理负责，组织制订明确的团队目标、合理高效的运行程序和完善的工作制度，定期评价团队运作绩效。同时，项目管理机构负责人应统一团队思想，增强集体观念，和谐团队氛围，提高团队运行效率。

3. 项目管理机构负责人职责与权限

建设工程项目各实施主体和参与方法定代表人应书面授权委托项目管理机构负责人，并实行项目负责人负责制。项目管理机构负责人应根据法定代表人的授权范围、期限和内容，履行管理职责。

（1）履行管理职责

项目管理机构负责人应履行下列职责：项目管理目标责任书中规定的职责；工程质量安全责任承诺书中应履行的职责；组织或参与编制项目管理规划大纲、项目管理实施规划，对项目目标进行系统管理；主持制订并落实质量、安全技术措施和专项方案，负责相关的组织协调工作；对各类资源进行质量监控和动态管理；对进场的机械、设备、工器具的安全、质量和使用进行监控；建立各类专业管理制度，并组织实施；制订有效的安全、文明和环境保护措施并组织实施；组织或参与评价项目管理绩效；进行授权范围内的任务分解和利益分配；按规定完善工程资料，规范工程档案文件，准备工程结算和竣工资料，参与工程竣工验收；接受审计，处理项目管理机构解体的善后工作；协助和配合组织进行项目检查、鉴定和评审申报；配合组织完善缺陷责任期的相关工作。

（2）执行管理权限

项目管理机构负责人应具有下列权限：参与项目招标、投标和合同签订；参与组建项目管理机构；参与组织对项目各阶段的重大决策；主持项目管理机构工作；决定授权范围内的项目资源使用；在组织制度的框架下制订项目管理机构管理制度；参与选择并直接管理具有相应资质的分包人；参与选择大宗资源的供应单位；在授权范围内与项目相关方进行直接沟通；法定代表人和组织授予的其他权利。

（三）建设项目承发包制度

建筑工程承发包方式又称"工程承发包方式"，是指建筑工程承发包双方之间经济关系的形式，交易双方为项目业主和承包商，双方签订承包合同，明确双方各自的权利与义务，承包商为业主完成工程项目的全部或部分项目建设任务，并从项目业主处获取相应的报酬。建筑工程承发包制度是我国建筑经济活动中的一项基本制度。

1. 范围和内容

按承发包的范围和内容可以分为全过程承包、阶段承包和专项承包。全过程承包又称"统包""一揽子承包"或"交钥匙"，是指承包单位按照发包单位提出的使用要求和竣工期限，对建筑工程全过程实行总承包，直到建筑工程达到交付使用要求。阶段承包，是指承包单位承包建设过程中某一阶段或某些阶段工程的承包形式，如勘察设计阶段、施工阶段等；专项承包，又称专业承包，指承包单位对建设阶段中某一专业工程进行的承包，如勘察设计阶段的工程地质勘察、施工阶段的分部分项工程施工等。

2. 相互结合关系

按承发包中相互结合的关系，可分为总承包、分承包、独家承包、联合承包等。总承包，也称"总包"，是指由一个施工单位全部、全过程承包一个建筑工程的承包方式；分包，也称"二包"，是指总包单位将总包工程中若干专业性工程项目分包给专业施工企业施工的方式；独家承包，指承包单位必须依靠自身力量完成施工任务，而不实行分包的承包方式；联合承包，是指由两个以上承包单位联合向发包单位承包一项建筑工程，由参加联合的各单位统一与发包单位签订承包合同，共同对发包单位负责的承包方式。

3. 合同类型和计价方法

按承发包合同类型和计价方法，可分为施工图预算包干、平方米造价包干、成本加酬金包干、中标价包干等。施工图预算包干，是指以建设单位提供的施工图纸和工程说明书为依据编制的预算，是一次包干的承包方式。这种方式通常适用于规模较小、技术不太复杂的工程。平方米造价包干，也称"单价包干"，是指按每平方米最终建筑产品的单价承包的承包方式。成本加酬金包干，是指按工程实际发生的成本，加上商定的管理费和利润来确定包干价格的承包方式。中标价包干，是指投标人按中标的价格和内容进行承包的承发包方式。不同的承发包方式有不同的特点，不论采取哪一种方式，均应遵循公开、公正、平等竞争的原则，协商一致，互惠互利。

第四节　建设工程项目管理策划和总承包管理

一、建设工程项目管理策划

（一）建设项目目标管理

目标管理，简而言之就是将工作任务和目标明确化，同时建立目标系统，以便统筹兼顾进行协调，然后在执行过程中予以对照和控制，及时进行纠偏，努力实现既定目标。工程项目的目标管理作为工程项目管理中重要的工作内容，因其涉及内容繁杂、利益方众多、建设周期长、不确定因素多等原因，故在建设执行过程中，项目目标会受到各方面影响。项目目标的正确设置与否，以及是否可控，在一定意义上直接决定着项目建设的成败。

1. 工程建设项目中目标系统的建立

（1）项目目标确定的依据

在工程项目决策之初，无论投资方、承建方、协作方或政府，均会有一定的目的或利益期望，这些目的与利益期望，只要可行，既经过项目的控制和协调后是可以实现的，也可以认为是项目目标的雏形。其中可能包含项目建设的费用投入与收益、资源投入、质量要求、进度要求、HSE（健康/安全/环境）、风险控制率、各利益方满意度，以及其他特殊目标和要求。此外，目标的确定还应遵循在政策法规之下的原则。

由于每个项目均有其唯一性，每个项目目标的侧重点不尽相同，但 HSE、质量、费用与进度在绝大多数工程项目中，都是相对重要的控制要求。

（2）有效目标的特征

有意义的目标应该具备以下特点：明确、具体、可行（可操作）、可度量和一定的挑战性，而且这些目标也需要得到上级或相关利益方的认可，亦即与其他方的目标一致。项目目标应该有属性（如成本）、计算单位或一个绝对或相对的值。对于成功完成的项目来说，没有量化的目标通常隐含较高的风险。

（3）总目标与目标系统

工程项目涉及面广，在很多方面均会有控制要求，因此需要设立多个总目标，而且在总目标之下，也需要设立多个子目标用以支撑或说明各类控制要求和建设期望。比如项目的投资、产能、质量、进度、环保等要求就属于总目标之列；在化工建设中，就投资控制而言，这些投资可能由几个工段组成，而在这几个工段中，包含设计费、采购费、建安费、管理费等，这些分项控制要求均属于项目投资总目标下的子目标；又如在设计变更控制目标下，则又可分解为不同专业的目标；再如拟订进度总目标后，则可能分解为项目策划决策期、项目准备期、项目实施期和项目试运行期等。项目总目标与多个子目标就构成了一个目标系统，成了项目建设研究和管理的对象。

2. 目标系统的建立方法

（1）完整列出该项目的各类期望和要求

其中可能包含的方面有：生产能力（功能）、经济效益要求、进度要求、质量保证、产业与社会影响、生态保护、环保效应、安全、技术及创新要求、试验效果、人才培养与经验积累及其他功能要求。详细研究工作范围，建立工作分解结构（WBS）。准确研究和确定项目工作范围；按照工程固有的特点，沿可执行的方向，对项目范围进行分解，层层细分，建立工作分解结构（WBS），全面明确工作范围内包含哪些环节和内容，并以此作为目标细分的依据。工作分解结构的末端应该是可执行单元，对应的目标亦即可执行目标。

（2）建立目标矩阵

以项目期望目标为列，以 WBS 结构为行，建立目标矩阵。识别目标矩阵中重要因素，作为重要控制目标；根据重要控制目标情况，设置相关专职或兼职职能岗位。项目目标矩阵及重要控制目标识别是项目职能岗位设置及团队组建的基础，亦即组织分解机构（OBS）组建的依据。

3. 项目管理目标责任书

在项目实施之前，由法定代表人或其授权人与项目管理机构负责人协商制订项目管理目标责任书，责任书应属于组织内部明确责任的系统性管理文件，其内容应符合组织制度要求和项目自身特点。

项目管理目标责任书应根据下列信息：项目合同文件，组织管理制度，项目管理规划大纲，组织经营方针和目标，项目特点和实施条件与环境。项目管理目标责任书宜包括下列内容：项目管理实施目标；组织和项目管理机构职责、权限和利益的划分；项目现场质量、安全、环保、文明、职业健康和社会责任目标；项目设计、采购、施工、试运行管理的内容和要求；项目所需资源的获取和核算办法；法定代表人向项目管理机构负责人委托的相关事项；项目管理机构负责人和项目管理机构应承担的风险；项目应急事项和突发事件处理的原则和方法；项目管理效果和目标实现的评价原则、内容和方法；项目实施过程中相关责任和问题的认定和处理原则；项目完成后对项目管理机构负责人的奖惩依据、标准和办法；项目管理机构负责人解职和项目管理机构解体的条件及办法；缺陷责任期、质量保修期及之后对项目管理机构负责人的相关要求。

组织应对项目管理目标责任书的完成情况进行考核和认定，并根据考核结果和项目管理目标责任书的奖惩规定，对项目管理机构负责人和项目管理机构进行奖励或处罚。同时，项目管理目标责任书应根据项目实施变化进行补充和完善。

（二）项目管理策划

项目管理策划是对项目实施的任务分解和任务组织工作的策划，包括设计、施工、采购任务的招投标，合同结构，项目管理机构设置、工作程序、制度及运行机制，项目管理组织协调，管理信息收集、加工处理和应用等。项目管理策划视项目系统的规模和复杂程度，分层次、分阶段地展开，从总体的轮廓性、概略性策划，到局部的实施性详细策划逐步深化。

1. 项目管理策划一般规定

项目管理策划由项目管理规划和管理配套策划组成。项目管理规划应包括项目规划大纲和管理实施规划，项目管理配套策划应包括项目管理规划策划以外的所有项目管理策划内容。应建立项目管理策划的管理制度，确定项目管理策划的管理过程，实施程序和控制要求。

①管理过程。项目管理策划应包括下列管理过程：分析、确定项目管理的内容与范围；协调、研究、形成项目管理策划结果；检查、监督、评价项目管理策划过程；履行其他确保项目管理策划的规定责任。

②实施程序。项目管理策划应遵循下列程序：识别项目管理范围；进行项目工作分解；确定项目的实施方法；规定项目需要的各种资源；测算项目成本；对各个项目管理过程进行策划。

③控制要求。项目管理策划过程应符合下列规定：项目管理范围应包括项目的全部内容，并与各相关方的工作协调一致；项目工作分解结构应根据项目管理范围，以可交付成果为对象实施；应根据项目实际情况与管理需要确定详细程度，确定工作分解结构；提供项目所需资源，应保证工程质量和降低项目成本的要求进行方案比较；项目进度安排应形成项目总进度计划，宜采用可视化图表表达；宜采用量价分离的方法，按照工程实体性消耗和非实体性消耗测算项目成本；应进行跟踪检查和必要的策划调整，项目结束后宜编写项目管理策划的总结文件。

2. 项目管理规划大纲

（1）编制目的与步骤

项目管理规划大纲应是项目管理工作中具有战略性、全局性和宏观性的指导文件。编制项目管理规划大纲应遵循下列步骤：明确项目需求和项目管理范围；确定项目管理目标；分析项目实施条件，进行项目工作结构分解；确定项目管理组织模式、组织结构和职责分工；规定项目管理措施；编制项目资源计划；报送审批。

（2）编制依据与编制内容

①编制依据。项目管理规划大纲编制依据应包括下列内容：项目文件、相关法律法规和标准；类似项目经验资料；实施条件调查资料。

②编制内容。项目管理规划大纲文件宜包括下列内容，可根据需要在其中选定：项目概况；项目范围管理；项目管理目标；项目管理组织；项目采购与投标管理；项目进度管理；项目质量管理；项目成本管理；项目安全生产管理；绿色建造与环境管理；项

目资源管理；项目信息管理；项目沟通与相关方管理；项目风险管理；项目收尾管理。

③编制要求。项目管理规划大纲应具备下列内容：项目管理目标和职责规定；项目管理程序和方法要求；项目管理资源的提供和安排。

3. 项目管理实施规划

（1）实施规划编制步骤

项目管理实施规划应对项目管理规划大纲的内容进行细化，编制项目实施规划应遵循下列步骤：了解相关方的要求；分析项目具体特点和环境条件；熟悉相关的法规和文件；实施编制活动；履行报批手续。

（2）实施规划编制依据与内容

①编制依据。项目管理实施规划编制依据可包括下列内容：适用的法律、法规和标准；项目合同及相关要求；项目管理规划大纲；项目设计文件；工程情况与特点；项目资源和条件；有价值的历史数据；项目团队的能力和水平。

②编制内容。项目管理实施规划应包括下列内容：项目概况；项目总体工作安排；组织方案；设计与技术措施；进度计划；质量计划；成本计划；安全生产计划；绿色建造与环境管理计划；资源需求与采购计划；信息管理计划；沟通管理计划；风险管理计划；项目收尾计划；项目现场平面布置图；项目目标控制计划与技术经济指标。

③编制要求。项目管理实施规划文件应满足下列要求：项目大纲内容应得到全面深化和具体化；实施规划范围应满足实现项目目标的实际需求；实施项目管理规划的风险处于可以接受的水平。

4. 项目管理配套策划

项目管理配套策划应是与项目管理规划相关的项目管理策划过程，应将项目管理配套策划作为项目管理策划的支撑措施纳入项目管理策划过程。

（1）配套策划编制依据与内容

①编制依据。项目管理配套策划依据应包括下列内容：项目管理制度；项目管理规划；实施过程需求；相关风险程度。

②编制内容。项目管理配套策划应包括下列内容：确定项目管理规划的编制人员、方法选择与时间安排；安排项目管理策划各项规定的具体落实途径；明确可能影响项目管理实施绩效的风险应对措施。

（2）配套策划策划过程

①要求与规定。项目管理机构应确保项目管理配套策划过程满足项目管理的需求，并应符合下列规定：界定项目管理配套策划的范围、内容、职责和权利；规定项目管理配套策划的授权、批准和监督范围。确定项目管理配套策划的风险应对措施；总结评价项目管理配套策划水平。

②基础工作过程。组织应建立下列保证项目管理配套策划有效性的基础工作过程：积累以往项目管理经验；制订有关消耗定额；编制项目基础设施配套参数；建立工作说明书和实施操作标准；规定项目实施的专项条件；配置专用软件；建立项目信息数据库；

进行项目团队建设。

二、建设项目总承包管理制度

（一）工程总承包管理的组织

1. 项目部与项目经理

工程总承包企业应在工程总承包合同生效后，任命项目经理，并由工程总承包企业法定代表人签发书面授权委托书。

项目部的设立应包括下列主要内容：根据工程总承包企业管理规定，结合项目特点，确定组织形式，组建项目部，确定项目部的职能。根据工程总承包合同和企业有关管理规定，确定项目部的管理范围和任务；确定项目部的组成人员、职责和权限。工程总承包企业与项目经理签订项目管理目标责任书。

项目部的人员配置和管理规定应满足工程总承包项目管理的需要。

2. 项目部职能

项目部应具有工程总承包项目组织实施和控制职能。项目部应对项目质量、安全、费用、进度、职业健康和环境保护目标负责。项目部应具有内外部沟通协调管理职能。

3. 项目部岗位设置及管理

根据工程总承包合同范围和工程总承包企业管理的有关规定，项目部可在项目经理以下设置控制经理、设计经理、采购经理、施工经理、试运行经理、财务经理、质量经理、安全经理、商务经理、行政经理等职能经理和进度控制工程师、质量工程师、安全工程师、合同管理工程师、费用估算师、费用控制工程师、材料控制工程师、信息管理工程师和文件管理控制工程师等管理岗位。根据项目具体情况，相关岗位可进行调整。项目部应明确所设置岗位职责。

4. 项目经理的能力要求

工程总承包企业应明确项目经理的能力要求，确认项目经理任职资格，并进行管理。

工程总承包项目经理应具备下列条件：取得工程建设类注册执业资格或高级专业技术职务；具备决策、组织、领导和沟通能力，能正确处理与协调与项目发包人、项目相关方之间及企业内部各专业、各部门之间的关系；具有工程总承包项目管理及相关经济、法律法规和标准化知识；具有类似项目的管理经验；具有良好的信誉。

5. 项目经理的职责与权限

项目经理应履行下列职责：执行工程总承包企业的管理制度，维护企业的合法权益；代表企业组织实施工程在总承包项目管理，对实现合同约定的项目目标负责。完成项目管理目标责任书规定的任务。在授权范围内负责与项目干系人的协调，解决项目实施中出现的问题；对项目实施全过程进行策划、组织、协调和控制；负责组织项目的管理收尾和合同收尾工作。

项目经理应具有下列权限：经授权组建项目部、提出项目部的组织机构，选用项目部成员，确定岗位人员职责；在授权范围内，行使相应的管理权，履行相应的职责；在合同范围内，按规定程序使用工程总承包企业的相关资源；批准发布项目管理程序；协调和处理与项目有关的内外部事项。

项目管理目标责任书宜包括下列主要内容：规定项目质量、安全、费用、进度、职业健康和环境保护目标等；明确项目经理的责任、权益和利益；明确项目所需资源及工程总承包企业为项目提供的资源条件；项目管理目标评价的原则、内容和方法；工程总承包企业对项目部人员进行奖惩的依据、标准和规定。项目经理解职和项目部解散的条件及方式；在工程总承包企业制度规定以外的、由企业法定代表人向项目经理委托的事项。

（二）项目总策划

1. 项目总策划一般规定

项目部应在项目初始阶段开展项目策划工作，并编制项目管理计划和项目实施计划。项目策划应结合项目特点，根据合同和总承包企业管理的要求，明确项目目标和工作范围，分析风险以及采取的应对措施，确定项目各项管理原则、措施和进程。项目策划的范围宜涵盖项目活动的全过程所涉及的全要素。根据项目的规模和特点，可将项目管理计划和项目实施计划编制为项目计划。

2. 项目总策划内容

项目策划应满足合同要求。同时应符合工程所在地对社会环境、依托条件、项目干系人需求以及项目对技术、质量、安全、费用、进度、职业健康、环境保护、相关政策和法律法规等方面的要求。

项目策划应包括下列主要内容：明确项目策划原则；明确项目技术、质量、安全、费用、进度、职业健康和环境保护等目标，并制订相关管理程序；确定项目的管理模式、组织机构和职责分工；制订资源配置计划；制订项目协调程序；制订风险管理计划；制订分包计划。

3. 项目管理计划

项目管理计划应由项目经理组织编制，并由工程总承包企业相关负责人审批。项目管理计划编制的主要依据应包括下列主要内容：项目合同；项目发包人和其他项目干系人的要求；项目情况和实施条件；项目发包人提供的信息和资料；相关市场信息；工程总承包企业管理的总体要求。

项目管理计划应包括下列主要内容：项目概况；项目范围；项目管理目标；项目实施条件分析。项目的管理模式、组织机构和职责分工；项目实施的基本原则；项目协调程序；项目的资源配置计划；项R风险分析与对策；合同管理。

4. 项目实施计划

项目实施计划应由项目经理组织编制，并经项目发包人认可。项目实施计划的编制依据应包括下列主要内容：批准后的项目管理计划；项目管理目标责任书；项目的基础资金。项目实施计划应包括下列主要内容：概述；总体实施方案；项目实施要点；项目初步进度计划等。

项目实施计划的管理应符合下列规定：项目实施计划应由项目经理签署，并经项目发包人认可；项目发包人对项目实施计划提出异议时，经协商后可由项目经理主持修改；项目部应对项目实施计划的执行情况进行动态监控；项目结束后，项目部应对项目实施计划的编制和执行进行分析和评价，并把相关活动结果的证据整理归档。

第八章 建筑工程的质量与安全管理

第一节 建筑工程质量管理知识及其重要性

一、建筑工程质量管理基本知识

在工程建设过程中，加强工程质量管理，确保国家和人民的生命财产安全是施工项目管理中的头等大事。目前，许多建筑施工企业经常要强调"以质量求生存，以信誉求发展"。由此可见，加强建筑工程质量管理有着十分重要的意义。

（一）质量

质量的概念有广义和狭义之分，狭义的质量通常指的是产品质量，产品质量是指产品适应社会生产和生活消费需要而具备的特性，它是产品使用价值的具体体现。但广义的质量除产品质量之外，还包括工作质量。其为定义：一组固有特性满足要求的程度。这里"要求"是指"明示的、通常隐含的或必须履行的需求或期望"。要求不仅是指顾客的要求，还应包括社会的需求，应符合国家的法律、法规和现行的相关政策。就建筑工程而言，施工现场的质量就是施工现场的各个部门、各个环节，乃至各个工人和技术人员、管理人员所做的工作的质量。因为每一个岗位都有明确的工作质量标准，对建筑工程现场施工质量起到保证和完善的作用。所以说，工作质量不仅是现场施工质量的保证，也是建筑工程质量的保证，它反映了与建筑工程直接有关的工作对于建筑工程质量的保证程度。也可以说，施工现场工作质量的优劣，反映出施工现场和企业管理质量水平的高低。

（二）质量管理

质量管理是指确定和建立质量方针、目标和职责，并在质量体系中通过诸如质量策划、质量控制、质量保证和质量改进等手段来实施的全部管理职能的所有活动。质量管理理的发展是与工业生产技术和管理科学的发展密切相关的。现代关于质量管理的概念可以分别归纳为对社会性、对经济性及对系统性这三个方面的认识。

1. 社会性

质量的好坏不仅关系到直接的用户，还要从整个社会的角度来进行评价，尤其关系到生产安全、环境污染、生态平衡等问题时更是如此。

①坚持按标准组织生产。标准化工作是质量管理的重要前提，是实现管理规范化的需要。企业的标准分为技术标准和管理标准。技术标准主要分为原材料辅助材料标准、工艺工装标准、半成品标准、产成品标准、包装标准、检验标准等。它是沿着产品形成这根线环环控制投入各工序物料的质量，层层把关设卡，使生产过程处于受控状态。在技术标准体系中，各个标准都是以产品标准为核心而展开的，都是为了达到产成品标准服务的。

②强化质量检验机制。质量检验在生产过程中发挥以下的职能：一是保证的职能，也就是把关的职能。通过对原材料、半成品的检验，鉴别、分选、剔除不合格品，并决定该产品或该批产品是否接收。保证不合格的原材料不投产，不合格半成品不转入下道工序，不合格的产品不出厂；二是预防的职能。通过质量检验获得的信息和数据，为控制提供依据，发现质量问题，找出原因及时排除，预防或减少不合格产品的产生；三是报告的职能。质量检验部门将质量信息、质量问题及时向厂长或者上级有关部门报告，为提高质量，加强管理提供必要的质量信息。

③实行质量否决权。产品质量靠工作质量来保证，工作质量的好坏主要是人的问题。因此，如何挖掘人的积极因素，健全质量管理机制和约束机制，是质量工作中的一个重要环节。质量责任制或以质量为核心的经济责任制是提高人的工作质量的重要手段。质量责任制的核心就是企业管理人员、技术人员、生产人员在质量问题上实行责、权、利相结合。作为生产过程质量管理，首先，要对各个岗位及人员分析质量职能，即明确在质量问题上各承担的责任，工作的标准要求。其次，要把岗位人员的产品质量与经济利益紧密挂钩，兑现奖罚。对长期优胜者给予重奖，对玩忽职守造成质量损失的除不计工资外，还处以赔偿或其他处分。

④抓住影响产品质量的关键因素，设置质量管理点或质量控制点。质量管理点的含义是生产制造现场在一定时期、一定的条件下对需要重点控制的质量特性、关键部位、薄弱环节以及主要因素等采取的特殊管理措施和办法，实行强化管理，使工厂处于很好的控制状态，保证规定的质量要求。加强这方面的管理，需要专业管理人员对企业整体

作出系统分析，找出重点部位和薄弱环节并加以控制。质量是企业的生命，是一个企业整体素质的展示，也是一个企业的综合实力体现。伴随着社会的进步和人们生活水平的提高，人们对产品质量的要求也越来越高。因此，企业要想长期稳定发展，必须围绕质量这个核心开展生产，加强产品质量管理。

2. 经济性

质量不仅从某些技术指标来考虑，还从制造成本、价格、使用价值和消耗等几方面来综合评价。在确定质量水平或目标时，不能脱离社会的条件和需要，不能单纯追求技术上的先进性，还应考虑使用上的经济合理性，使得质量和价格达到合理的平衡。

3. 系统性

质量是一个受到设计、制造、安装、使用、维护等因素影响的复杂系统。例如，汽车是一个复杂的机械系统，同时又是涉及道路、司机、乘客、货物、交通制度等特点的使用系统。

产品的质量应该达到多维评价的目标。质量管理发展到全面质量管理，是质量管理工作的又一个大的进步，统计质量管理着重于应用统计方法控制生产过程质量，发挥预防性管理作用，从而保证产品质量。然而，产品质量的形成过程不仅与生产过程有关，还与其他许多过程、许多环节和因素相关联，这不是单纯依靠统计质量管理所能解决的。全面质量管理相对更加适应现代化大生产对质量管理整体性、综合性的客观要求，从过去的限于局部性的管理进一步走向全面性、系统性的管理。

二、建筑工程质量管理及其重要性

（一）建筑工程施工质量控制

1. 施工质量控制的内涵

（1）施工质量控制的基本概念

①质量。质量是反映产品、体系或过程的一组固有特性满足要求，质量有广义与狭义之分。广义的质量包括工程实体质量和工作质量。工程实体质量不是靠检查来保证的，而是通过工程质量来保证的。狭义的质量是指产品的质量，就是工程实体的质量。

②施工质量控制。施工质量控制是在明确的质量方针的指导下，通过对施工方案和资源配置的计划、实施、检查和处置，进行施工质量目标的事前控制、事中控制和事后控制的系统过程。

施工是形成工程项目实体的过程，也是形成最终产品质量的重要阶段。所以，施工阶段的质量控制是工程项目质量控制的重点。

（2）施工项目质量控制的特点

由于项目施工涉及面广，是一个极其复杂的综合过程，再加上项目位置固定、生产流动、结构类型不同、质量要求不同、施工方法不同、体型大、整体性强、建设周期长及受自然条件影响大等特点，因此，施工项目的质量比一般工业产品的质量更难以控制，主要表现在以下几个方面：

①影响质量的因素多。如设计、材料、机械、地形、地质、水文、气象、施工工艺、操作方法、技术措施、管理制度等，均直接影响施工项目的质量。

②容易产生质量变异。因项目施工不像工业产品生产，有固定的自动性和流水线，有规范化的生产工艺和完善的检测技术，有成套的生产设备和稳定的生产环境，有相同系列的规格和相同功能的产品；同时，由于影响施工项目质量的偶然性因素和系统性因素都较多，因此，很容易产生质量变异。如材料性能微小的差异、机械设备正常的磨损、操作微小的变化、环境微小的波动等，均会引起偶然性因素的质量变异；当使用材料的规格、品种有误，施工方法不当，操作不按规程，机械故障，测量仪表失灵，设计计算错误等，均会引起系统性因素的质量变异，造成工程质量事故。因此，在施工中要严防出现系统性因素的质量变异，要把质量变异控制在偶然性因素的范围内。

③容易产生第一、二判断错误。施工项目由于工序交接多，中间产品多，隐蔽工程多，如果不及时检查实际情况，事后再看表面，就容易产生第二判断错误，也就是说，容易将不合格的产品，认为是合格的产品；反之，若检查不认真，测量仪表不准，读数有误，则就会产生第一判断错误，也就是说容易将合格的产品，认为是不合格的产品。尤其在进行质量检查验收时，应特别注意。

④质量检查不能解体、拆卸。工程项目建成后，不可能像某些工业产品那样，再拆卸或解体检查内在的质量，或重新更换零件，即使发现质量有问题，也不可能像工业产品那样实行"包换"或"退款"。

⑤质量要受投资、进度的制约。施工项目的质量受投资、进度的制约较大。通常情况下，投资大、进度慢，质量就好；反之，质量则差。因此，项目在施工中，还必须正确处理质量、投资、进度三者之间的关系，使其达到对应的统一。

（3）施工质量控制的依据

①工程合同文件（包括工程承包合同文件、委托监理合同文件等）。

②设计文件"按图施工"是施工阶段质量控制的一项重要原则。

③国家及政府有关部门颁布的有关质量管理方面的法律、法规性文件。

④有关质量检验与控制的专门技术法规性文件，这种专门的技术法规性的依据主要有以下四类：

工程项目施工质量验收标准。如建筑工程施工质量验收统一标准以及其他行业工程项目的质量验收标准。

有关工程材料、半成品和构配件质量控制方面的专门技术法规性依据：有关工程材料及其制品质量的技术标准；有关材料或半成品等的取样、试验等方面的技术标准或规程等；有关材料验收、包装、标识及质量证明书的一般规定等。

控制施工作业活动质量的技术规程。凡采用新工艺、新技术、新材料的工程，事先应试验，并应有权威性技术部门的技术鉴定书及有关的质量数据、指标，在此基础上制定有关质量标准和施工工艺规程，以此作为判断与控制质量的依据。

（4）施工质量控制的全过程

为了加强对施工项目的质量控制，明确各个施工阶段质量控制的重点，可把施工项目质量分为事前质量控制、事中质量控制和事后质量控制三个阶段。

①事前质量控制。事前质量控制是指在正式施工前进行的质量控制，他的控制重点是做好施工准备工作，且施工准备工作要贯穿于施工全过程。

施工准备的范围：

第一，全场性施工准备，是以整个项目施工现场为对象而进行的各项施工准备。第二，单位工程施工准备，是以一个建筑物或构筑物为对象而进行的施工准备。

第三，分项（部）工程施工准备，是以单位工程中的一个分项（部）工程或冬雨期施工为对象而进行的施工准备。

第四，项目开工前的施工准备，是在拟建项目正式开工前所进行的一切施工准备。

第五，项目开工后的施工准备，是在拟建项目开工后，每个施工阶段正式开工前所进行的施工准备，如混合结构住宅施工，通常分为基础工程、主体工程和装饰工程等施工阶段，每个阶段的施工内容不同，其所需的物质技术条件、组织要求和现场布置也不同，因此，必须做好相应的施工准备。

施工准备的内容：

第一，技术准备，包括项目扩大初步设计方案的审查；熟悉和审查项目的施工图纸：项目建设地点的自然条件、技术经济条件调查分析：编制项目施工图预算和施工预算：编制项目施工组织设计等。

第二，物质准备，包括建筑材料准备、构配件和制品加工准备、施工机具准备、生产工艺设备的准备等。

第三，组织准备，包括建立项目组织机构、集结施工队伍及对施工队伍进行入场教育等。

第四，施工现场准备，包括控制网、水准点、标桩的测量："五通一平"，生产、生活临时设施等；组织机具、材料进场；拟定有关试验、试制及技术进步项目计划；编制季节性施工措施；制定施工现场管理制度等。

②事中质量控制。事中质量控制是指在施工过程中进行的质量控制。事中质量控制的策略是全面控制施工过程，重点控制工序质量。其具体措施是：工序交接有检查；质量预控有对策；施工项目有方案；技术措施有交底；图纸会审有记录；配制材料有试验；隐蔽工程有验收：计量器具校正有复核；设计变更有手续；钢筋代换有制度；质量处理有复查；成品保护有措施；行使质控有否决（如发现质量异常、隐蔽未经验收、质量问题未处理、擅自变更设计图纸、擅自代换或使用不合格材料、无证上岗未经资质审查的操作人员等，均应对质量予以否决）；质量文件有档案（凡是与质量有关的技术文件，如水准、坐标位置，测量、放线记录，沉降、变形观测记录，图纸会审记录，材料合格证明、试验报告，施工记录，隐蔽工程记录，设计变更记录，调试和试压运行记录，试车运转记录，竣工图等都要编目建档）。

③事后质量控制。事后质量控制是指在完成施工过程中形成产品的质量控制，其具

体工作内容包括：

第一，组织联动试车。

第二，准备竣工验收资料，组织自检和初步验收。

第三，按规定的质量评定标准和办法，对完成分项工程、分部工程、单位工程进行质量评定。

第四，组织竣工验收，其标准是：

按设计文件规定的内容和合同规定的内容完成施工，质量达到国家质量标准，能满足生产和使用的要求。

主要生产工艺设备已安装配套，联动负荷试车合格，形成设计生产能力。

竣工验收的建筑物要窗明、地净、水通、灯亮、气来、采暖通风设备运转正常。

竣工验收的工程应内净外洁，施工中的残余物料运离现场，灰坑填平，临时建（构）筑物拆除，2m 以内地坪整洁。

技术档案资料齐全。

2. 施工质量控制的原则

（1）坚持质量第一，用户至上

社会主义商品经营的原则是"质量第一，用户至上"。建筑产品作为一种特殊的商品，使用年限较长，是百年大计，直接关系到人民生命财产的安全。所以，工程项目在施工中应自始至终地把"质量第一，用户至上"作为质量控制基本原则。

（2）坚持以人为核心

人是质量的创造者，质量控制必须"以人为核心"，把人作为控制的动力，调动人的积极性、创造性；增强人的责任感，树立"质量第一"观念；提高人的素质，避免人的失误；以人的工作质量保工序质量和促工程质量。

（3）坚持以预防为主

"以预防为主"就是要从对质量的事后检查把关，转向对质量的事前控制、事中控制；从对产品质量的检查，转向对工作质量的检查、对工序质量的检查、对中间产品质量的检查，这是确保施工项目质量的有效措施。

（4）坚持质量标准、严格检查，一切用数据说话

质量标准是评价产品质量的尺度，数据是质量控制的基础和依据。产品质量是否符合质量标准，必须通过严格检查，用数据说话。

3. 施工质量控制的措施

（1）对影响质量因素的控制

①人员的控制。项目质量控制中人的控制，是指对直接参与项目的组织者、指挥者和操作者的有效管理和使用。人，作为控制对象能避免产生失误，作为控制动力能充分调动人的积极性和发挥人的主观能动性。为达到以工作质量保工序质量、促工程质量的目的，除加强纪律教育、职业道德、专业技术知识培训、健全岗位责任制、改善劳动条件、制定公平合理的奖惩制度外，还需要根据项目特点，从确保质量的出发，本着人尽

其才，扬长避短的原则控制人的使用。

②材料及构配件的质量控制。建筑材料品种繁杂，质量及档次相差悬殊，对用于项目实施的主要材料，运到施工现场时必须具备正式的出厂合格证和材质化验单，如不具备或对检验证明有疑问时，应进行补验。检验所有材料合格证时，均须经监理工程师验证，否则一律不准使用。材料质量检验的方法，是通过一系列的检测手段，将所取得的材料质量数据与材料的质量标准相对照，借以判断材料质量的可靠性，能否使用于工程中，同时，还有利于掌握材料质量信息。一般有书面检验、外观检验、理化检验和无损检验等四种方法。

③机械设备控制。制定机械化施工方案，应充分发挥机械的效能，力求获得较好的综合经济效益。从保证项目施工质量角度出发，应着重从机械设备的选型、机型设备的主要性能参数和机械设备的使用操作要求等三方面予以控制。机械设备的选择，应本着因地制宜、因工程制宜的原则，按照技术上先进、经济上合理、生产上适用、性能上可靠、使用上安全、操作上轻巧及维修上方便的要求，贯彻执行机械化、半机械化与改良工具相结合的方针，突出机械与施工相结合的方针，机械设备正确地进行操作，是保证项目施工质量的重要环节，应贯彻"人机固定"的原则，实行定机、定人、定岗位责任的"三定"制度。操作人员必须执行各项规章制度，遵守操作规程，防止出现安全质量事故。

④方案控制。在项目实施方案审批时，必须结合项目实际，从技术、组织、管理、经济等方面进行全面分析、综合考虑，确保方案在技术上的可行，在经济上合理，以确保工程质量。

⑤施工环境与施工工序控制。施工工序是形成施工质量的必要因素，为了把工程质量从事后检查转向事前控制，达到"以预防为主"的目的，必须加强对施工工序的质量控制。

（2）项目实施阶段的质量

①事前质量控制。事前质量控制以预防为主，审查其是否具有能完成工程并确保其质量的技术能力及管理水平，检查工程开工前的准备情况，对工程所需原材料、构配件的质量进行检查与控制，杜绝无产品合格证和抽检不合格的材料在工程中使用，并在抽检、送检原材料时需一方见证取样，清除工程质量事故发生的隐患，联系设计单位和施工单位进行设计交底和图纸会审，并且对个别关键和施工较难部位共同协商解决。施工时应采用最佳方案，重审施工单位提交的施工方案和施工组织设计，审核工程中拟采用的新材料、新结构、施工新工艺、新技术鉴定书，对施工单位提出的图纸疑问或施工困难，热情帮助指导，并提出合理化的建议，积极协助解决。

②事中质量控制。事中质量控制坚持以标准为原则，在施工过程中，施工单位是否按照技术交底、施工图纸、技术操作规程和质量标准的要求实施，直接影响到工程产品的质量，是项目工程成败的关键。因此，管理人员要进行现场监督，及时检查，严格把关，强有力地保证工程质量，其中，在土建施工中，模板工程、钢筋工程、混凝土工程、砌体工程、抹灰工程及装饰工程等施工工序质量作为项目质量管理与控制的重点。

③事后质量控制。事后质量控制是指竣工验收控制，即对于通过施工过程所完成的

具有独立的功能和使用价值的最终产品（单位工程或整个工程项目）及有关方面（如质量文档）的质量控制，其目的是确认工程项目实施的结果是否达到预期要求，实现工程项目的移交与清算。其包括对施工质量检验、工程质量评定和质量文件建档。

施工过程要从各个环节、各个方面落实质量责任，确保建设工程质量。作为施工的管理者，要通过科学的手段和现代技术，从基础工作上做起，注意施工过程中的细节，加强对建筑施工工程的质量管理和控制。

（二）施工质量控制的方法与手段

1. 施工质量控制的方法

现场进行质量检查的方法有目测法、实测法和试验法三种。

（1）目测法

目测法的手段可归纳为看、摸、敲、照四个字。

看，就是根据质量标准进行外观目测。如墙纸裱糊质量应是：纸面无斑痕、空鼓、气泡、褶皱；每一面墙纸的颜色、花纹一致；斜视无胶痕，纹理无压平、起光现象；对缝无离缝、搭缝、张嘴：对缝处图案、花纹完整；裁纸的一边不能对缝，只能搭接；墙纸只能在阴角处搭接，阳角应采用包角等。又如清水墙面是否洁净，喷涂是否密实和颜色是否均匀，内墙抹灰大面及口角是否平直，地面是否光洁平整，油漆浆活表面观感，施工顺序是否合理，工人操作是否正确等，均是通过目测检查、评价。

摸，是手感检查，主要用于装饰工程的某些检查项目，如水刷石、干粘石黏结牢固程度，油漆的光滑度，浆活是否掉粉，地面有无起砂等，均可通过手摸加以鉴别。

敲，是运用工具进行音感检查。对地面工程、装饰工程中的水磨石、面砖、锦砖和大理石贴面等，均应进行敲击检查，通过声音的虚实确定有无空鼓，还可根据声音的清脆和沉闷判定属于面层空鼓或底层空鼓。此外用手敲玻璃，如发出颤动音响，一般是底灰不满或压条不实。

照，对于难以看到或光线较暗的部位，则可采用镜子反射或灯光照射的方法进行检查。

（2）实测法

实测法是通过实测数据与施工规范及质量标准所规定的允许偏差对照，来判别质量是否合格。实测检查法的手段，可归纳为靠、吊、量、套四个字。

靠，是用直尺、塞尺检查墙面、地面、屋面的平整度。

吊，是用托线板以线锤吊线检查垂直度。

量，是用测量工具和计量仪表等检查断面尺寸、轴线、标高、湿度、温度等的偏差。

套，是以方尺套方，辅以塞尺检查。如对阴阳角的方正、踢脚线的垂直度、预制构件的方正等项目的检查，对门窗口及构配件的对角线（窜角）检查，也是套方的特殊手段。

（3）试验法

试验法是指必须通过试验手段，才能对质量进行判断的检查方法。如对桩或地基的静载试验，确定其承载力；对钢结构进行稳定性试验，确定是否会产生失稳现象；对钢筋对焊接头进行拉力试验，检验焊接的质量等。

2. 施工质量控制的手段

施工阶段，监理工程师对工程项目进行质量监控主要是通过审核施工单位所提供的有关文件、报告或报表；现场落实有关文件，并检查确认其执行情况：现场检查和验收施工质量；质量信息的及时反馈等手段实现的。

①审核施工单位有关技术文件、报告或报表。这是对工程质量进行全面监督、检查与控制的重要途径。审查的具体文件包括：

审批施工单位提交的有关材料、半成品和公平机、构配件质量证明文件（出厂合格证、质量检验或试验报告等）；

审核新材料、新技术、新工艺的现场试验报告及永久设备的技术性能和质量检验报告；

审核施工单位提交的反映工序施工质量的动态统计资料或管理图表：审核施工单位的质量管理体系文件，包括了对分包单位质量控制体系和质量控制措施的审查；

④审核施工单位提交的有关工序产品质量的证明文件，包括检验记录及试验报告，工序交接检查（自检）、隐蔽工程检查、分部分项工程质量检验报告等文件、资料；

⑤审批有关设计变更、修改设计图纸等；

⑥审批有关工程质量缺陷或质量事故的处理报告；

⑦审核和签署现场有关质量技术签证、文件等。

②现场落实有关文件，并检查确认其执行情况。工程项目在施工阶段形成的许多文件需要得到落实，如多方形成的有关施工处理方案、会议决定，来自质量监督机构的质量监督文件或要求等。施工单位上报的许多文件经监理单位检查确认后，如得不到有效落实，会使工程质量失去控制。因此监理工程师应认真检查并确认这些文件的执行情况。

③现场检查和验收施工质量。

第二节　建筑工程施工质量验收

一、施工质量验收的基本规定

①施工现场质量管理应有相应的施工技术标准、健全的质量管理体系、施工质量检验制度和综合施工质量水平评定考核制度。

建筑工程施工单位应建立必要的质量责任制度，对建筑工程施工的质量管理体系提出了较全面的要求，建筑工程的质量控制应为全过程的控制。施工单位应推行生产控制和合格控制的全过程质量控制，应有健全的生产控制和合格控制的质量管理体系。这里不仅包括原材料控制、工艺流程控制、施工操作控制、每道工序质量检查、各道相关工序之间的交接检验以及专业工种之间等中间交接环节的质量管理和控制要求，还应包括满足施工图设计和功能要求的抽样检验制度等。

施工单位通过内部的审核与管理者的评审，找出质量管理体系中存在的问题和薄弱环节，并制订改进的措施和跟踪检查落实等措施，使单位的质量管理体系不断健全和完善，是该施工单位不断提高建筑工程施工质量的保证。

同时，施工单位还应重视综合质量控制水平，从施工技术、管理制度、工程质量控制和工程质量等方面制订对施工企业综合质量控制水平的指标，以达到提高整体素质和经济效益。

②建筑工程施工质量的控制应符合下列规定：建筑工程采用的主要材料、成品、半成品、建筑构配件、器具和设备应进行现场验收。凡涉及安全、节能、环境保护和主要使用功能的重要材料、产品，应按各专业工程施工规范、验收规范和设计文件等规定进行复验，并经监理工程师检查认可。

各施工工序应按施工技术标准进行质量控制，每道施工工序完成后，经施工单位自检符合规定后，才能进行下道工序施工。各专业工种之间的相关工序应进行交接检验，并记录。

对于监理单位提出检查要求的重要工序，应该经监理工程师检查认可，才能进行下道工序施工。

③符合下列条件之一时，可按相关专业验收规范的规定适当调整抽样复验、试验数量，调整后的抽样复验、试验方案应由施工单位编制，并报监理单位审核确认。

同一项目中由相同施工单位施工的多个单位工程，使用的同一生产厂家的同品种、同规格、同批次的材料、构配件、设备。

同一施工单位在现场加工的成品、半成品、构配件用于同一项目中的多个单位工程。

在同一项目中，针对同一抽样对象已有检验成果可以重复利用。

④当专业验收规范对工程中的验收项目未作出相应规定时，应由建设单位组织监理、设计、施工等相关单位制定专项验收要求。涉及安全、节能。环境保护等项目的专项验收要求应由建设单位组织专家论证。

⑤检验批的质量检验，应根据检验项目的特点在下列抽样方案中进行选择：计量、计数的抽样方案。一次、二次或多次抽样方案。根据生产连续性和生产控制稳定性情况，尚可采用调整型抽样方案。对重要的检验项目，当可采用简易快速的检验方法时，可选用全数检验方案。经实践检验有效的抽样方案。

⑥检验批抽样样本应随机抽取，满足分布均匀、具有代表性的要求。

明显不合格的个体可不纳入检验批，但必须进行处理，使其满足有关专业验收规范的规定，对处理的情况应予以记录并重新验收。

⑦计量抽样的错判概率。和漏判概率可以按下列规定采取。

二、建筑工程施工质量验收具体内容

（一）检验批

1. 检验批验收合格规定

①主控项目的质量经抽样检验均应合格。

②一般项目的质量经抽样检验合格。

③具有完整的施工操作依据及质量验收记录。

2. 检验批质量验收要求

①检验批验收，标准应明确。各专业施工质量验收规范中对各检验批中的主控项目和一般项目的验收标准都有具体的规定，但对有一些不明确的还须进一步查证，例如，规范中提出符合设计要求的仅土建部分就约有300处，这些要求应在施工图纸中去找，施工图中无规定的，应在开工前图纸会审时提出，要求设计单位书面答复并加以补充，供日后验收作为依据。另外，验收规范中提出按施工组织设计执行的条文就约有30处，因此，施工单位应按规范要求的内容编制施工组织设计，并报送监理审查签认，作为日后验收依据。

②检验批验收，施工单位自检合格是前提。工程质量的验收均应在施工单位自行检查评定的基础上进行。建筑施工企业对工程的施工质量负责。建筑工程验收中，经常发现，施工单位自检表数字与实际的工程中存在较大的差距，这都是施工单位不严格自检造成。有些工程施工单位将"自控"与"监理"验收合二为一，这都是不正确的，这实际是对工程质量的极端不负责任。

③检验批验收、报验是手续。未经监理工程师签字，建筑材料建筑构配件和设备不得在工程上使用或安装，施工单位不得进行下一道工序的施工。未经总监工程师签字，建设单位不拨付工程款，不进行竣工验收。

通过报验，监理工程师可全面了解施工单位的施工记录、质量管理体系等一系列问题，便于发现问题，更好地控制检验批的质量，报验是施工单位要重视质量管理，对工程质量郑重其事，是质量管理中的必然程序。

④检验批验收，内容要全面，资料应完备。检验批验收，一定要仔细、慎重，对照规范、验收标准、设计图纸等一系列文件，应进行全面、细致的检查，对主控项目、一般项目中所有要求核查施工过程中的施工记录，隐蔽工程检查记录，材料、构配件及设备复验记录等，通过检验批验收，消除发现的不合格项，避免遗留质量隐患。

检验批质量验收资料应包括下列资料：检验批质量报验表；检验批质量验收记录表；隐蔽工程验收记录表；施工记录；材料、构配件、设备出厂合格证及进场复验单；验收结论及处理意见；检验批验收，不合格项要有处理记录，监理工程师签署验收意见。

⑤检验批验收，验收人员即主体要合格。检验批验收的记录，应由施工项目的专业质量检查员填写，监理工程师、施工方为专业质量检查员，只有他们才有权在检验批质量验收记录上签字。具有国家或省部级颁发监理工程师岗位证书的监理工程师，才算是

合法的验收签字人。施工单位的专业质量检查员，应是专职管理人员，是经过总监理工程师确认的质量保证体系中的固定人员，并应持证上岗。

3. 检验批质量验收记录

检验批质量验收记录应由施工项目专业质量检查员填写，专业监理工程师组织项目专业质量检查员、专业工长等进行验收。

（二）分项工程

分项工程由一个或若干个检验批组成，分项工程的验收是在所包含检验批全部合格的基础上进行的。

1. 分项工程验收合格规定

①所含检验批的质量均应验收合格。

②所含检验批的质量验收记录应完整。

分项工程的验收在检验批的基础上进行。一般情况下，两者具有相同或相近的性质，只是批量的大小不同而已。因此，将有关的检验批汇集构成分项工程。分项工程合格质量的条件比较简单，只要构成分项工程的各检验批的验收资料文件完整，并且均已验收合格，就分项工程验收合格。

2. 分项工程质量验收要求

分项工程质量的验收是在检验批验收的基础上进行的，是一个统计过程，没有时也有一些直接的验收内容，所以，在验收分项工程时应注意：

①核对检验批的部位、区段是否全部覆盖分项工程的范围，是否有缺漏的部位没有验收到。

②一些在检验批中无法检验的项目，在分项工程中直接验收，例如砖砌体工程中的全高垂直度、砂浆强度的评定等。

③检验批验收记录的内容及签字人是否正确且齐全。

3. 分项工程质量验收记录

分项工程质量应由专业监理工程师组织施工单位项目专业技术负责人等进行验收。

（三）分部（子分部）工程

1. 分部（子分部）工程质量验收合格规定

①所含分项工程的质量均应验收合格。

②质量控制资料应完整。

③有关安全、节能、环境保护和主要使用功能的抽样检验结果应符合相应规定。

④观感质量应符合要求。

2. 分部（子分部）工程质量验收要求

首先，分部工程所含各分项工程必须已验收合格且相应的质量控制资料齐全、完整，这是验收的基本条件。此外，由于各分项工程的性质不尽相同，因此，作为分部工程不

能简单地组合而加以验收,尚须进行下列两方面的检查项目:

①涉及安全、节能、环境保护和主要使用功能等的抽样检验结果应符合相应规定,即涉及安全、节能、环境保护和主要使用功能的地基与基础、主体结构和设备安装等分部工程应进行有关见证检验或抽样检验。如建筑物垂直度、标高、全高测量记录,建筑物沉降观测测量记录,给水管道通水试验记录,暖气管道、散热器压力试验记录,照明全负荷试验记录等。总监理工程师应组织相关人员,检查各专业验收规范中规定检测的项目是否都进行了检测;查阅各项检测报告,核查有关检测方法、内容、程序、检测结果等是否符合有关标准规定:核查有关检测单位的资质,见证取样与送样人员资格,检测报告出具单位负责人的签署情况是否符合要求。

②观感质量验收,这类检查往往难以定量,只能以观察、触摸或简单量测的方式进行观感质量验收,并由验收人的主观判断,检查结果并不给出"合格"或"不合格"的结论,而是综合给出"好""一般""差"的质量评价结果。所谓"好",是指在质量符合验收规范的基础上,能到达精致、流畅的要求,细部处理到位、精度控制好;所谓"一般",是指观感质量检验能符合验收规范的要求;所谓"差",是指勉强达到验收规范要求或有明显的缺陷,但不影响安全或使用功能的。评为"差"的项目能进行返修的应进行返修,不能返修的只要不影响结构安全和使用功能的可通过验收。有影响安全和使用功能的项目,不能评价,应返修后再进行评价。

3. 分部(子分部)工程质量验收记录

分部(子分部)工程完工后,由施工单位填写分部工程报验表,由总监理工程师组织施工单位项目负责人和有关的勘察、设计单位项目负责人等进行质量验收并记录。

(四)单位(子单位)工程

1. 单位(子单位)工程质量验收合格的规定

①所含分部(子分部)工程的质量均应验收合格。施工单位应在验收前做好准备,将所有分部工程的质量验收记录表及相关资料,及时进行收集整理,在核查和整理过程中,应注意:

核查各分部工程中所含的子分部工程是否齐全;

核查各分部工程质量验收记录表及相关资料的质量评价是否完善;

核查各分部工程质量验收记录表及相关资料的验收人员是否是规定的有相应资质的技术人员,并进行了评价和签认。

②质量控制资料应完整。虽然质量控制资料在分部(子分部)工程质量验收时就已检查过,但某些资料由于受试验龄期的影响或受系统测试的需要等,难以在分部工程验收时到位,因此,在单位(子单位)工程质量验收时,应该全面核查所有分部工程质量控制资料,确保所收集到的资料能充分反映工程所采用的建筑材料、构配件和设备的质量技术性能,施工质量控制和技术管理状况,保证结构安全和使用功能的施工试验和抽样检测结果,以及工程参建各方质量验收的原始依据、客观记录、真实数据和见证取样

等资料的准确性，确保工程结构安全和使用功能，满足设计要求。

③所含分部工程中有关安全、节能、环境保护和主要使用功能等的检验资料应完整。

④主要使用功能的抽查结果应符合相关专业质量验收规范的规定。有的主要使用功能抽查项目在相应分部（子分部）工程完成后即可以进行，有的则需要等单位工程全部完成后才能进行检测。这些检测项目应在单位工程完工，施工单位向建设单位提交工程竣工验收报告之前，全部进行完毕，并将检测报告写好。至于在竣工验收时抽查什么项目，应在检查资料文件的基础上由参加验收的各方人员商定，并用计量、计数的方法抽样检验，检验结果应符合有关专业验收规范的要求。

使用功能的检查是对建筑工程和设备安装工程最终质量的综合检验，也是用户最为关心的内容，体现了过程控制的原则，也将减少工程投入使用之后的质量投诉和纠纷。

⑤观感质量应符合要求。观感质量验收不仅仅是对工程外表质量进行检查，同时也是对部分使用功能和使用安全所作的一次全面检查。如门窗启闭是否灵活、关闭后是否严密；又如室内顶棚抹灰层的空鼓、楼梯踏步高差过大等。观感质量验收须由参加验收的各方人员共同进行，最后共同协商确定是否通过验收。

2. 单位（子单位）工程质量竣工验收报审表及竣工验收记录

表中的验收记录由施工单位填写，验收结论由监理单位填写。综合验收结论由参加验收各方共同商定，由建设单位填写，并且应对工程质量是否符合设计和规范要求及总体质量水平作出评价。

三、建筑工程施工质量验收的程序与组织

（一）检验批及分项工程

检验批由专业监理工程师组织项目专业质量检验员等进行验收；分项工程由专业监理工程师组织项目专业技术负责人等进行验收。

检验批和分项工程是建筑工程施工质量基础，因此所有检验批和分项工程均应由监理工程师或建设单位项目技术负责人组织验收。验收前，施工单位先填好检验批和分项工程的验收记录（有关监理记录和结论不填），并由项目专业质量检查员和项目专业技术负责人分别在检验批和分项工程质量检验记录中相关栏目中签字，然后由监理工程师组织严格按规定程序进行验收。

（二）分部工程质量验收

分部工程由若干个分项工程构成，分部工程验收是在其所含的分项工程验收的基础上进行的，分部工程应由总监理工程师（建设单位项目负责人）组织施工单位项目负责人和技术、质量负责人等进行验收；地基与基础、主体结构分部工程的勘察、设计单位工程项目负责人和施工单位技术、质量部门负责人也应参加相关分部工程验收。

验收前，施工单位应先对施工完成的分部工程进行自检，合格后填写分部工程报验表及分部工程质量验收记录，并报送项目监理机构申请验收。总监理工程师应组织相关

人员进行检查、验收，对验收不合格的分部工程，应要求施工单位进行整改，自检合格后予以复查。对验收合格的分部工程，应该签认分部工程报验表及验收记录。

（三）单位（子单位）工程质量验收

单位工程质量验收也称质量竣工验收，是建筑工程投入使用前的最后一次验收，也是最重要的一次验收。参建各方责任主体和有关单位及人员，应加以重视，认真做好单位工程质量竣工验收，把好工程质量关。

1. 预验收

当单位（子单位）工程达到竣工验收条件后，施工单位应依据验收规范、设计图纸等组织有关人员进行自检，并在自查、自评工作完成后，填写工程竣工报验单，并将全部竣工资料报送项目监理机构，申请竣工验收。总监理工程师应组织各专业监理工程师对竣工资料及各专业工程的质量情况进行全面检查，对检查出的问题，应督促施工单位及时整改。对需要进行功能试验的项目（包括单机试车和无负荷试车），监理工程师应督促施工单位及时进行试验，并对重要项目进行监督、检查，必要时请建设单位和设计单位参加；监理工程师应认真审查试验报告单并督促施工单位搞好成品保护和现场清理。

经项目监理机构对竣工资料及实物全面检查和验收合格后，由总监理工程师签署工程竣工报验单，并向建设单位提出质量评估报告。

2. 正式验收

建设工程竣工验收应当具备以下条件：

①完成建设工程设计和合同约定的各项内容：

②有完整的技术档案和施工管理资料；

③有工程使用的主要建筑材料、建筑构配件和设备的进场试验报告：

④由勘察、设计、施工、工程监理等单位分别签署的质量合格文件：

⑤有施工单位签署的工程保修书。

在竣工验收时，对某些剩余工程和缺陷工程，在不影响交付的前提之下，经建设单位、设计单位、施工单位和监理单位协商，施工单位应在竣工验收后的限定时间内完成。

参加验收各方对工程质量验收意见不一致时，可请当地建设行政主管部门或工程质量监督机构协调处理。单位工程验收时，如有因季节影响需后期调试的项目，单位工程可先行验收。后期调试项目可约定具体时间另行验收。如一般空调制冷性能不能在冬季验收，采暖工程不能在夏季验收。

第三节 施工项目现场安全管理

一、施工项目职业健康安全管理概述

施工项目安全管理，是指在施工项目的实施过程中，对安全生产进行计划、组织、监控、调节和改进的一系列管理活动。其目的是通过对生产因素具体的状态控制，使生产因素不安全的行为和状态减少或消除，让安全事故引发的损失或伤害得以避免，从而保证工程项目的效益和目标得以实现。

（一）施工项目安全管理的方针和目标

1. 施工项目安全管理的方针

我国建筑安全管理的方针是"安全第一、预防为主"。安全第一毋庸置疑，但应有更具体的含义，如当安全与工期、安全与费用产生矛盾时，应确保安全。预防为主是明智之见，目前的绝大部分管理和安全措施都是为了预防事故的发生。但对事故发生后的控制、救援、处理也应从制度和管理上予以加强，这一方面可减少事故的损失，另一方面完善的救援措施也可使工人有安全感。

2. 施工项目安全管理的目标

安全管理的总体目标是减少或消除生产过程中的事故，保证人员健康、安全及财产免受损失。具体包含：

①减少或消除人的不安全行为。

②减少或消除设备、材料的不安全状态。

③改善生产环境和保护自然环境。

（二）施工项目安全管理的基本要求

第一，必须取得相关安全行政主管部门颁发的安全施工许可证后方可开工。

第二，总承包单位和每个分包单位都应持有施工企业安全资格审查认可证。

第三，安全检查员、专业技术人员等必须具备相应的职业资格证方能上岗作业。

第四，新员工入职必须进行三级安全教育，即进企业、进项目部及进岗位部门的安全教育。

第五，特殊工种作业人员必须持有特种作业操作证，并严格按照相关规定进行定期复查。

第六，"五定、七关"。对查出的安全隐患要做到"五定"，即定整改责任人、定整改措施、定整改完成时间、定整改完成人、定整改验收人；对安全生产把好"七关"，

215

即措施关、交底关、教育关、防护关、检查关、改进关、文明关。

第七，施工现场设施齐全，并符合国家和地方相关规定。

第八，施工机具必须经过安全检查合格后方可以使用。

（三）危险源的辨识

第一，高空坠落。造成高空坠落的一般原因有：临边、洞口安全防护措施不符合要求；脚手架上高空作业人员安全防护不符合要求；操作平台与交叉作业的安全防护不符合要求；操作人员未按操作规程操作。

第二，触电。造成触电的主要因素有：临时用电防护、接地与接零保护系统、配电线路不符合要求；配电箱、开关箱、现场照明、电气设备、变配电装置等不符合要求；架空线路距建筑物近、防护措施不到位等。

第三，施工坍塌。主要包括两方面：一是深基坑工程，二是脚手架和模板支撑工程。

第四，机械设备伤害。造成机械设备伤害的主要因素有：机械设备安装、拆除时操作不符合要求；需做防护的防护措施不到位，如电锯等；工人操作时违反操作规程要求；机械设备的各种限位、保护装置不符合要求；对机械设备未做定期检查，或对已检查出存在安全隐患的机械设备未停止使用，未及时地整改处理。

第五，物体打击。造成物体打击的主要因素有：进入施工现场未按要求系戴安全帽；安全帽不合格；脚手架外侧未用密封网封闭。

第六，中毒。造成施工现场中毒的主要因素有：施工现场化学物品临时存放或使用不当；地下作业时防护、通风措施不符合要求；食堂卫生不符合要求也是造成群体中毒的主要因素。

第七，火灾。造成施工现场火灾的主要因素有：易燃易爆等危险物品未按要求存放、保管、搬运、使用；在有明火作业时无消防器材或者消防器材不足。

二、施工项目现场安全管理内容

施工项目现场是指从事工程施工活动经批准占用的场地。它包括两方面用地：既包括建筑红线以内占用的建筑用地和施工用地，又包括红线以外现场附近，经批准占用的临时施工用地。所谓"现场管理"是指项目经理部按照"施工现场管理规定"科学合理安排使用施工场地，协调各专业管理和各项施工活动，控制污染及确保人身财产安全的一系列管理活动。

（一）工程项目安全生产责任制

1. 落实安全生产责任制

项目经理承担控制、管理施工生产进度、成本、质量、安全等目标的责任，因此必须同时承担进行安全管理的责任。每个项目应根据具体的组织结构情况成立以项目经理为主的安全生产委员会或安全生产领导小组。同时还应根据建设工程的性质、规模和特点配备规定数量的专职、兼职安全管理员来督促检查各类人员贯彻执行安全措施计划。

2. 安全责任管理的实施

①建立、完善以项目经理为首的安全生产领导机构，有组织、有领导地开展安全管理活动。项目经理应承担组织、领导安全生产的责任。

②建立各级人员安全管理制度，明确各级人员的安全责任。抓制度落实及抓责任落实，定期检查各责任落实情况。

③施工项目应通过监察部门的安全生产资质审查，并且得到认可。

④施工项目负责施工生产中物的状态审验与认可，承担物的状态漏验、失控的管理责任。

⑤一切管理操作人员均须与施工项目签订安全协议，向施工项目做出安全保证。

⑥安全生产责任落实情况的检查，应认真、详细的记录，作为分配补偿的原始资料之一。

（二）施工现场安全管理

1. 安全教育

安全教育是实现安全生产的一项重要基础工作，它可以提高职工搞好安全生产的自觉性、积极性和创造性，增强安全意识，掌握安全知识，提高职工的自我防护能力，使安全规章制度得到贯彻执行。

（1）新工人三级安全教育

新工人三级安全教育是企业必须支持的安全生产基本教育制度。对于新工人（包括新招收的合同工、临时工、学徒工、劳务工及实习和代培人员）都必须进行公司、项目、班组的三级安全教育。

①公司安全教育内容包括：熟悉企业安全生产制度，学习相关法律法规。

②项目经理部安全教育内容包括：学习安全知识，安全技能，设备性能，操作规程，安全生产法律、法规、制度和安全纪律，讲解安全事故案例。

③班组安全教育内容包括：了解本班组作业特点，学习安全操作规程、安全生产制度及纪律；学习正确使用安全防护装置、设施及个人劳动防护用品知识；了解本班组作业中的不安全因素及防范对策、作业环境和所使用的机具安全要求。

（2）特种作业人员安全培训

凡对操作者本人尤其是对他人和周围环境设施的安全有重大危害因素的作业，称为特种作业。直接从事特种作业者，称为特种作业人员。特种作业人员包括：电工、电焊工、架子工、司炉工、爆破工、机械操作工、起重工、塔吊司机及指挥人员、人货两用电梯司机、信号指挥人员、场内车辆驾驶人员、起重机机械拆装作业人员及物料提升机作业拆装人员。

从事特种作业的人员必须经国家规定的有关部门进行安全教育和安全技术培训，并经考核合格取得操作证者方可批准独立作业。

2. 安全技术措施和交底

（1）安全技术措施

安全技术措施是指为防止工伤事故的危害，从技术上应采取的措施。在工程施工中，是指针对工程特点、环境条件、劳力组织、作业方法施工机械供电设施等指定的确保安全施工的措施。

施工安全技术措施包括安全防护设施的设置和安全预防措施，其主要内容如下。

①一般工程安全技术措施。场内运输道路及人行通道的布置；临时用电技术方案；临边、洞口及交叉作业，施工防护安全技术措施；安全网的架设范围和管理要求；防火、防毒、防爆、防雷安全技术措施；临街防护、临近外架供电线路、地下供电、供气、通风、管线、毗邻建筑物防护等安全技术措施；机械设备安全技术措施：冬、雨季施工安全技术措施；新工艺、新技术、新材料施工安全技术措施。

②特殊工程安全技术措施。结构复杂、危险性较大的分部分项工程，应该编制专项施工方案和安全措施。如，基坑支护与排水降水工程、土方开挖工程、模板工程、起重吊装工程、脚手架工程、拆除工程、爆破工程等，必须编制单项的安全技术措施，并要有设计依据，计算、样图和文字要求。

③季节性施工安全技术措施。季节性施工安全技术措施就是，考虑夏季、冬季等不同季节的气候对施工生产带来的不安全因素可能造成的各种突发性事故，而从防护上、技术上、管理上采取的防护措施。一般建筑工程可在施工组织设计或施工方案的安全技术措施中编制季节性施工安全技术措施；危险性大高温期长的建筑工程应单独编制季节性的施工安全技术措施。

（2）安全技术交底

安全技术交底是落实安全技术措施及安全管理事项的重要手段之一。重大安全技术措施和重要部位的安全技术由公司技术负责人向项目经理部技术负责人进行书面的安全技术交底；一般安全技术措施及施工现场应注意的安全事项由项目经理部技术负责人向施工作业班组作业人员做出详细说明，并且经双方签字认可。

①安全技术交底的主要内容。本工程项目的施工作业特点和危险点；针对危险点的具体预防措施；应注意的安全事项；相应的安全操作规程和标准；发生事故后应及时采取的避难和急救措施。

②安全技术交底的基本要求。项目经理部必须实行逐级安全技术交底制度，纵向延伸到班组全体作业人员；技术交底必须具体、明确及针对性强；技术交底的内容应针对分部分项工程施工中给作业人员带来潜在隐含危险的因素和存在的问题；应优先采用新的安全技术措施；应将工程概况施工方法、施工程序、安全技术措施等向工长、班组长及作业人员进行详细交底；定期向由两个以上作业队伍组成多工种进行交叉施工的作业队伍进行书面交底；保留书面安全技术交底等签字记录。

3. 安全检查

（1）建设工程施工安全检查的主要内容

安全检查要根据施工生产特点，具体确定检查的项目和检查的标准。

①查安全思想主要是检查以项目经理为首的项目全体员工（包括分包作业人员）的安全生产意识和对安全生产工作的重视程度。

②查安全责任主要是检查现场安全生产责任制度的建立；安全生产责任目标的分解与考核情况；安全生产责任制与责任目标是否已经落实到了每一个岗位和每一个人员，并得到了确认。

③查安全制度主要是检查现场各项安全生产规章制度和安全技术操作规程的建立和执行情况。

④查安全措施主要是检查现场安全措施计划及各项安全专项施工方案的编制、审核、审批及实施情况；重点检查方案的内容是否全面、措施是否具体并且有针对性，现场的实施运行是否与方案规定的内容相符。

⑤查安全防护主要是检查现场临边、洞口等各项安全防护设施是否到位，有无安全隐患。

⑥查设备设施主要是检查现场投入使用的设备设施的购置、租赁、安装、验收、使用、过程维护保养等各个环节是否符合要求；设备设施的安全装置是否齐全、灵敏、可靠，有无安全隐患。

⑦查教育培训主要是检查现场教育培训岗位、教育培训人员、教育培训内容是否明确、具体、有针对性；三级安全教育制度和特种作业人员持证上岗制度的落实情况是否到位；教育培训档案资料是否真实、齐全。

⑧查操作行为主要是检查现场施工作业过程中有无违章指挥、违章作业、违反劳动纪律的行为发生。

⑨查劳动防护用品的使用主要是检查现场劳动防护用品、用具的购置、产品质量、配备数量和使用情况是否符合安全与职业卫生的要求。

⑩查伤亡事故处理主要是检查现场是否发生伤亡事故，对发生的伤亡事故是否已按照"四不放过"的原则进行了调查处理，是否已有针对性地制订了纠正与预防措施；制订的纠正与预防措施是否已得到落实并且取得实效。

（2）建设工程施工安全检查的主要形式

建设工程施工安全检查的主要形式一般可分为定期安全检查、经常性安全检查、季节性安全检查、节假日安全检查、开工复工安全检查、专业性安全检查和设备设施安全验收检查等。安全检查的组织形式应根据检查的目的、内容而定，因此参加检查的组成人员也就不完全相同。

①定期安全检查。建筑施工企业应建立定期分级安全检查制度，定期安全检查属全面性和考核性的检查，建筑工程施工现场应至少每旬开展一次安全检查工作，施工现场的定期安全检查应由项目经理亲自组织。

②经常性安全检查。建筑工程施工应经常开展预防性的安全检查工作，以便于及时

发现并消除事故隐患，保证施工生产正常进行。施工现场经常性的安全检查方式主要如下：现场专（兼）职安全生产管理人员和安全值班人员每天例行开展的安全巡视、巡查。现场项目经理、责任工程师及相关专业技术管理人员在检查生产工作的同时进行的安全检查。作业班组在班前、班中及班后进行的安全检查。

③季节性安全检查。季节性安全检查主要是针对气候特点（如暑季、雨季、风季、冬季等）可能给安全生产造成的不利影响或带来的危害而组织的安全检查。

④节假日安全检查。在节假日特别是重大或传统节假日前后和节假日期间，为防止现场管理人员和作业人员思想麻痹、纪律松懈等进行的安全检查。节假日加班，更要认真检查各项安全防范措施的落实情况。

⑤开工、复工安全检查。针对工程项目开工、复工之前进行的安全检查，主要是检查现场是否具备保障安全生产的条件。

⑥专业性安全检查。由有关专业人员对现场某项专业安全问题或在施工生产过程中存在的比较系统性的安全问题进行的单项检查，这类检查专业性强，主要应由专业工程技术人员、专业安全管理人员参加。

⑦设备设施安全验收检查。针对现场塔吊等起重设备、外用施工电梯、龙门架及井架物料提升机、电气设备、脚手架、现浇混凝土模板支撑系统等设备设施在安装、搭设过程中或完成后进行的安全验收、检查。

（3）建设工程安全检查方法

建设工程安全检查在正确使用安全检查表的基础上，可以采用"问""看""量""测""运转试验"等方法进行。

①"问"。主要是指通过询问、提问，对以项目经理为首的现场管理人员和操作工人进行的应知应会抽查，以便了解现场管理人员和操作工人的安全意识和安全素质。

②"看"。主要是指查看施工现场安全管理资料和对施工现场进行巡视。例如：查看项目负责人、专职安全管理人员、特种作业人员等的持证上岗情况；现场安全标志设置情况；劳动防护用品使用情况；现场安全防护情况；现场安全设施及机械设备安全装置配置情况；"三宝"（安全帽、安全带、安全网）使用情况，"四口"（在建工程预留洞口、电梯井口、通道口、楼梯口）、"五临边"（在建工程的楼面临边、屋面临边、阳台临边、升降口临边、基坑临边）防护情况等。

③"量"。主要是指使用测量工具对施工现场的一些设施、装置进行实测实量。

④"测"。主要是指使用专用仪器、仪表等监测器具对特定对象关键特性技术参数的测试。例如：使用漏电保护器测试仪对漏电保护器漏电动做电流、漏电动作时间的测试；使用地阻仪对现场各种接地装置接地电阻的测试；使用兆欧表对电机绝缘电阻的测试；使用经纬仪对塔吊、外用电梯安装垂直度的测试等。

⑤"运转试验"。主要是指由具有专业资格的人员对机械设备进行实际操作、试验，检验其运转的可靠性或安全限位装置的灵敏性。

4. 安全设施管理

施工项目的安全设施有：脚手架、安全帽、安全带、安全网、操作平台、防护栏杆及临时用电防护等。

（1）脚手架

①脚手架的基本要求。坚固稳定。即要保证足够的承载能力、刚度和稳定性，保证在施工期间不产生超过容许要求的变形、倾斜、摇晃或扭曲现象，不发生失稳倒塌，确保施工作业人员的人身安全。装拆简便，能多次周转使用。其宽度应满足施工作业人员操作、材料堆置和运输的要求。

②脚手架材质的要求。木脚手架常用剥皮杉杆，不准使用杨木、柳木、桦木、油松、腐朽及有刀伤的木料。竹脚手架一般使用 3 年以上楠竹，不准使用青嫩、枯脆、虫蛀和有大裂缝的竹料。钢管材质脚手架一般采用 48mm 直径，壁厚 3.5mm 的焊接钢管，也可采用同样规格的无缝钢管或其他钢管。钢管应涂防锈漆。脚手架钢管要求无严重锈蚀、弯曲、压扁或裂纹。绑扎辅料不准使用草绳、麻绳、塑料绳、腐蚀铁丝等。

③脚手架设计要求。脚手架及搭设方案须经设计计算，并经技术负责人审批后方可搭设。由于脚手架的问题特别在高层建筑施工中导致安全事故较多。因此脚手架的设计不但要满足使用要求，而且首先要考虑安全问题。设置可靠的安全防护措施，如防护栏、挡脚板、安全网、通道扶梯、斜道防滑、多层立体作业的防护，悬吊架的安全销和雨季放电、避雷设施等。

（2）安全帽

安全帽必须经过有关部门检验合格后方能使用，应该正确使用安全帽，扣好帽带，不准抛、扔或坐垫安全帽，不准使用缺衬、缺带或破损的安全帽。

（3）安全带

①安全带需经有关部门检验合格后方能使用。

②安全带使用 2 年后必须按规定抽检一次，对抽检不合格的必须更换安全绳后才能使用。

③安全带应储存在干燥、通风的仓库内，不准接触高温、明火、强酸、强碱或者尖锐坚硬物体。

④安全带应高挂低用，不准将绳打结使用。安全带上下的各种部件不得任意拆除，更换新绳时要注意加绳套。

（4）安全网

①从二层楼面开始设安全网，往上每隔 10m 设置一道，同时必须设一道随施工高度可提升的安全网。

②网绳不破损并生根牢固、绷紧、圈牢，拼接严密。

③立网随施工层提升，网高出施工层 1m 以上，同下口与墙生根牢靠；离墙不大于 15cm，网之间拼接严密，空隙不大于 10cm。

（5）防护栏杆

地面基坑周边，无外脚手架的楼面及屋面周边，分层的楼梯口与楼段边，尚未安装阳台栏板的阳台，料台周边，井架、施工用电梯，外脚手架通向建筑物通道两侧边，均应该设置防护栏杆；顶层的楼梯口，应该随工程结构的进度安装正式栏杆或立挂安全网封闭。

（6）临时用电安全防护

①临时用电应按有关规定编号施工组织设计，并建立对现场线路、设施定期检查制度。

②配电线路必须按有关规定架设整齐，架空线应采用绝缘导线，不得采用塑胶软线，不得成束架空敷设或沿地面明敷设。

③室内、室外线路均应与施工机具、车辆及行人保持最小安全距离，否则应采取可靠的防护措施。

④配电系统必须采取分线配电，各类配电箱、开关箱的安装和内部设置必须符合有关规定，开关电器应标明用途。

⑤一般场所采用220V电压作为现场照明用，照明导线用绝缘子固定，照明灯具的金属外壳必须接地或接零。特殊场所必须按国家有关规定使用安全电压照明。

⑥手持电工工具必须单独安装漏电保护装置，具有了良好的绝缘性，金属外壳接地性良好。所有手持电动工具必须装有可靠的防护罩，外皮电线不得破损。

⑦电焊机应有良好的接地或接零保护，并有可靠的防雨、防潮、防砸保护措施，焊接线应双线到位，绝缘良好。

第四节　施工环境保护与事故处理

一、文明施工与环境保护

（一）建设工程现场文明施工的要求

施工单位应规范施工现场，创造良好生产、生活环境，保障职工的安全与健康，做到文明施工、安全有序、整洁卫生、不扰民、不损害公众利益。

依据我国相关标准，文明施工的要求主要包括现场围挡、封闭管理、施工场地、材料堆放、现场住宿、现场防火、治安综合治理、施工现场标牌、生活设施、保健急救、社区服务11项内容，总体上应符合以下要求：

第一，有整套的施工组织设计或施工方案，施工总平面布置紧凑，施工场地规划合理，符合环保、市容、卫生的要求；

第二，有健全的施工组织管理机构和指挥系统，岗位分工明确；工序交叉合理，交接责任明确；

第三，有严格的成品保护措施和制度，大小临时设施和各种材料构件、半成品按平面布置堆放整齐；

第四，施工场地平整，道路通畅，排水设施得当，水电线路整齐，机具设备状况良好，使用合理，施工作业符合消防和安全要求；

第五，搞好环境卫生管理，包括施工区、生活区环境卫生和食堂卫生管理；

第六，文明施工应贯穿施工结束后的清场。

实现文明施工，不仅要抓好现场的场容管理，而且还要做好现场材料、机械、安全、技术、保卫、消防及生活卫生等方面的工作。

（二）现场文明施工的组织措施

1. 建立文明施工的管理组织

应确立项目经理为现场文明施工的第一责任人，以各专业工程师、施工质量、安全、材料、保卫、后勤等现场项目经理部人员为成员的施工现场文明管理组织，共同负责本工程现场文明施工工作。

2. 健全文明施工的管理制度

包括建立各级文明施工岗位责任制、将文明施工工作考核列入经济责任制，建立定期的检查制度，实行自检、互检、上下道工序交接检查制度，建立了奖罚制度，开展文明施工立功竞赛，加强文明施工教育培训等。

（三）环境保护

环境保护是按照法律、法规、各级主管部门和企业的要求，保护和改善作业现场环境，控制现场的各种粉尘、废水、废气、固体废弃物、噪声及振动等对环境的污染和危害，环境保护也是文明施工的重要内容之一。

1. 现场水污染的防治措施

①禁止将有毒废弃物作为土方回填。

②施工现场搅拌站的废水、现场水磨石的污水、电石（CaC2）的污水须经过沉淀池沉淀后再排入城市污水管道或河流，污水未经沉淀处理不应直接排入城市污水管道或河流中。

③现场存放油料，必须对库房地面进行防渗处理。如采用防渗混凝土地面、铺设油毡等。使用时也要采取措施，防止油料跑、冒、滴、漏，污染水源。

④施工现场100人以上的食堂，污水排放时可设置简易有效的隔油池，定期掏油和杂物，防止污染。

⑤工地厕所及化粪池应采取防渗漏措施。中心城市施工现场的临时厕所可采取水冲式厕所，蹲坑上加盖，并有防蝇灭蛆措施，防止污染水体和环境。

⑥化学药品、外加剂等要妥善保管，库内存放为防止污染环境。

2. 现场大气污染防治措施

①施工现场外围设置的围挡不得低于1.8m，以便避免或减少污染物向外扩散。

②施工现场的主要运输道路必须进行硬化处理。现场应采取覆盖、固化、绿化、洒水等有效措施，做到不泥泞、不扬尘。

③应有专人负责环保工作，并配备相应的洒水设备，及时洒水，减少扬尘污染。

④对现场有毒有害气体的产生和排放，必须采取有效措施进行严格控制。

⑤对于多层或高层建筑物内的施工垃圾，应采用封闭的专用垃圾道或容器吊运，严禁随意凌空抛洒造成扬尘。现场内还应设置密闭式垃圾站，施工垃圾和生活垃圾分类存放。施工垃圾要及时清运，清运时应尽量洒水或覆盖，减少扬尘。

⑥拆除旧建筑物、构筑物时，应配合洒水，减少扬尘污染。

⑦水泥和其他易飞扬的细颗粒散体材料应密闭存放，使用过程当中应采取有效的措施防止扬尘。

⑧对于土方、渣土的运输，必须采取封盖措施。现场出入口处设置冲洗车辆的设施，出场时必须将车辆清洗干净，不得将泥砂带出现场。

⑨市政道路施工铣刨作业时，应采用冲洗等措施，控制扬尘污染。灰土和无机料应采用预拌进场，碾压过程中要洒水降尘。

⑩混凝土搅拌，对于城区内施工，应使用商品混凝土，从而减少搅拌扬尘；在城区外施工，搅拌站应搭设封闭的搅拌棚，搅拌机上应设置喷淋装置（如 JW-1 型搅拌机雾化器）方可施工。

⑪对于现场内的锅炉、茶炉、大灶等，必须要设置消烟除尘设备。

⑫在城区、郊区城镇和居民稠密区、风景旅游区、疗养区及国家规定的文物保护区内施工的工程，严禁使用敞口锅熬制沥青。凡进行沥青防潮防水作业时，要使用密闭和带有烟尘处理装置的加热设备。

3. 现场噪声污染的控制措施

施工现场施工噪声的类型有四种，包括：机械性噪声、空气动力性噪声、电磁性噪声和爆炸性噪声。其中，如柴油打桩机、推土机、挖土机、搅拌机、风钻、风铲、混凝土振动器、木材加工机械等发出的噪声属于机械性噪声；如通风机、鼓风机、空气锤打桩机、电锤打桩机、空气压缩机等发出的噪声属于空气动力性噪声；如发电机、变压器等发出的噪声属于电磁性噪声；例如放炮作业过程中发出的噪声属于爆炸性噪声。

施工现场噪声的控制措施，可从声源控制、传播途径控制、接受者的防护等方面来考虑。

（1）声源控制

从声源上降低噪声，这是防止噪声污染的最根本措施。施工单位应尽量采用低噪声设备和工艺代替高噪声设备和工艺。若实在不能购置到低噪声设备也可在声源处安装消声器来消声，即在通风机、鼓风机、压缩机、燃气机、内燃机及各个排气装置的进出风口位置处设置消声装置。

（2）传播途径的控制

①利用吸声材料或由吸声结构形成的共振结构吸收声能，降低噪声。

②应用隔声结构阻碍噪声向空气传播。

③将接受者与噪声声源分隔。

④利用消声器阻止传播。

（3）接受者的防护

为处于噪声环境下的人配备耳塞、耳罩等防护用品，减少相关人员在噪声环境中的暴露时间，以减轻噪声对人体的危害。

（4）高分贝噪声的作业时间控制

对于人口稠密地区的高分贝噪声施工过程，必须要严格控制工序的工作时间，一般来说，晚间作业不应超过22点，早晨作业不早于6点。特殊情况下需昼夜施工时，应尽量采取降噪措施，并会同建设单位做好周围居民的工作，会同当地区委会、村委会协调，张贴安民告示，取得群众谅解，同时报工地所在地的环保部门备案后方可施工。

4. 固体废弃物的控制措施

（1）固体废物的类型

施工现场产生的固体废物主要有三种，包括拆建废物、化学废物及生活固体废物。

①拆建废物，包括渣土、砖瓦、碎石、混凝土碎块、废木材、废钢铁、废弃装饰材料、废水泥、废石灰及碎玻璃等。

②化学废物，包括废油漆材料、废油类（汽油、机油、柴油等）、废沥青、废塑料、废玻璃纤维等。

③生活固体废物，包括炊厨废物、丢弃食品、废纸、废电池、生活用具、煤灰渣、粪便等。

（2）固体废物的处理技术

废物处理是指采用物理、化学、生物处理等方法，将废物在自然循环中，加以迅速、有效、无害地分解处理。根据环境科学理论，可以将固体废物的治理方法概括为无害化、资源化和减量化三种。主要处理方法如下。

①无害化（亦称安全化）。是将废物内的生物性或化学性的有害物质，进行无害化或安全化处理。例如，利用焚化处理的化学法，将微生物杀灭，促使有毒物质氧化或分解。

②安定化。是指为了防止废物中的有机物质腐化分解，产生臭味或衍生成有害微生物，将此类有机物质通过有效的处理方法，不再继续分解或变化。如，以厌氧性的方法处理生活废物，使其产生甲烷气，使处理后的残余物完全腐化安定，不再发酵腐化分解。

③减量化。大多废物疏松膨胀、体积庞大，不但增加运输费用，而且占用堆填处置场地大。减量化是通过对已经产生的固体废弃物进行分选、破碎、压实浓缩、脱水等处理，以减小其最终处置量，降低处理成本，减少对环境的污染，使其体积缩小至1/10以下，以便运输堆填。在减量化处理过程中，也包括其他处理技术相关的工艺方法，如焚烧、热解、堆肥等。

④回收利用。回收利用是对固体废弃物资源化及减量化的重要手段之一。例如，在建设工程领域广泛应用的粉煤灰就是对固体废弃物进行资源化利用的最典型范例。又如，

在发达国家，炼钢原料中的70%是利用回收的废钢铁，所以，钢材可以看成是可再生利用的建筑材料。

⑤填埋。填埋是将经过无害化、减量化处理的固体废弃物集中填到填埋场进行处置。禁止将有毒、有害废弃物现场填埋，更不可以将有毒、有害废弃物作为土方回填。填埋场应利用天然或人工屏障，尽量使需处理的废弃物与环境隔离，并注意废物的稳定性和长期安全性。

⑥焚烧。焚烧用于不适合再利用且不宜予以直接填埋处理的废物。除了有符合规定的装置外，不得在施工现场熔化沥青和油毡、油漆，也不得焚烧其他有毒、有害和恶臭气体的废弃物。垃圾焚烧处理应使用符合环境保护要求的处理装置，避免对大气的二次污染。

二、安全事故的分类和处理

（一）安全事故分类

事故是指人们在进行有目的的活动过程中，发生违背人们意愿的不幸事件，使其有目的的行动暂时或永久地停止。事故可能造成人员的伤害、疾病、死亡，物品损坏，财产损失或其他损失。

按伤害程度，可将安全事故分类为：

第一，轻伤，指损失1个工作日至105个工作日以下的失能伤害。

第二，重伤，指损失工作日等于和超过105个工作日的失能伤害，重伤的损失工作日最多不超过6000工作日。

第三，死亡，指损失工作日超过6000个工作日，这是根据我国职工的平均退休年龄和平均工作日计算出来的。

按照安全事故造成的人员伤亡或者直接经济损失，将安全事故划分为以下4个等级：

①特别重大事故，是指造成30人以上死亡，或100人以上重伤（包括急性工业中毒，下同），或者1亿元以上直接经济损失的事故。

②重大事故，是指造成10人以上30人以下死亡，或者50人以上100人以下重伤，或者5000万元以上1亿元以下直接经济损失的事故。

③较大事故，是指造成3人以上10人以下死亡，或者10人以上50人以下重伤，或者1000万元以上5000万元以下直接经济损失的事故。

④一般事故，是指造成3人以下死亡，或者10人以下重伤，或者1000万元以下的直接经济损失的事故

其中，所称的"以上"包括本数，"以下"是不包括本数。

（二）安全事故的处理

1. 安全事故处理的原则

施工项目一旦发生安全事故，必须实施"四不放过"的原则。

①事故原因未查明不放过；

②事故责任者和员工未受到教育不放过；

③事故责任者未处理不放过；

④整改措施未落实不放过。

2. 安全事故处理的程序

（1）事故报告

事故报告应当及时、准确及完整，任何单位和个人对事故不得迟报、漏报、谎报或者瞒报。

①施工单位事故报告要求。生产安全事故发生后，受伤者或最先发现事故的人员应立即用最快的传递手段，将发生事故的时间、地点、伤亡人数、事故原因等情况，及时地向施工单位负责人报告；施工单位负责人接到报告后，应在1小时内如实地向事故发生地县级以上人民政府建设主管部门和有关部门报告。

情况紧急时，事故现场有关人员可以直接向事故发生地县级以上人民政府建设主管部门和有关部门报告。

实行施工总承包的建筑工程，由总承包单位负责上报事故。

②建设主管部门事故报告要求。建设主管部门接到事故报告后，应当依照下列规定上报事故情况，并通知安全生产监督管理部门、公安机关、劳动保障行政主管部门、工会和人民检察院：较大事故、重大事故及特别重大事故逐级上报至国务院建设主管部门；一般事故逐级上报至省、自治区、直辖市人民政府建设主管部门；建设主管部门依照本条规定上报事故情况，应当同时报告本级人民政府。国务院建设主管部门接到重大事故和特别重大事故的报告后，应当立即报告国务院。

必要时，建设主管部门可以越级上报事故情况。建设主管部门按照上述规定逐级上报事故情况时，每级上报的时间不得超过2小时。

③事故报告的内容。事故发生的时间、地点和工程项目和有关单位名称；事故的简要经过；事故已经造成或者可能造成的伤亡人数（包括下落不明的人数）及初步估计的直接经济损失；事故的初步原因；事故发生后采取的措施及事故控制情况；事故报告单位或报告人员；其他应当报告的情况。

④迅速抢救伤员并保护施工现场。施工单位负责人在上报安全事故的同时尚应有组织、有指挥地抢救伤员、排除险情，防止人为或自然因素的破坏，便于事故原因调查。

（2）事故调查

事故调查处理应当坚持实事求是、尊重科学的原则，及时、准确地查清事故经过、事故原因和事故损失，查明事故性质，认定事故责任，总结事故教训，提出整改措施，并对事故责任者依法追究责任。

对于特别重大事故应由国务院授权有关部门组织事故调查组进行调查；重大事故、较大事故、一般事故分别由事故发生地省级人民政府、市级人民政府、县级人民政府负责调查。对于未造成人员伤亡的一般事故，县级人民政府也可以委托事故发生单位组织事故调查组进行调查。

①施工单位项目经理应指定技术、安全、质量等部门的人员，会同企业工会、安全管理部门组成调查组，开展调查。

②建设主管部门应当按照有关人民政府的授权或委托组织事故调查组，对事故进行调查，并履行下列职责：

核实事故项目基本情况，包括项目履行法定建设程序情况、参与项目建设活动各方主体履行职责的情况；查明事故发生的经过、原因、人员伤亡和直接经济损失，并依据国家有关法律法规和技术标准分析事故的直接原因和间接原因；认定事故的性质，明确事故责任单位和责任人员在事故中的责任；依照国家有关法律法规对事故的责任单位和责任人员提出处理建议；总结事故教训，提出防范和整改措施。

（3）现场勘查

事故发生后，调查组应迅速赶到事故现场进行及时、全面、准确和客观的勘查，包括现场笔录、现场拍照和现场图绘。

（4）事故原因分析

通过调查分析，查明事故经过，按受伤部位、受伤性质、起因物、致害物、伤害方法、不安全状态、不安全行为等，查清事故原因，包括人、物、生产管理和技术管理等方面的原因。通过直接和间接分析，确定了事故的直接责任者、间接责任者和主要责任者。

（5）制定预防措施

根据事故原因分析，制定防止类似事故再次发生的预防措施。根据事故后果和事故责任者应负的责任提出处理意见。

（6）提交事故调查报告

事故调查组应当自事故发生之日起 60 日内提交事故调查报告；特殊情况下经负责事故调查的人民政府批准，提交事故调查报告的期限应适当延长，但延长的期限最长不超过 60s，事故调查报告应当包括下列内容：

①事故发生单位概况；

②事故发生经过和事故救援情况；

③事故造成的人员伤亡和直接经济损失；

④事故发生的原因和事故性质；

⑤事故责任的认定以及对事故责任者的处理建议；

⑥事故防范和整改措施。

（7）事故的审理和结案

重大事故、较大事故、一般事故，负责事故调查的人民政府应当自收到事故调查报告之日起 15 日内做出批复；特别重大事故 30 日内做出批复，特殊情况下，批复时间可以适当延长，但延长的时间最长不超过 30 日。

有关机关应当按照人民政府的批复，依照法律、行政法规规定的权限及程序，对事故发生单位和有关人员进行行政处罚，对负有事故责任的国家工作人员进行处分。事故发生单位应当按照负责事故调查的人民政府的批复对本单位负有事故责任的人员进行处理。

负有事故责任的人员涉嫌犯罪的依法追究刑事责任。

事故处理的情况由负责事故调查的人民政府或者其授权的有关部门、机构向社会公布，依法应当保密的除外，事故调查处理的文件记录应该长期完整的保存。

参考文献

[1] 罗琼 . 装配式建筑施工技术 [M]. 重庆：重庆大学出版社，2023.

[2] 刘尊明，朱锋 . 建筑施工安全技术与管理 [M]. 第 2 版 . 北京：北京理工大学出版社，2023.

[3] 石岩，周明军，罗安 . 建筑工程施工与暖通消防技术应用 [M]. 长春：吉林科学技术出版社，2023.

[4] 王琦 . 装配式建筑施工技术 [M]. 北京：北京理工大学出版社，2023.

[5] 孙宁，徐巍，向梦华 . 工程建设理论与实践丛书建筑设计与施工技术 [M]. 武汉：华中科技大学出版社，2023.

[6] 贺宁 . 房屋建筑工程施工技术 [M]. 湘潭：湘潭大学出版社，2023.

[7] 毛志兵 . 中国建筑业施工技术发展报告 2022[M]. 北京：中国建筑工业出版社，2023.

[8] 邹志兵 . 公共建筑空间设计 [M]. 北京：北京理工大学出版社，2023.

[9] 杨伟杰，徐晶，王艳敏 . 建筑消防与防火监督 [M]. 哈尔滨：哈尔滨工程大学出版社，2023.

[10] 胡晓珍 . 无机硅酸盐涂料技术 [M]. 上海：上海科学技术出版社，2023.

[11] 赵爱波 . 建筑工程与施工技术研究 [M]. 长春：吉林科学技术出版社，2023.

[12] 朱利红，杜健 . 实用建筑节能技术丛书实用建筑节能工程施工 [M]. 北京：中国电力出版社，2023.

[13] 刘静，王刚，徐立丹 .BIM 技术施工应用 [M]. 成都：西南交通大学出版社，2023.

[14] 杨莹 . 建筑工程施工技术 [M]. 北京：机械工业出版社，2023.

[15] 韩丽莉 . 建筑绿化防水工程指南 [M]. 北京：机械工业出版社，2023.

[16] 薛驹，徐刚 . 建筑施工技术与工程项目管理 [M]. 长春：吉林科学技术出版社，2022.

[17] 刘海龙，尹克俭，韩阳 . 建筑施工技术与工程管理 [M]. 长春：吉林人民出版社，2022.

[18] 余斌 . 建筑施工技术 [M]. 北京：中国财政经济出版社，2022.

[19] 危道军 . 建筑施工技术 [M]. 第 3 版 . 北京：科学出版社，2022.

[20] 肖义涛，林超，张彦平 . 建筑施工技术与工程管理 [M]. 北京：中华工商联合出版社，2022.

[21] 郑伟 . 建筑施工技术 [M]. 长沙：中南大学出版社，2022.

[22] 苏小梅，杨向华，李坚．建筑施工技术 [M]．北京：北京理工大学出版社，2022．

[23] 李宏图．装配式建筑施工技术 [M]．郑州：黄河水利出版社，2022．

[24] 胡广田．智能化视域下建筑工程施工技术研究 [M]．西安：西北工业大学出版社，2022．

[25] 包永刚．建筑施工技术 [M]．第 2 版．郑州：黄河水利出版社，2022．

[26] 冯江云．绿色建筑施工技术及施工管理研究 [M]．北京：北京工业大学出版社，2022．

[27] 杨正凯．建筑施工技术 [M]．第 2 版．北京：中国电力出版社，2022．

[28] 柳志强．建筑施工技术与管理经验 [M]．长春：吉林科学技术出版社，2021．

[29] 刘禹．建筑施工技术、管理与组织 [M]．第 2 版．沈阳：东北财经大学出版社，2021．

[30] 余志红．建筑施工安全技术与管理 [M]．北京：北京首都经济贸易大学出版社，2021．

[31] 杨转运．建筑施工技术 [M]．北京：北京理工大学出版社，2021．

[32] 陈晋中．建筑施工技术 [M]．第 2 版．北京：北京理工大学出版社，2021．

[33] 李东．建筑工程与施工技术研究 [M]．长春：吉林科学技术出版社，2021．

[34] 何相如，王庆印，张英杰．建筑工程施工技术及应用实践 [M]．长春：吉林科学技术出版社，2021．

[35] 吴海科，黄辉．建筑施工技术 [M]．哈尔滨：哈尔滨工程大学出版社，2021．

[36] 颜培松．建筑工程结构与施工技术应用 [M]．天津：天津科学技术出版社，2021．

[37] 杜涛．绿色建筑技术与施工管理研究 [M]．西安：西北工业大学出版社，2021．

[38] 耿裕华．会展场馆建筑施工技术与管理创新 [M]．北京：中国建筑工业出版社，2021．